A Beginner's Guide to Mathematical Logic

数理逻辑入门

【美】Raymond M. Smullyan 著

刘新文 张瑜 荣华夏 闫佳亮 张立英 译

中国轻工业出版社

图书在版编目（CIP）数据

数理逻辑入门／（美）雷蒙德·M.斯穆里安（Raymond
M. Smullyan）著；刘新文等译. —北京：中国轻工业出版
社，2019.4（2021.2重印）

ISBN 978-7-5184-2183-1

Ⅰ . ①数… Ⅱ . ①雷… ②刘… Ⅲ . ①数理逻辑－
教材 Ⅳ . ①O141

中国版本图书馆CIP数据核字（2019）第003763号

版权声明

总 策 划：石 铁
策划编辑：孔胜楠 责任终审：简延荣
责任编辑：孔胜楠 责任监印：刘志颖

出版发行：中国轻工业出版社（北京东长安街6号，邮编：100740）
印 刷：三河市鑫金马印装有限公司
经 销：各地新华书店
版 次：2021年2月第1版第2次印刷
开 本：710×1000 1/16 印张：24.00
字 数：210千字
书 号：ISBN 978-7-5184-2183-1 定价：68.00元
读者热线：010-65125990，65262933 传真：010-65181109
发行电话：010-85119832 传真：010-85113293
网 址：http://www.chlip.com.cn http://www.wqedu.com
电子信箱：1012305542@qq.com
如发现图书残缺请与我社联系调换
180491Y1X101ZYW

译　者　序

雷蒙德·M. 斯穆里安（Raymond M. Smullyan，1919—2017）是世界著名的数理逻辑学家，他的著作早在 20 世纪 80 年代初就开始被译介到我国。这本教材在我国的翻译出版具有多方面的意义，略举两方面：第一，逻辑证明中著名的表列证明方法将第一次以中文形式系统地出现在教材中；第二，哥德尔不完全性定理的阐释将以非常简单易懂且正确的方式呈现给读者。这是在翻译出版《逻辑学基础》（Patrick J. Hurley 著，郑伟平、刘新文译，中国轻工业出版社，2017）之后，我们接着考虑翻译这本教材的部分动力。对哥德尔不完全性定理有兴趣又想尽快掌握这一定理的读者，还可以读一读斯穆里安在"牛津逻辑指南"丛书中出版的《哥德尔不完全性定理》（*Gödel's Incompleteness Theorems*，"Oxford Logic Guides 19"，Oxford University Press，1992）一书。

为了尽快让本书与读者见面，我邀请了一些同好一起参与本书的翻译工作，具体分工如下：

序言、第 13—14 章、术语对照表：刘新文（中国社会科学院哲学研究所）

第 1—4、8—9 章：张瑜（北京大学哲学系）

第 5—6 章：荣华夏（中国社会科学院研究生院）

第 7、12 章：闫佳亮（中国社会科学院研究生院）

第 10—11 章：张立英（中央财经大学文化与传媒学院）

　　应该提到的是，原书没有序言；2018 年 10 月 20 日—10 月 21 日，在清华大学-阿姆斯特丹大学逻辑学联合研究中心举行的"第四届亚洲哲学逻辑研讨会"上，我邀请了会议特邀报告者梅尔文·菲廷（Melvin Fitting，1942— ）教授为中译本写了一个序言。菲廷是斯穆里安的学生，也是世界著名的逻辑学家和计算机科学家，曾获得 2012 年"国际自动推理厄尔布朗杰出成就奖"（The Herbrand Award for Distinguished Contributions to Automated Reasoning），并且最近主持出版了《雷蒙德·斯穆里安论自指》（*Raymond Smullyan on Self Reference*，"Outstanding Contributions to Logic 14"，Springer，2017）一书。他告诉我，我们翻译的这本书，原计划是与斯穆里安的《数理逻辑进阶》（*A Beginner's Further Guide to Mathematical Logic*，World Scientific，2016）合起来出版的，但是限于篇幅，最终分成了两册，所以他建议我考虑将后一本书也翻译出来。在这里提到这个事情，既是致谢，也是为后面的工作做一个预告。

刘新文

于中国社会科学院哲学研究所逻辑学研究室

2018 年 11 月 8 日

序　言

一般来说，数理逻辑有两个引人注目的中心，一个是我们可以证明什么，另一个是我们不能证明什么。它们都来自库尔特·哥德尔（Kurt Gödel）在 20 世纪 30 年代的重要工作，互为补充，各具张力。

为了探究我们可以证明什么，我们就必须为称之为"证明"的形式对象创建某种装置。对此，我们还必须运用熟悉的数学方法来证明它确实做到了我们所要求它做的（从技术上说，是要证明这一形式装置是"可靠的"和"完备的"）。为了探究我们不能证明什么，我们也必须建立某种装置来刻画我们所说的"计算"是什么意思。今天，我们在讨论这些主题时，一般会想到计算机。但是，真实的计算机很难精确地进行分析，它们的速度和大小是有限制的。我们需要考虑一个理想化的计算机以忽略实践上的限制，我们想要一个适合于它的形式模型以尽可能简单地工作。然后，使用这一装置，我们可以从数学上建立各种不完备性结果，说明我们使用证明以理解数学真理具有很大的局限性。所有这些内容都在本书中以简单和直接的语言得以阐释，它不是写给专家的，而是写给初学逻辑者的，只需要一些关于数学如何运作的基础知识。

在 1961 年出版的《形式系统的理论》（*Theory of Formal Systems*）中，雷蒙德·斯穆里安引入了"初等形式系统"这一漂亮却非常简单的装置来刻画"计算"这个概念。这个系统很有力量，但又易于描述、易于使用。随后，在 1968 年出版的《一阶逻辑》（*First-Order Logic*）中，斯穆里安给了"语义表列"决定性的现代表述形式，为发现和分析形式的逻辑证明提供了非常简单而直观的装置。事实上，这一装置及其衍生物目前在许多自动定理证明的计算机系统中居于核心地位。这本书既使用了初等形式系统，也使用了表列系统来分析数学逻辑中上述讨论的两个方面。

前述两种装置是本书的基础，在表述上既简单又直观，但完全精确。虽然所说的这两个主题处于中心地位，但随着论述的展开，很多非常有趣的结果也得到了讨论和证明。这本书包含了大量的习题，并且为此还提供了答案。

我们完全可以把本书看成是一个终生思考数理逻辑基本问题并且考虑如何最好地表述它们的人所贡献给我们的杰出成果。

梅尔文·菲廷

于美国纽约城市大学研究生院

2018 年 10 月 31 日

目　录

第二部分　命题逻辑

第四部分 不完全性现象

一般背景

第 1 章
起　点

什么是数理逻辑？或者更一般地说，什么是逻辑，数理逻辑是逻辑吗？在刘易斯·卡罗尔（Lewis Carroll）的《爱丽丝镜中奇遇记》（*Through the Looking Glass*）中，叮当弟（Tweedledee）说："如曾是，或许是；倘若是，就会是；不过既然并不是，那就不是了。这就是逻辑。"

在《13 只钟》（*The 13 Clocks*）中，作者詹姆斯·瑟伯（James Thurber）写道："因为触碰一个钟可能不会使它停止，这意味着一个人可以在不触碰它的情况下启动它。正如我所理解，这就是逻辑。"

安布罗斯·比尔斯（Ambrose Bierce）在他的《魔鬼词典》（*The Devil's Dictionary*）一书中提出了逻辑的一个特别好的特征。这真的是一本我强烈推荐的精彩的书，其中包含了一些好的定义，比如对利己主义者的定义："利己主义者考虑他自己比考虑我更多"。他对逻辑的定义是：

逻辑；名词。严格按照人类误解的界限和无能进行思考和推理的一门艺术。逻辑的基础是三段论，由大前提、小前提和结论组成。

大前提：60 个人可以像一个人一样快地完成一项工作 60 次。

小前提：一个人可以在 60 秒内挖一个浅井。因此：

结论：60 个人可以在一秒内挖一个浅井。

哲学家和逻辑学家伯特兰·罗素（Bertrand Russell）将数理逻辑定义为："在这个学科中，没有人知道一个人在谈论什么，也不知道一个人说的是不是对的。"

很多人问过我数理逻辑是什么以及它的目的是什么。遗憾的是，没有一个简单的定义可以给出这个学科是关于什么的最深远的意义。只有走进这个学科，它的本质才会显现出来。至于目的，则有很多目的，但是，只有研究了这个学科，才可以理解它们。无论如何，我现在可以告诉你们其中的一个目的，那就是可以使证明的定义精确化。

我想阐述这一点的必要性如下：假设一个几何课的学生交给他的老师一篇论文，其中要求他给出毕达哥拉斯定理的证明。老师归还这篇论文并评论道："这里没有证明！"如果这个学生很有经验，他会跟老师说："你怎么知道这不是证明呢？你从来没有定义过证明的含义！是的，根据令人赞叹的精确度，你已经给出过三角形、全等、垂直等几何概念的定义，但你从未在课程中定义过证明的含义。你怎么能证明我交给你的不是证明呢？"

这个学生的观点很好！证明这个词到底意味着什么？据我了解，一方面它有一个流行的含义，另一方面，它有一个非常精确的含义，但这只是相对于一个所谓的形式的数学系统来说的，因此证明的意思会随着形式系统的改变而改变。在我看来，在日常流行的意义上，证明只是一个带有说服力的论据。然而，这个定义是相当主观的，因为不同的人会被不同的论据所说服。我记得有人曾对我说："我可以证明自由主义是错误的政治哲学！"我回答道："我相信你能证明这一点，令你以及那些分享你价值观的人满意，但是在没有听到你的证明的情况下，我确定你所谓的证明对那些持自由哲学的人来说没有丝毫的说服力！"然后他给出了他的"证明"，事实上，那对他来说似乎完全有效，但显然不会对自由派产生丝毫影响。

说到逻辑，这里有些问题你可以考虑：我曾在一个餐厅看到一句标语，上面写道，"好的食物不便宜；便宜的食物不好"。

问题 1. 该餐厅说的两个陈述是同样的事情还是不同的?

请注意，问题的解决将在本章末尾给出。

数理逻辑有时也被称为符号逻辑（Symbolic Logic）。事实上，这个学科最主要的杂志之一就题为"符号逻辑杂志"。这个学科是如何开始的？好吧，它之前是非符号化的逻辑。亚里士多德的名字显然会浮现在脑海中，那个引入三段论概念的著名古希腊哲学家就是这个人。重要的是要理解有效的（valid）三段论和可靠的（sound）三段论之间的区别。一个有效的三段论就是，其中的结论是前提的逻辑后承，无论前提是否为真。一个可靠的三段论，不仅有效，而且前提为真。一个众所周知的可靠的三段论的例子是：

> 所有人都会死。
> 苏格拉底是人。
> 因此，苏格拉底会死。

下面是一个三段论的例子，即使显然是不可靠的，但是仍然是有效的：

> 所有蝙蝠都会飞。
> 苏格拉底是一只蝙蝠。
> 因此，苏格拉底会飞。

显然，小前提（第二个前提）是错的，当然，结论也是错的。然而，该三段论是有效的——结论确实是两个前提的逻辑后承。如果苏格拉底是一只蝙蝠，那么他真的可以飞。

看似显然无效但实际上有效的三段论把我逗乐了！这里有两个例子：

> 每个人都爱我的宝贝。
> 我的宝贝只爱我。

因此，我是我自己的宝贝。

这听起来不是很荒谬吗？但它真的是有效的！原因如下：

既然每个人都爱我的宝贝，那么我的宝贝，也是一个人，爱我的宝贝。因此，我的宝贝爱我的宝贝。但我的宝贝只爱我（小前提）。由于我的宝贝只爱我，所以我的宝贝只爱一个人（也就是我），但由于我的宝贝爱我的宝贝，那个人一定是我。因此，我一定是我自己的宝贝。

这里还有另一个看似无效但有效的三段论的例子。我们将情人定义为至少爱一个人的人。

每个人都爱一个情人。

罗密欧爱朱丽叶。

因此，埃古爱奥赛罗。

我们来看该三段论有效的原因。由于罗密欧爱朱丽叶（第二个前提），所以罗密欧是一个情人。由于罗密欧是一个情人，所以每个人都爱罗密欧（根据第一个前提）。既然每个人都爱罗密欧，那么每个人都是一个情人。由于每个人都是一个情人，所以每个人都爱那个人（在第一个前提下）。因此，每个人都爱每个人！特别地，埃古爱奥赛罗。

有一次，杰出的逻辑学家和哲学家伯特兰·罗素被问道："三段论的结论中真正的新东西是什么？"罗素回答说，在逻辑上，结论可能没有什么新内容，但结论可能会有心理上的新奇，然后他通过以下故事来阐述他的观点。

在某个派对上，一个男人讲了一个有点冒犯的故事。别人告诉他："请小心。修道院院长在这里！"修道院院长随后说道："我们教士并不像你想象得那么天真！我在忏悔室听到的事情……我的第一个忏悔者是一个杀人犯！"不久之后，一位贵族来到派对，主人想把他介绍给修道院院长，问他是否认识修道院院长。贵族说："我当然认识他！我是他的第一个忏悔者。"

古往今来，亚里士多德的逻辑蓬勃发展。17 世纪，哲学家莱布尼茨（Leibnitz）设想了一种符号计算机器的可能性，它将解决所有问题 —— 数学的、哲学的甚至社会学的。然后，战争将是不必要的，因为双方可以改为说："让我们坐下来计算吧"。

有一个故事讲道，莱布尼茨未决定是否要娶某位女士，所以他列出了一个优点列表和一个缺点列表。缺点列表更长，所以他决定不娶她。

正如我们将在本书中看到的那样，逻辑学家库尔特·哥德尔（Kurt Gödel，1931）的惊人发现表明，即使在纯数学中，莱布尼茨的梦想也是不可能实现的。

符号逻辑本身可以说是从 19 世纪开始的，通过皮尔士（Peirce）、耶方斯（Jevons）、施罗德（Schröeder）、文恩（Venn）、德·摩根（De Morgan），特别是乔治·布尔（George Boole），布尔代数就是以他的名字命名的。布尔是一位完全自学的学校校长，他撰写了《思维规律的研究》（*An Investigation of the Laws of Thought*，2009 年重新出版），其中，他用以下开场白描述了他写这本书的目的：

> 以下论文的设计是研究进行推理的心智的基本规律，用微积分的符号语言表达它们，在此基础上建立逻辑科学并构建其方法；使这种方法本身成为应用概率数学原理的一般方法的基础。最后，从这些研究过程中提出的各种真理要素中收集一些关于人类心灵的性质和构成的可能的暗示。

这本书是精确的数学和符号推理与哲学思考的有趣结合。布尔试图将纯粹的哲学论证置于符号形式下——特别是在他关于哲学家克拉克（Clarke）和斯宾诺莎（Spinoza）的章节中。在他这样做的那章的开头，他说：

> 在追求这些目标时，除了偶然地，我不会去探究在这些著作中所形成的形而上学原理在多大程度上值得信任，而只是为了确定从给定的前提中可以得出什么结论。

因此，在该章中，布尔的目的不是决定哲学家的前提（以及结论）是否属实，而只是决定结论是否真的是前提的逻辑后承 ——换句话说，不是哲学家的论证是否完备，而只是它们是否有效。

布尔在该书的最后一章变得非常哲学。令我感到高兴的是，他写下了以下优美的句子：

> 如果材料框架的构成是数学的，不仅仅是这样。如果思维以其形式推理的能力，无论是有意识还是无意识地遵守数学规律，通过其对情感和行动的其他能力，通过其对美和道德素质的感知，通过其情感和感情的深刻源泉来主张，与不同顺序的事物保持联系。即使是无限巨大的物质世界的揭示，普遍秩序和自然律的恒定性，也不一定是最精确地追踪证明步骤的人所能完全理解的。如果我们在调查中接受生活的兴趣和责任，那么单纯的推理过程几乎没有让我们理解它们提出的更重要的问题！因此，正如数学或演绎才能的培养是智力学科的一部分，它只是其中的一部分。

集合论

数理逻辑的开端与 19 世纪集合论—— 特别是由著名数学家格奥尔格·康托尔（Georg Cantor）创立的无穷集（infinite set）理论——的发展密切相关。在讨论无穷集之前，我们通常要先看一下集合的一些基本理论。

集合是任何对象的汇集。集合论的基本概念是元素关系。集合 A 是一堆东西，并且说对象 x 是 A 的成员，或者 A 的元素，或者 x 属于 A，或者 A 包含 x，就是说 x 是那些东西之一。例如，如果 A 是从 1 到 10 的所有正整数的集合，则数字 7 是 A 的一个成员（4 也是），但是 12 不是 A 的成员。元素关系的标准记法是符号 $\in$（epsilon），"x 是 A 的元素"的表达可以缩写为"$x \in A$"。

如果 A 的每个元素也是 B 的元素，那么集合 A 是集合 B 的子集。不幸的是，许多初学者学习集合会把子集与元素关系混淆。作为区分的一个例子，让 H 是所有人的集合，让 W 是所有女人的集合。显然 W 是 H 的一个子集，因为每个女人也是人。但 W 很难成为 H 的元素，因为 W 显然不是一个人。子集的符号是所谓的"包含于"（inclusion），记为 $\subseteq$。因此，对于任何集合对 A 和 B，短语"A 是 B 的子集"被缩写为 $A \subseteq B$。如果 A 是 B 的子集，则 B 被称为 A 的上集（superset）。因此，A 的上集是包含 A 的所有元素的集合，并且可能也包含其他元素。如果 A 不是 B 的全部，换句话说，如果 B 包含一些不在 A 中的元素，则 B 的子集 A 被称为 B 的真子集（proper subset）。

集合 A 与集合 B 相同当且仅当它们包含完全相同的元素，换句话说，当且仅当它们是另一个的子集。两个集合可以不同，如果其中一个包含至少一个不在另一个中的元素。集合 A 无法成为集合 B 的子集的唯一方法是，A 至少包含一个不在 B 中的元素。

如果一个集合不包含任何元素，则称为空集。例如，每个人离开后，剧院中所有人的集合。只能有一个空集，因为如果 A 和 B 都是空集，它们包含完全相同的元素，即根本没有元素。换句话说，如果 A 和 B 都是空的，那么任何一个都不包含另一个中的任何元素，因为都不包含任何元素。也就是说，如果 A 和 B 都是空集，那么 A 和 B 是相同的集合。因此，只有一个空集，并且在本书中将用符号"$\varnothing$"表示。

空集有一个特征，对于第一次遇到它的人来说似乎很奇怪。作为初步说明，设想这样一个俱乐部，其董事长说俱乐部的所有法国人都戴着贝雷帽。但是假设事实表明俱乐部里没有法国人。董事长的说法应被视为为真、为假还是两个都不是？更一般地说，给定一个任意属性 P，说空集的所有元素都有属性 P，应该被认为为真、为假还是两个都不是？在这里，我们必须最终做出选择，数学家和逻辑学家普遍认同的选择是，这样的陈述应该被当作真的！这样决定的一个原因是：给定任意集合 S 和任意属性 P，P 对于 S 的所有元素都不成立的唯一方式是，至少有一个 S 中的元素，其中 P 不成立。空集对刚刚的语句也不例外，因此，P 对空集的所有元素不成立的唯一方法是，至少有一个空集的元素不存在属性 P，但这不可能，因为空集没有元素！［正如已故数学家保罗·哈尔莫斯（Paul Halmos）所说的那样，"如果你不相信 P 对空集的所有元素都成立，只要试图找到一个空集的元素，P 不成立！"］这样，从此我们将认为，对于任意属性 P，空集的所有元素都具有属性 P。这是另一种观察它的方式，预示了命题逻辑的一个重要原则，我们将在第二部分研究，即词语"蕴涵"或"如果……那么"的逻辑用法。

在经典逻辑中使用的短语"如果……那么"对第一次遇到它的人来说有点震撼，理所当然，因为它是否真的与短语通常的使用方式相对应是非常值得怀疑的。

假设一个男人告诉一个女孩："如果我明年夏天找到工作，那么我会娶你。"如果他明年夏天找到了一份工作并娶了她，那么他遵守了诺言。如果他找到了一份工作但没有娶她，他显然违背了他的诺言。现在，假设他没有找到工作但无论如何都要和她结婚。我怀疑没有人会说他违背了诺言！所以，在这种情况下，我们会说他遵守了诺言。关键的情况是，他既没有找到工作，也没有娶她。你对这种情况有什么看法？他遵守诺言了吗？他违背诺言了吗？还是两个都不是？假设女孩抱怨说："你说过如果找到工作就娶我，你没有找到任何工作，你就不娶我了！"男人可以理所当然地说："我没有违背诺言！我从未说过我会娶你——我说的是，如果我找到工作，那么我会娶你。但是我没有找到工作，所以我没有违背诺言。"

就像我说的那样，我相信你不会因为他在这种情况下没有违背诺言而感到不适，但我想你们许多人会对他说自己遵守了诺言感到不舒服。

好吧，无论"如果"部分或"那么"部分为真还是为假，我们希望"如果……那么"形式的所有陈述都是或为真或为假的。根据这条规则，既然我们已经决定这个男人没有违背他的诺言，我们别无选择，只能说他遵守了他的诺言，这看起来很奇怪！

因此，在经典逻辑中，对于任何一对命题 p 和 q，只有当 p 为真且 q 为假时，语句"如果 p，那么 q"（也称为" p 蕴涵 q"）才被认为为假。换句话说，" p 蕴涵 q "等同于"并非 p 为真且 q 为假"，或者同等地，" p 为假或 p 和 q 都为真"也等同于" p 为假或 q 为真"。

这种蕴涵更明确地被称为实质蕴涵（material implication），它确实有假命题蕴涵任何命题的奇怪属性！例如，陈述"如果巴黎是英格兰的首都，则

2 + 2 = 5"将被视为真的!

我必须告诉你一件有趣的事:有人曾经问过伯特兰·罗素,"你说假命题蕴涵任何命题。例如,从陈述 2 + 2 = 5,你能证明你是教皇吗?"罗素回答说"是的"并给出了以下证明:"假设 2 + 2 = 5。我们也知道 2 + 2 = 4,从而得出 5 = 4。从等式的两边各减去 3,得出 2 = 1。现在,教皇和我是两个。既然两个等于一个,那么教皇和我就是一个!因此,我是教皇。"

具有各种奇怪属性的实质蕴涵确实有其优点,我想说明如下。假设我从一副牌中拿出一张牌,将其正面朝下放在桌子上并说:"如果这张牌是黑桃 Q,那么它就是黑色的。你同意吗?"你当然会同意。然后我将牌翻过来,这是一张红色的牌——方块 J。那么你会说认为我的陈述为真是错误的吗?我的例子到此为止!

现在,关于蕴涵的所有这些如何与任何属性 P 对空集的所有元素成立的陈述相关?好吧,对于给定的集合 S 和属性 P 来说,S 的所有元素都具有属性 P,就是说,对于每个元素 x,如果 x 在 S 中,则 x 具有属性 P。特别地,说空集 $\varnothing$ 的所有元素具有属性 P,就是说,对于任何元素 x,如果 x 在 $\varnothing$ 中,则 x 具有属性 P。好吧,对于任何 x,x 在 $\varnothing$ 中为假,并且由于假命题蕴涵任何命题,那么"如果 x 在 $\varnothing$ 中,则 x 具有属性 P"就为真。因此,对于所有 x,如果 $x \in \varnothing$,那么 $P(x)$,这意味着 P 对 $\varnothing$ 的所有元素都成立。

问题 2. 空集是任意集合的子集吗?

有穷集(finite set)通常通过将其元素的名称括在花括号中来表示,例如,{2,5,16}是元素为数字 2,5 和 16 的集合。有时,空集表示为 {},我有时会在文中使用这种表示法。我们通过在花括号中列出它们来描述一个集合的元素。

集合的布尔运算

并

对于任何一组集合 A 和 B，A 和 B 的并表示为 $A \cup B$，是指属于 A 或 B 或两者的所有事物的集合。例如，如果 P 是所有非负整数的集合（即正整数和零），N 是所有负整数的集合，并且 I 是所有整数的集合，那么 $P \cup N = I$。

或者，另一个例子，$\{1, 3, 7, 18\} \cup \{2, 3, 7, 24\} = \{1, 2, 3, 7, 18, 24\}$。

问题 3. 下面哪些陈述为真？

（1）如果 $A \cup B = B$，那么 $B \subseteq A$。

（2）如果 $A \cup B = B$，那么 $A \subseteq B$。

（3）如果 $A \subseteq B$，那么 $A \cup B = B$。

（4）如果 $A \subseteq B$，那么 $A \cup B = A$。

我们可以认为 $A \cup B$ 是将 A 的元素添加到集合 B 的结果，或者是同样的事情，将 B 的元素添加到 A。因此 $A \cup B = B \cup A$。很明显，对于任意三个集合 A，B 和 C，$A \cup (B \cup C) = (A \cup B) \cup C$，即如果我们将 A 的元素添加到集合 $B \cup C$，和将 $A \cup B$ 的元素添加到集合 C，得到相同的集合。同样显然的是，$A \cup A = A$ 以及 $A \cup \varnothing = A$（我们记得 $\varnothing$ 是空集）。

交

对于任何一对集合 A 和 B，它们的交——用 $A \cap B$ 表示——是指，A 和 B 共有的所有元素的集合。例如，假设 $A = \{2, 5, 18, 20\}$ 并且 $B = \{2, 4, 18, 25\}$，那么 $A \cap B = \{2, 18\}$，因为 2 和 18 是 A 和 B 仅有的共有数字。以下事实是显然的：

（a）$A \cap A = A$

（b）$A \cap B = B \cap A$

（c）$A \cap (B \cap C) = (A \cap B) \cap C$

（d）$A \cap \varnothing = \varnothing$

问题 4. 下面哪些陈述为真？

（1）如果 $A \cap B = B$，那么 $B \subseteq A$。

（2）如果 $A \cap B = B$，那么 $A \subseteq B$。

（3）如果 $A \subseteq B$，那么 $A \cap B = B$。

（4）如果 $A \subseteq B$，那么 $A \cap B = A$。

问题 5. 假设 A 和 B 是集合且 $A \cap B = A \cup B$。能够得出 A 和 B 一定是相同的集合吗？

补

我们现在讨论集合 I，我们称它为论域（universe of discourse）。集合 I 是什么会随着应用而改变。例如，在平面几何中，I 是平面上所有点的集合。在数论中，I 是所有整数的集合。应用到社会学，I 是所有人的集合。在我们正在做的讨论集合的布尔的一般理论时，I 是一个完全任意的集合，我们将讨论 I 的所有子集。

对于 I 的任意子集 A，它的补集（将被理解为是关于 I 的）是指在 I 中但不在 A 中的所有元素的集合。例如，如果 I 是所有整数的集合，E 是所有偶数的集合，那么 E 的补集是所有奇数的集合。集合 A 的补集记为 A'，或者有时记为 $\overline{A}$ 或 $\widetilde{A}$。

很明显，A''（A 的补集的补集）是 A 本身。

问题 6. 如果有的话，下面哪个陈述为真？

（1）如果 $A \subseteq B$，那么 $A' \subseteq B'$。

（2）如果 $A \subseteq B$，那么 $B' \subseteq A'$。

并、交和补的运算是集合的基本布尔运算。通过这些基本运算可以定义其他运算。例如，集合 $A - B$，可以根据三个基本运算来定义，因为 $A - B = A \cap B'$，是在 A 中但不在 B 中的所有元素的集合。

文恩图

集合的布尔运算可以通过所谓的文恩图来图解说明，其中，论域 I 用正方形内部的所有点的集合来表示，I 的子集用 A，B，C 等正方形内的圆来表示，布尔运算用圆中阴影部分来表示。例如：

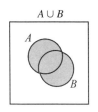 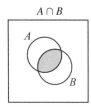 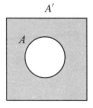 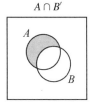

布尔方程

我们将使用有或没有下标的大写字母 A，B，C，D，E 代表任意集合（就像在代数中我们使用小写字母 x，y，z 代表任意数字）。我们称这些大写字母（有或没有下标）为集合变元（set variables）。项（term）是指根据以下规则构成的任意表达式：

（1）每个独立的集合变元是一个项。

（2）对于任意项 t_1 和 t_2，表达式 $(t_1 \cup t_2)$，$(t_1 \cap t_2)$ 和 t_1' 也是项。

项的例子有 $A \cup (B \cap C)$，$A' \cup (B \cap A'')$ 和 $(A \cup B)'$。

有必要使用括号来避免歧义。例如，假设我们在写表达式 $A \cap B \cup C$ 时没有使用括号。无法判断这意味着 $A \cap B$ 与 C 的并还是 A 与 $B \cup C$ 的交。如果我们的意思是前者，我们应该写出表达式 $(A \cap B) \cup C$，如果是后者，我们应该写出表达式 $A \cap (B \cup C)$。如果不会产生歧义，有时可以删除括号。例如，可以删除外部括号，如上所述，写成 $(A \cap B) \cup C$ 而不是 $((A \cap B) \cup C)$。

对于布尔方程，我们指的是形如 $t_1 = t_2$ 的表达式，其中，t_1 和 t_2 是布尔项。考虑以下例子：

（1）$A \cup B = A \cap B$

（2）$A' = B$

（3）$A \cup B = B \cup A$

（4）$A \cup B' = A' \cup B'$

（5）$(A \cup B)' = (A \cup B) \cap C$

（6）$A \cup (B \cap C) = (A \cup B)' \cup (C \cap (A \cap B))$

如果无论集合变元表示什么集合，布尔方程都为真，那么它就是有效的。例如，（3）是有效的，因为对于任一集合对 A 和 B，$A \cup B = B \cup A$ 都为真。上述其他五个等式中没有一个是有效的。

检测布尔方程

假设我们希望检测给定的布尔方程是否有效。是否有系统的方法来实现这一点，还是需要技巧？答案是，这可以系统地完成。一种众所周知的方法是使用文恩图，但我找到了另一种方法（Smullyan，2007），即我们现在要讨论的标记（indexing）法。

作为一个简单的启动器，令 A 和 B 是 I 的子集。

在下面这个图中，I 被分为四个集合 $A \cap B$，$A \cap B'$，$A' \cap B$ 和 $A' \cap B'$，我们分别用数字 1，2，3 和 4 标记。I 的每个元素 x 都属于这四个区域之一。我们称这些区域为基本区域。

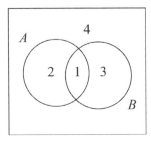

现在，让我们确定标记集基本区域的任意并集。例如：

$A = (1，2)$

$B = (1，3)$

实际上，我们可以写出 $A = 1 \cup 2$ 和 $B = 1 \cup 3$，但是应该放弃并集符号使得标记更易于关注。

然后 $A \cup B = (1，2，3)$；$A \cap B = (1)$，因为（1）是 A 和 B 唯一的共有区域。另外，$A' = (3，4)$，因为（1，2）和（3，4）之间没有任何共有区域，然后 $A \cap A' = \varnothing$，即 $A \cap A'$ 是空集。另外，$A \cup A' = (1，2) \cup (3，4) = (1，2，3，4)$。因此，$A \cup A' = I$。

现在，假设我们希望通过标记的方法验证德·摩根定律，$(A \cup B)' = A' \cap B'$。想法是首先找到 $(A \cup B)'$ 的标记集，然后找到 $A' \cap B'$ 的标记集，并查看这两个集合是否相同。

$A \cup B = (1，2，3)$ $A' = (3，4)$ 并且 $B' = (2，4)$

因此，$(A \cup B)' = (4)$ 因此，$A' \cap B' = (4)$

因此，（4）是 $(A \cup B)'$ 和 $A' \cap B'$ 的标记集；因此 $(A \cup B)' = A' \cap B'$。

现在我们试试有 A，B 和 C 三个集合的方程式。这三个集合将 I 分为八个基本区域，如下图所示：

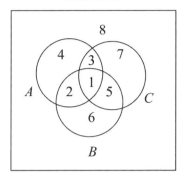

I（矩形的内部）

因此：

$A = (1, 2, 3, 4)$

$B = (1, 2, 5, 6)$

$C = (1, 3, 5, 7)$

假设我们希望证明 $A \cup (B \cap C) = (A \cup B) \cap (A \cup C)$。我们再次将等号的两边各减少到它的标记集，看看这两个集合是否相同。

$(B \cap C) = (1, 5)$　　　　　　　$(A \cup B) = (1, 2, 3, 4, 5, 6)$

$A \cup (B \cap C) = (1, 2, 3, 4, 5)$　$(A \cup C) = (1, 2, 3, 4, 5, 7)$

　　　　　　　　　　　　　　　$(A \cup B) \cap (A \cup C) = (1, 2, 3, 4, 5)$

因此，集合方程的两边都减少到 $(1, 2, 3, 4, 5)$，这个例子我们也成功了。

现在试试方程式 $A \cap (B \cup C) = (A \cap B) \cup (A \cap C)$。

$(B \cup C) = (1, 2, 3, 5, 6, 7)$　　$(A \cap B) = (1, 2)$

$A \cap (B \cup C) = (1, 2, 3)$　　　$(A \cap C) = (1, 3)$

　　　　　　　　　　　　　　　$(A \cap B) \cup (A \cap C) = (1, 2, 3)$

因此，方程式减少到 $(1, 2, 3) = (1, 2, 3)$，我们看到该方程式是有效的。

如果我们有三个以上的未知数，比如 A，B，C 和 D，我们该怎么办？好吧，我们不能再画圆了，但仍然用四个集合将 I 划分为 16 个基本区域，我们可以通过以下方式对它们进行编号：

$A = (\,1,2,3,4,5,6,7,8\,)$

$B = (\,1,2,3,4,9,10,11,12\,)$

$C = (\,1,2,5,6,9,10,13,14\,)$

$D = (\,1,3,5,7,9,11,13,15\,)$

一旦我们对基本区域进行编号，根据基本区域的并，我们就知道原始集合是什么，我们可以按照已经看到的这四个集合的标记集进行运算。

对于五个未知数 A，B，C，D 和 E，我们有 32 个基本区域。通常，对于任何等于或大于 2 的 n，集合 A_1，A_2，…，A_n 将 I 划分为 2^n 个基本区域，我们可以给每个区域指派一个标记，比如将 A_1 作为整数 1，2，…，2^n 的前半部分，然后将 A_2 作为每个四等分（从第一个开始），A_3 作为每个八等分，依此类推。例如，对于 $n = 5$，我们采取：

$A_1 = (\,1 — 16\,)$

$A_2 = (\,1 — 8,17 — 24\,)$

$A_3 = (\,1 — 4,9 — 12,17 — 20,25 — 28\,)$

$A_4 = (\,1,2,5,6,9,10,13,14,17,18,21,22,25,26,29,30\,)$

$A_5 = (\,$从 1 到 31 的所有奇数$\,)$

练习 1. 通过标记的方法，证明以下布尔方程是有效的：

$(A \cup B)' \cap C = (C \cap A') \cup (C \cap B')$

其他一些布尔运算是：

$A \to B$，也就是 $A' \cup B$，以及

$A \equiv B$，也就是 $(A \cap B) \cup (A' \cap B')$。

练习 2. 通过标记的方法，证明以下方程是有效的：

（1）$A \to B = (A - B)'$

（2）$A \equiv B = ((A \rightarrow B) \cap (B \rightarrow A))$

（3）$(A \cap (A - B)')= \varnothing$

（4）$A \equiv (A \rightarrow B) = A \cap B$

布尔集合论只被认为是集合论领域的开端。该学科的更深层次涉及无穷集，这是下一章的主题。

问题答案

1. 从逻辑上讲，它们说的是同样的事情，即没有食物既好又便宜，但在心理上，它们传达了截然不同的图像。"好的食物不便宜"的说法倾向于描绘出好的昂贵食物的图像，而"便宜的食物不好"会让人想到廉价的腐烂食物。

2. 确实，空集是每个集合 S 的子集，因为正如我们所看到的，作为 S 的元素的属性（像任何其他属性一样）对空集的所有元素也成立。因此，空集的每个元素都是 S 的元素，这意味着空集是 S 的子集。

3. （2）和（3）的陈述为真。

（2）的证明。首先，很明显，对于任意集合对 A 和 B，A 是 $A \cup B$ 的子集。同样，$B \subseteq A \cup B$。现在，如（2）中假设的那样，假设 $A \cup B = B$。由于 A 是 $A \cup B$ 的子集，因此它是 B 的子集，因为 B 和 $A \cup B$ 是相同的。因此 $A \subseteq B$。

（3）的证明。假设 $A \subseteq B$，那么 $B \subseteq B$ 也为真（显然!）。因此 A 和 B 都是 B 的子集，因此它们的并集 $A \cup B$ 也是 B 的子集。

4. （1）和（4）的陈述为真。

（1）的证明。假设 $A \cap B = B$。令 x 是 B 的任意元素。因为 $B = A \cap B$，那么 x 是 $A \cap B$ 的一个元素，这意味着 x 同时属于 A 和 B，因此，特别地，$x \in A$。这证明了 B 的任意元素 x 也是 A 的元素，所以 $B \subseteq A$。

（4）的证明。假设 $A \subseteq B$。令 x 为 A 的任意元素。由于

$A \subseteq B$，则 $x \in B$。那么，$x \in A$ 且 $x \in B$，因此，$x \in A \cap B$。也就是，A 的任意元素也是 $A \cap B$ 的元素，这意味着 $A \subseteq A \cap B$。另外，$A \cap B$ 显然是 A 的子集。因此，A 和 $A \cap B$ 是彼此的子集，故 $A \cap B = A$。

5. 是的，当 $A \cap B = A \cup B$ 时，A 一定等于 B。假设 A 与 B 不同，那么两个集合中的一个，比如 A，包含一个不在 B 中的元素 x。因为 $x \in A$，那么 $x \in A \cup B$。因为 $x \notin B$，那么 $x \notin A \cap B$。因此 $x \in A \cup B$，但不在 $A \cap B$ 中。这证明如果 A 与 B 不同，则 $A \cup B$ 与 $A \cap B$ 不同。但我们认为 $A \cup B$ 与 $A \cap B$ 没有区别；所以 A 不能与 B 不同。因此 $A = B$。

6.（2）为真。

（2）的证明。假设 $A \subseteq B$，那么 B' 的任意元素 x 都不在 B 中，因此不在 A 中，因此一定在 A' 中。因此，B' 的每个元素也在 A' 中，这意味着 $B' \subseteq A'$。

第2章
无穷集

19 世纪晚期，格奥尔格·康托尔的无穷集理论引发了一场彻底的数学革命。那么集合有穷或无穷的意思是什么？这背后的基本思想是——（一对一）对应（one to one correspondence）。

假设在某个剧院，每个座位都被占用，没有人站着，没有人坐在任何人的腿上。然后，无须计算人数或座位数，我们就知道这两个数字一定相等，因为人的集合与座位集合一一对应，即我们看到每个人与他所坐的座位相对应。更一般地，集合 A 和集合 B 之间的一一对应意味着将 A 的每个元素 x 与 B 中的一个且仅一个元素 y 配对的指派，而同时 B 的每个元素 y 被配对给 A 中一个且仅一个元素 x。因此，两个集合中的元素是"配对的"，其中任一组中的每个元素在另一组中有一对一的伙伴。

我们都熟悉所谓的自然数——整数 0，1，2，...，n，... 因此，自然数由 0 和正整数（有时称它们为整数）组成。（我来告诉你一些有趣的事情：当我在谈话中使用"自然数"一词时，有人看起来很困惑并问我，"你能给我一个非自然的数的例子吗？"）

对于任意正自然数 n，假设集合 A 恰好具有 n 个元素，则可以说 A 可以与从 1 到 n 的正整数集合一一对应。例如，左手有 5 个手指就是说，我可以把左手手指的集合与 1 到 5 的整数集合进行一一对应。例如，我的大拇指为 1，食指为 2，中指为 3，下一个手指为 4，而我的小拇指为 5。这个将一个集合与从 1 到某个正整数的集合一一对应起来的行为有一个流行的名字，它通常被称为计数（counting）。是的，这就是计数。我们还说，如果一个集合根本没有元素，换句话说，如果它是空集，那么它就有 0 个元素。

现在我们已经定义了有 n 个元素的集合是什么意思，如果存在自然数 n 使得集合具有（确切地）n 个元素，我们现在就可以定义这个集合是有穷的。然后，如果一个集合不是有穷的，我们将它定义为无穷的。一个无穷集的明显例子就是所有自然数的集合 N。由于没有最大的自然数，因此不存在任何自然数 n，使得 N 恰好具有 n 个元素。对于任意自然数 n，集合 N 显然有多于 n 个元素。

问题 1. 如果集合 A 恰好有 3 个元素，A 有多少个子集（包括 A 本身和空集）？有 5 个元素的集合呢？一般来说，如果集合 A 有 n 个元素，那么就 n 而言，有多少个 A 的子集？

无穷集的大小

如何定义两个非空集合 A 与 B 在数值上是相同的？显然，正确的答案是，A 可以与 B 一一对应。

给定两个非空集合 A 和 B，我们应该如何定义 A 在数值上小于 B 或者 B 在数值上大于 A？一个显然的猜测是，如果 A 可以与 B 的真子集（B 的子集，而不是 B 的整体）进行一一对应，则应该将 A 定义为（在数值上）小于 B。这个定义适用于有穷集，但遗憾的是，它对无穷集是没用的，因为如果可以找到两个无穷集 A 和 B，这样一方面可以将 A 与 B 的真子集一一对应，而另一方面 B 也可以与 A 的真子集一一对应。这样可以确定 A 小于 B 且 B 小于 A，当然这不是我们想要的。例如，假设 E 是偶数自然数的集合，O 是所有奇数自然数的集合。通过将每个偶数 n 与例如 $x + 5$ 配对，我们可以将 E 与 O 的真子集一一对应。那么，0 与 5，2 与 7，4 与 9 配对，等等。因此，E 与除 1 和

3 外的所有奇数组成的 O 的真子集一一对应。另一方面，我们可以通过把每个奇数 x 和 $x+3$ 配对，将 O 与 E 的真子集一一对应，那么，1 对应 4，3 对应 6，5 对应 8，等等。因此，O 与除 2 和 4 以外的所有偶数组成的 E 的真子集一一对应。

不，上述定义不适用于无穷集。非空集合 A 小于非空集合 B 的正确定义是，A 可以与 B 的子集一一对应，但不能与整个 B 一一对应。因此，如果 A 小于 B，那么与 B 的真子集的每个一一对应将不考虑 B 的一些元素。

无穷集的奇怪之处在于，每个无穷集都可以与自身的真子集进行一一对应！我们稍后将证明无穷集的情况，但是现在，我们看到这对自然数的集合 N 是正确的。N 可以与正整数集匹配，如下所示：

自然数　　0　1　2　3　...　n　　...
　　　　　↕　↕　↕　↕　　　↕
正整数　　1　2　3　4　...　$n+1$　...

实际上，N 也可以与一组偶数自然数相匹配，如下所示：

自然数　　　0　1　2　3　...　n　...
　　　　　　↕　↕　↕　↕　　　↕
偶数自然数　0　2　4　6　...　$2n$　...

也许更令人吃惊的是，1630 年，伽利略（Galileo）发现，自然数集合 N 可以与完全平方数的集合（0，1，4，9，16，25，...）相匹配，我们再进一步：

自然数　　　0　1　2　3　...　n　...
　　　　　　↕　↕　↕　↕　　　↕
完全平方数　0　1　4　9　...　n^2　...

在某种意义上，完全平方数的集合不是小于所有自然数的集合 N 吗？是的，在这种意义上，完全平方数的集合只形成 N 的真子集。然而，完全平方数的集合与 N 在数值上大小相同。

可数集

康托尔考虑的无穷集的第一个基本问题是，所有无穷集是大小相同还是大小不同的。你愿意在这一点上做出猜测吗？

一个集合被称为可数的（denumerable），或者可数无穷的（denumerably infinite），如果它可以与正整数集一一对应，或者同样地，它可以与自然数集一一对应。

集合 A 和正整数集之间的一一对应关系称为 A 的枚举（enumeration）。A 的枚举可以被认为是一个无限列表 a_1, a_2, ..., a_n, ...，其中每个 N 中的 n 与 A 的元素 a_n 对应。数 n 有时被称为枚举中 a_n 的指数。

现在重要的问题是，是否任意无穷集都是可数的。据我了解，几年来康托尔都认为，所有无穷集都是可数的，但有一天他意识到情况恰恰相反！他所做的（多年来，我被告知的情况是这样）是要检查表面上似乎不可数的各种集合，但在每种情况下，他都找到了一种巧妙的方法来枚举集合。我想用以下方式来阐述这些巧妙的枚举。

设想你和我是不朽的。我在一张纸上写下了某个正整数，并告诉你每天只能猜测一次这个数字是什么。如果你猜中我的数字，我会给你一个大奖。你有方法可以保证你迟早会获得奖品吗？显然有：第一天，你问这个数字是否为 1；第二天，你问这个数字是否为 2，依此类推。如果我的数字是 n，那么你将在第 n 天赢得奖品。

接下来，我让这个问题变难一些。这次，我写下正整数 1, 2, 3, ..., n, ... 或负整数 -1，-2，-3，...，-n，... 重申一下，你每天只能猜一次。

问题 2. 什么方法可以使你确定你迟早会赢得奖品？

我的下个测试肯定更难。这次我将写下两个整数（可能是两个相同的整数）。你每天只可以猜测一次，并且必须在同一天猜出这两个数字，而不能在某一天猜出其中一个，在另一天猜出另一个。这看起来可能毫无希望，因为我

写下的第一个数字有无限多种可能，对于那些可能性中的每一个，第二个数字
也有无限多种可能。因此，似乎没有方法保证你能获胜。但其实有一种方法！

问题 3. 什么方法可行呢？

在下一个测试中，我写下一个分数 $\frac{x}{y}$，其中 x 和 y 是正整数。

重申一次，你每天只能猜一次我写的分数是什么。

问题 4. 什么方法会确保你迟早有一天能说出我这个分数呢？

我们现在已经看到所有分数的集合是可数的，即与所有正整数的集合大
小相同，因为我们可以根据上面的解决方案中给出的方法让每个数字 n 与在第
n 天所说的分数对应。康托尔发现，这些分数的集合是可数的，这对数学世界
来说非常震惊！

在下一个测试中，我写下一个有穷的正整数集合。我不会告诉你我写下了
多少整数，也不会告诉你最大的整数是什么。重申一下，对于我写的整数集，
你每天可以猜一次。

问题 5. 什么方法可以确保你迟早会找到我的集合？

康托尔的伟大发现

我们刚刚看到，所有正整数的有穷集都是可数的。所有整数集的集合是有
穷的还是无穷的呢？那个集合是可数的吗？康托尔的伟大发现就是，所有正整
数集的集合是不可数的！我们现在转向证明这一重要事实，它开启了整个数学
领域中被称为集合论的部分。

为了阐述这个证明，让我们来考虑一本页数很多的书 —— 第 0 页，第 1 页，
第 2 页，...，第 n 页，... 在每个页面上写下对一个自然数集合的描述。如果

书中列出了自然数的任意集合，那么这本书就赢得大奖。但是，即使没有查看这本书的内容，也可以描述出可能无法在任何页面上列出的自然数集合！

问题 6. 那是什么集合？什么集合在任何页面上都不能被列出？［提示：如果 n 是第 n 页上被描述的集合中的元素，则称数字 n 为异常的（extraordinary），如果它不是第 n 页所列集合中的元素，则称它为普通的（ordinary）。可能在某页列出所有异常数的集合吗？可能在某页列出所有普通数的集合吗？］

对于任意集合 A，A 的所有子集的集合被称为 A 的幂集（power set），并记为 $\rho(A)$。因此，在对问题 6 的解答中，我们所展示的是 N 不能与它的幂集 $\rho(N)$ 一一对应。然而，N 肯定可以与 $\rho(N)$ 的子集一一对应。

问题 7. 为什么 N 可以和 $\rho(N)$ 的子集一一对应？

因为 N 不能与 $\rho(N)$ 一一对应，但可以与 $\rho(N)$ 的子集一一对应，因此，根据定义，集合 $\rho(N)$ 在数值上比 N 更大！这只是康托尔定理的一个特例，即：

康托尔定理：对于任意集合 A，幂集 $\rho(A)$ 在数值上大于 A。

问题 8. 证明康托尔定理。（证明与 N 的特例几乎一样。）

连续统问题

我们现在已经证明了康托尔定理的著名成果，即对于任意集合 A，幂集 $\rho(A)$ 在数值上大于 A。特别地，$\rho(N)$ 大于 N。不过，$\rho(\rho(N))$ 大于 $\rho(N)$，$\rho(\rho(\rho(N)))$ 更大，等等，无穷无尽。因此，无穷集有无限种不同的大小。已知集合 $\rho(N)$ 与直线上所有点的集合大小相同，因此集合 $\rho(N)$ 被称为连续统（continuum）。现在出现了一个最有趣的问题：在 N 和 $\rho(N)$ 之间是否

有一个中间集合 S？换句话说，是否存在大于 N 且小于 $\rho(N)$ 的集合 S？或者 $\rho(N)$ 是否为比 N 大的下一个集合？康托尔推测没有中间大小，这种猜想被称为连续统假设（continuum hypothesis）。更一般地说，康托尔推测，对于任意无穷集 A，没有集合的大小介于 A 和 $\rho(A)$ 之间，这个猜想被称为广义连续统假设（generalized continuum hypothesis）。

时至今日，没有人知道任何形式的连续统假设为真还是为假。有些人（包括我自己）认为这是极重要的且未解决的数学问题。然而，众所周知，在 20 世纪 30 年代后期，库尔特·哥德尔表明，在当今最强大的数学系统中，连续统假设并非不可证明的。然后，在 20 世纪 60 年代，保罗·科恩（Paul Cohen）表明，连续统假设在同一系统中是不可证明的。连续统假设及其否定——每个都与现今集合论的公理一致。因此，现今的集合论公理不足以解决问题。现在，有些被称为形式主义者（formalists）的数学家认为这是一个标志，即连续统假设本身既不为真也不为假，而是取决于使用什么公理系统。然后，还有其他人，被称为柏拉图主义者（包括本书作者），这些人认为，完全独立于任何公理系统，广义连续统假设本身就为真或为假，但只是我们不知道情况就是这样。有趣的是，哥德尔证明了连续统假设与集合论的公理是一致的，但他认为，当对集合有更多的了解时，连续统假设将被视为假的。

问题 9. 两个可数集的并集一定是可数的吗？

问题 10. 我们已经从问题 5 的解答过程中知道，所有有穷自然数集的集合都是可数的。（实际上，我们在问题 5 的解答过程中证明了这一点对于正整数成立，但关于自然数的证明也一样。）那么所有无穷自然数集的集合呢？那个集合是可数的吗？

问题 11. 考虑一个可数集的可数序列 $D_1, D_2, \ldots, D_n, \ldots$，并且让 S 是它们的并集，即所有元素 x 都属于集合 $D_1, D_2, \ldots, D_n, \ldots$ 中的至少一个。集合 S 是可数的吗？

问题 12. 给定一个可数集 D，考虑 D 中元素的所有有穷序列的集合。这个集合是可数的吗？

问题 13. 考虑 1 和 0 的所有无穷序列的集合。证明该集合与 $\rho(N)$ 大小相同。

练习. 证明如果 D 是可数集，那么 D 的任意无限子集也一定是可数的。

讨论

可数集和不可数集之间存在显著差异：设想你和我是不朽的。我给你一张支票，上面写着"在某个银行可提取"。如果宇宙中只有有穷个银行，那么当然有一天你会获得你的钱。即使有可数多个银行，银行 1，银行 2 ，…，银行 n，…，肯定有一天你可以拿到钱，虽然你不知道需要多长时间。但是，如果有不可数多个银行，你拿到钱的机会就会非常小！

问题 14. 证明每个无穷集都有可数多个子集。

问题 15. 证明每个无穷集，甚至一个非可数无穷集，可以和自己的一个真子集一一对应。

伯恩斯坦-施罗德定理

设想一个男人的无穷集 M 和一个女人的无穷集 W，使得每个男人爱且只爱一个女人（但有些女人可能不被爱），但不存在两个男人爱上同一个女人的情况。此外，每个女人都爱且只爱一个男人（但不一定是那个爱她的男人），不存在两个女人爱上同一个男人的情况（但有些男人可能不被爱）。

问题是要证明，所有男人都能以一夫一妻制的方式与所有女人结婚，而且在每一对已婚夫妻中，要么男人爱他的妻子，要么妻子爱她的丈夫（但是不幸的是，没有办法保证两者；事实上，如果某些男人或女人最初没有被爱，那么显然不可能保证这两者）。

如何才能做到这一点？我给你一个提示。我们按照以下方式将所有人分为三组。给定一个人 x，我们定义一个以 x 为起点的路径，如下所示：如果 x 不被爱，那就是路径的终点。如果 x 被爱，那么令 x_1 是喜欢 x 的异性之一。如果 x_1 不被爱，那就是路径的终点；否则，令 x_2 成为 x_1 的爱慕者。我们以这种方式继续，并且给定 x 有三种可能的结果。路径以某个不被爱的男人结束，在这种情况下，我们说 x 属于第 1 组；或者路径以某个不被爱的女人结束，在这种情况下，我们说 x 属于第 2 组；或者路径永远向前，在这种情况下，我们把 x 放在第 3 组。

问题 16. 通过上面的提示，完成此证明。

上述问题的数学内容是：

伯恩斯坦-施罗德定理：对于任意一对无穷集 A 和 B，如果 A 可以一一对应于 B 的一部分（即 B 的子集），并且 B 可以一一对应于 A 的一部分，那么整个 A 可以一一对应于整个 B。

此外，如果 C_1 是 A 与 B 的子集之间的一一对应关系，并且 C_2 是 B 与 A 的子集之间的一一对应关系，那么整个 A 与整个 B 之间存在一一对应关系 C，使得对任何 A 中的 x 和 B 中的 y，如果 x 在 C 下与 y 配对，那么 x 最初在 C_1 下与 y 配对，或者 y 最初在 C_2 下与 x 配对。

问题 17. 假设 A 是与它的子集 B 大小相同的一个无穷集。A 与 B 一定大小相同吗？

问题答案

1. 对于任意正整数 n，令 I_n 为从 1 到 n 的所有数字的集合 $\{1, \ldots, n\}$。注意，I_{n+1} 的子集的数量是 I_n 的两倍，因为 I_{n+1} 的子集是 I_n 的子集，以及同样这些子集在每个中加入数字 $n+1$。向集合 S 中加入一个元素 x 的记法是 $S \cup \{x\}$。因此，如果 $S_1, \ldots, S_k$ 表示 I_n 的子集，那么 I_{n+1} 的子集是 $2k$ 个集合 $S_1, \ldots, S_k, S_1 \cup \{n+1\}, \ldots, S_k \cup \{n+1\}$。

   因此，我们看到 I_{n+1} 的子集数量是 I_n 的两倍。

现在，有 2 个 {1} 的子集，即 {1} 本身和空集 {}。如果我们将数字 2 加入这些集合的每一个中，我们有两个集合 {2} 和 {1, 2}，因此 {1, 2} 有 4 个子集，即 {}、{1}、{2}、{1, 2}。因此，I_2 的子集数量是 2^2。如果我们将这 4 个集合加上在这每个集合中加入 3 得到的集合，我们得到 I_3 的 2^3（=8）个子集，即 {}、{1}、{2}、{1, 2}、{3}、{1, 3}、{2, 3}、{1, 2, 3}，依此类推。因此，对于任意正数 n，n- 元素集存在 2^n 个子集。

当然，空集只有 1（=2^0）个子集，即空集本身。

2. 一个人提出了以下错误的解决方案："首先检查所有正整数，然后检查负整数。"如果我写下了一个正整数，这将有效，但如果我写下了一个负整数，他将永远不会猜到，因为他必须要检查无限多的正整数。

不，显然的策略是在正整数和负整数之间交替：在第一天你问这个数字是否为 +1，第二天问是否为 -1，下一天是否为 +2，接下来是否为 -2，依此类推。

3. 如果最大数字是 1，即（1，1），那么只存在一种可能。对于最大数字为 2 的情况，有两种可能，即（1，2）和（2，2）。一般来说，对于每个正整数 n，如果这两个数中的最大数是 n，则只有有穷多种可能，即 n 对（1，n）、（2，n），...，（$n-1$，n）、（n，n）。因此，你首先要检查最大数字为 1 的所有可能性，然后是最大数字为 2 的所有可能性，依此类推。

4. 对于每个正整数 n，正好有（$2n-1$）个分数使得其中 n 是分子和分母中最大的，即分数 $\frac{1}{n}$, $\frac{2}{n}$, ..., $\frac{n-1}{n}$, $\frac{n}{n}$, $\frac{n}{1}$, $\frac{n}{2}$, ..., $\frac{n}{n-1}$。因此，你首先要检查分子和分母中最大数为 1 的所有分数，然后是分子和分母中最大数为 2 的所有分数，依此类推。注意，这里我们所说的分数只是一个正整数在另外一个正整数之上，因此 $\frac{2}{3}$ 与 $\frac{4}{6}$ 是不同的分数，即使它们代表相同的有理数。

5. 正如我们在问题 1 的解决方法中所看到的，对于任意正整数 n，正好有 2^{n-1} 个最大数为 n 的正整数集，即 $\{1, \ldots, n-1\}$ 的所有子集都加上 n，以及我们所知道的，$\{1, \ldots, n-1\}$ 有 2^{n-1} 个子集。

因此，我们可以检查最大数为 1 的所有集合，然后是最大数为 2 的所有集合，依此类推。

6. 我们称这个没有在任何页面被列出的普通数集合为 S。

对于每个数字 n，令 S_n 为第 n 页被列出的自然数集合。普通数集合 S 一定与集合 $S_0, S_1, S_2, \ldots, S_n, \ldots$ 中的任意一个都不同，因为对于每个 n，数字 n 一定属于集合 S_n 或 S 之一，但不同时属于二者。原因是，数字 n 是普通的或者异常的。如果它是普通的，那么根据定义，它不属于 S_n，而一定属于所有普通数的集合 S。所以，在这种情况下，n 属于 S 但不属于 S_n。另一方面，如果 n 是异常的，通过"异常性"（extraordinariness）的定义，它属于 S_n，但不能属于仅包含普通数的 S。因此，在这种情况下，n 属于 S_n，但不属于 S。这证明 S 与每个 S_n 都不同，因为 n 属于集合 S_n 或 S 之一，但不是两者。

7. 我们已经知道，所有有限自然数集的集合 $\mathcal{F}$ 是可数的，并且 $\mathcal{F}$ 是 $\rho(N)$ 的一个子集。

或者，我们将每个自然数 n 与单位集 $\{n\}$ 配对，该集合的唯一元素是 n。

8. 康托尔定理对所有有穷集和无穷集都成立。问题 1 的解决方案证明了它对有穷集成立（记住，空集及其幂集都是有穷的，第一个有 0 个元素，第二个有一个单一元素即空集）。因此，在这里，我们将只证明这个定理对无穷集成立。

给定一个无穷集 A，考虑 A 的任意元素 x 和 A 的子集的任意一一对应，称与 x 对应的 A 的子集为 S_x。再次定义，如果 x 不属于 S_x，那么定义 x 为普通的。A 中普通元素的集合 S 不同于任意 $\rho(A)$ 的元素 S_x，因为如果 x 是普通的，那么 S 包含 x 且 S_x 不包含 x，并

且如果 x 不是普通的，那么 S_x 包含 x 但 S 不包含 x。因此，A 不能和 $\rho(A)$ 一一对应，但是通过将 A 的元素 x 和单元集 $\{x\}$ 配对，A 可以和 $\rho(A)$ 的子集一一对应。

9. 当然是。给定可数集 A 的枚举 a_1，a_2，...，a_n，... 以及可数集 B 的枚举 b_1，b_2，...，b_n，... 我们可以按顺序 a_1，b_1，a_2，b_2，...，a_n，b_n，... 来枚举 $A \cup B$。

10. 由于 N 的所有有穷子集的集合是可数的，那么如果 N 的所有无穷子集的集合是可数的，那么这两个集合的并集将是可数的（正如我们在上一个问题中所见）。但是，这个并集是 $\rho(N)$，是不可数的。因此，N 的所有无穷子集的集合不能是可数的，因此必须是不可数的。

11. 设 D 是可数集合 D_1，D_2，...，D_n，... 的并集。对任意 n，设 $d_n(1)$，$d_n(2)$，...，$d_n(m)$，... 是集合 D_n 的枚举。我们知道，分数的集合是可数的，我们可以按照与分数相同的方法枚举 D 中的元素，即我们从 $d_n(m)$ 中 n 和 m 中最大值为 1 的所有元素开始，然后是 n 和 m 中最大值为 2 的那些，依此类推。因为集合 D_i 不需要是互不相交的（即使每个集合本身具有可数多个互不相同的元素），我们消除了在每个步骤中可能出现的重复。

12. 首先，我们注意，对任意有 m 个元素的有穷集 F 和任意正整数 k，F 中元素长度为 k 的所有序列（允许重复）的集合是有穷集；具体来说，有 m^k 个这样的序列（因为序列的第一项有 m 个可能的选择，并且对应每个选择，第二项有 m 个选择，因此前两项有 $m \times m = m^2$ 个选择，并且对每个这样的选择，第三项有 m 个选择，因此前三项有 $m^2 \times m = m^3$ 个选择，等等）。

　　现在考虑一个可数集 D。我们将证明 D 中元素的所有有穷序列的集合是可数的。那么，对于每个正整数 n，令 $(S_k)_n$ 为 $\{a_1, ..., a_n\}$ 中元素长度为 k 的所有序列的集合，其中每个序列包含至少一个 a_n 的重复，并且让 S_k 是长度为 k 的所有有穷序列的集合。每个集合 $(S_k)_n$ 都是有穷的（如上所示）。注意，对于任意 k，如果 $m \neq n$，每个集合 $(S_k)_n$ 不同于 $(S_k)_m$，并且如果 $j \neq k$，每个 S_k 不同于 S_j。我们可以从 $(S_k)_1$（只存在一个）开始枚举 S_k 的所有元素，然后是 $(S_k)_2$ 的有穷多个元素（按任意顺序，删除重复），然后是 $(S_k)_3$ 的元素，依此类推。因此每个 S_k 都是可数的。

由于集合 S_1, S_2, ..., S_n, ... 中的每一个都是可数的，因此它们的并集也是可数的（根据问题 11），并且并集是 D 中元素所有有穷序列的集合。

13. 我们将 1 和 0 的每个无穷序列 q 与所有正整数 n 的集合配对，使得 q 的第 n 项是 1。例如，序列 $(1, 0, 1, 0, 1, 0, ...)$ 与奇数的无穷集 $\{1, 3, 5, 7, ...\}$ 配对。序列 $(1, 0, 1, 1, 0, 1, 0, 0...0, 0, 0, ...)$ 与有穷集合 $\{1, 3, 4, 6\}$ 配对。

显然，不同的序列与不同的自然数集配对，并且对于每个自然数集 A，存在且只存在一个与 A 配对的序列，即如果 n 在 A 中，序列中的第 n 项为 1，并且如果 n 不在 A 中，则为 0。因此，配对是所有序列集与所有正整数集之间的一一对应关系；当然和自然数的所有集合的集合 $\rho(N)$ 的大小是相同的，因为正整数集与自然数集的大小相同。

14. 显然我们从无穷集 A 中删除一个元素 x，结果 $A - \{x\}$ 必然是无穷的。因为如果它是有穷的，存在某个自然数 n，它有 n 个元素，因此，初始集 A 有 $n+1$ 个元素，这与 A 是无穷的假设相反。

现在，考虑无穷集 A。A 显然是非空的，因此我们可以删除元素 a_1，剩下的仍是无穷的。因此我们可以删除另一个元素 a_2，依此类推。因此，我们生成一个 A 中元素的可数序列 a_1, a_2, ..., a_n, ...。

注：隐藏在上述证明中的规则被称为选择公理（Axiom of Choice），遗憾的是，我们无法在这里考虑这一规则。

15. 考虑一个无穷集 A。正如我们所见，A 包含一个可数的子集

$D = \{d_1, d_2, \ldots, d_n, \ldots\}$。通过将每个 d_n 与 d_{n+1} 配对，可以将该集合 D 与其真子集 $\{d_2, d_3, \ldots, d_{n+1}, \ldots\}$ 一一对应。为了增加 A 的子集与 A 的另一个子集的这种配对以获得从 A 中所有元素与 A 的子集的配对，我们让除了 D 中那些元素以外的 A 中每个元素对应于其自身。然后 A 与 $A - \{d_1\}$ 一一对应。

16. 显然，每个不被爱的男人都在第 1 组，每个不被爱的女人都在第 2 组。因此，第 3 组中的每个人都被爱。此外：

（a）对于第 1 组中的男人，他所爱的女人也在第 1 组，并且第 1 组中的女人被某个男人所爱（因为她不属于第 2 组），而这个男人也属于第 1 组。因此，如果第 1 组中的所有男人都娶了他们所爱的女人，那么这些女人都在第 1 组并包括第 1 组中的所有女人。

（b）同样，如果第 2 组中的每个女人都与她所爱的男人结婚，那么第 2 组中的所有女人都将与第 2 组中的男人结婚，并且第 2 组中的每个男人都将成为第 2 组中一个女人的丈夫。

（c）第 3 组中的每个男人都爱第 3 组中的一个女人并且被第 3 组中的一个女人所爱，第 3 组中的每个女人都爱第 3 组中的一个男人并且被第 3 组中的一个男人所爱。因此，我们可以选择让第 3 组中的所有男人娶他们所爱的女人，或者让所有女人嫁给她们所爱的男人。（哪个选择更好是留给心理学家的问题。）在任何一种情况下，第 3 组中的所有男人和所有女人都可以结婚。

17. 因为 B 是 A 的子集，因此显然它与 A 的子集（即 B 本身）大小相同，并且由于 A 与 B 的子集大小相同，因此由伯恩斯坦-施罗德定理，A 与 B 大小相同。

第 3 章

一些问题出现了！

悖论

在康托尔的集合论提出后不久，出现了一些悖论，这些悖论威胁到整个无穷集理论的有效性！

这个悖论是：考虑所有集合的集合 S。其幂集 $\rho(S)$ 是 S 的子集，因为 $\rho(S)$ 的每个元素都是集合，因此是所有集合的集合 S 的元素。S 与 $\rho(S)$ 的一个子集大小相同（一个类似于第 2 章问题 7 的解答的证明，将 N 取为 S）。因此，S 与 S 的子集 $\rho(S)$ 的子集大小相同，因此，由第 2 章的问题 17 可知，S 与 $\rho(S)$ 的大小相同，与康托尔定理相反。

接下来是著名的罗素悖论［由策梅洛（Zermelo）独立发现］。如果一个集合不是其自身的元素，则称这个集合是普通的，如果它是其自身的元素，则称之为异常的。无论异常的集合是否存在，普通的集合显然存在。假设 M 是所有普通的集合的集合。M 是普通的吗？无论怎样，我们都会得出矛盾：假设 M 是普通的，那么 M 包含所有普通的集合，M 在 M 中，但是根据定义，在 M 中使得 M 是异常的。因此，假设 M 是普通的，这是矛盾的。另一方面，假设

M是异常的。这意味着M是其自身的元素，即M在M中。但是集合M中只有普通的集合。这又是一个矛盾。

罗素随后提出了这个悖论的流行版本。某个城镇的一名男性理发师给镇上所有不为自己刮脸的男人刮脸且只为这样的男人刮脸。因此，如果镇上的一个男人没有刮脸，那么理发师就会为他刮脸，但如果镇上的一个男人为自己刮脸，理发师就不为他刮脸。理发师为自己刮脸吗？如果他为自己刮脸，那么他就为某个给自己刮脸的男人刮脸了，他不应该这样做。如果他没为自己刮脸，那么他就没为某个不为自己刮脸的男人刮脸，这违背了他总是为任何不为自己刮脸的男人刮脸的约定。因此，无论哪种方式，我们都会得出矛盾。

问题 1. 理发师悖论的解决方案真的很简单！是什么呢？

我一定要告诉你一个关于理发师悖论的趣事。我把这个悖论告诉了一位有幽默感的朋友。她说："他可能去了另一个城镇的他兄弟的房子，为自己刮了脸。"

罗素悖论有几种变体，它们并不涉及集合的概念。例如，如果一个形容词具有它所描述的性质，则称它是自谓的（autological），如果不具有，则称它是它谓的（heterological）。例如，形容词"多音节的"本身是多音节的，因此它是自谓的，而形容词"单音节的"不是单音节的，因此它是它谓的。那么，词"它谓的"呢？它是它谓的吗？无论怎样，我们都会得出矛盾。

接下来是贝里悖论（The Berry Paradox）。请考虑以下描述（其中"数"表示"自然数"）：

用小于 13 个字不能描述的数。

以上描述仅使用 12 个字！

问题 2. 贝里悖论的解决方案是什么？

我现在想告诉你一个我最近想到的有趣的悖论。我们回到那无限多页的书中，每一页都列出了对一个自然数集合的描述。我们记得普通的数字的集合（数字 n 不属于在第 n 页上所列出的集合）——这个集合不能在任何页面上被列出。但是现在，假设在某个页面上，比如第 13 页，写的是"所有普通的数字的集合"。13 是普通的吗？如果它是普通的，那么它属于所有普通的数字的集合，这是第 13 页上列出的集合，这意味着 13 是异常的！如果 13 是异常的，那么根据定义，它是第 13 页列出的集合的元素，这是所有普通的数字的集合，因此 13 一定是普通的！无论怎样，我们都会得出矛盾！

问题 3. 上述悖论的解决方案是什么？

超游戏

1987 年，数学家威廉·兹维克（William Zwicker）提出了一个名为"超游戏"（Hypergame）的有趣悖论，后来转变成了康托尔定理的一个全新的迷人的证明！

我们考虑只有 2 人的游戏。如果必须以有穷步终止，则称这个游戏是正常的（normal）。例如，三连棋（tic-tac-toe）显然是正常的。如果以锦标赛规则进行比赛，国际象棋也是一种正常的比赛。现在，下面是超游戏：超游戏的第一步是选择可以玩的正常游戏。例如，假设你和我正在玩超游戏并且我走第一步。然后我一定要宣布将要玩的正常游戏。我可能会说，"让我们玩国际象棋"，在这种情况下，你在国际象棋中走第一步，我们一直在玩，直到国际象棋游戏结束。或者，相反，我可能会说，"让我们玩三连棋"，然后你在三连棋中走第一步。我可以选择任何我喜欢的正常游戏，但不允许选择不正常的游戏。然后第二个玩家在第一个玩家选择的游戏中走一步，并且两个玩家玩那个必须在某个时刻结束的正常游戏。这就是超游戏规则的全部内容。

问题是：超游戏正常吗？首先，我将证明超游戏一定是正常的。因为第一个玩家一定选择了某个正常游戏。这个正常游戏在第 n 步时终止，n 是某个正整数，因此这个超游戏在 $n + 1$ 步内已经终止。因此，超游戏一定是正常的。现在已经确定超游戏是正常的，考虑在一个情景中，我作为第一个玩家说"让我们玩超游戏！"，然后你可以在超游戏中走第一步时说，"让我们玩超游戏"。然后我说，"让我们玩超游戏"，无限下去。所以游戏永远不会停止，这证明了超游戏是不正常的。因此，超游戏既正常又不正常。这是悖论！

问题 4. 超游戏的解决方法是什么呢？

有人曾说，"悖论是站在它的头上来吸引注意力的真理。"在超游戏中，兹维克得出了以下关于康托尔定理的非常好的替代证明。

我们再次考虑无穷集 A 以及 A 和其幂集 $\rho(A)$ 之间的一一对应关系。指派给 A 的每个元素 x 一个 A 的子集，我们记为 S_x。问题是，证明存在一个 A 的子集 S，与任意 S_x 都不同。康托尔的集合 S 是 A 的所有普通元素的集合（所有不是 S_x 中成员的元素 x）。兹维克提出了一个和康托尔的集合完全不同的集合 S！这是怎么回事？

对于一条路径（path），我们的意思是构造任何有穷或无穷的序列如下：我们从 A 的任意元素 x 开始。然后是集合 S_x。如果 S_x 为空，则是路径的终点。如果 S_x 不为空，我们选取 S_x 的某个元素 y，然后是集合 S_y。如果 S_y 为空，则是路径的终点。如果 S_y 不为空，我们选取 S_y 的某个元素 z，依此类推。要么我们最终碰到空集，要么路径永远继续下去。如果所有以 x 开头的路径都是有穷的，即所有以 x 开头的路径一定在空集处终止，那么现在我们将 A 的元素 x 定义为正常的。

好吧，正如兹维克所证明的（证明并不难），对于任意 x，A 的所有正常元素的集合 M 不能是 S_x。

问题 5. 证明上述结论。

如上所述，解决理发师悖论，即罗素悖论的普及版本，是很简单的——没有这样的理发师。但罗素悖论要严重得多。在讨论所提议的补救措施之前，我想提出一个有趣的（也许是恼人的！）关于问题 3 的我的悖论的变体，这个悖论被写在了一本书的某页上："所有普通数字的集合"。我们看到，所写的解决方案并不是真正的描述，而只是伪描述。现在，为了让其变得更复杂，我们考虑另一本有无数页的书，但这一次，每一页上写的要么是真正的描述，要么是伪描述。现在考虑以下描述：

> 所有数 n 的集合，使得第 n 页上的描述不是真正的，或描述是真正的但 n 不属于所描述的集合。

令 S 是被这个描述所描述的所有数的集合。对于任意 n，如果第 n 页上的描述不是真正的，那么 n 自动属于集合 S。如果第 n 页上的描述是真正的，那么 n 属于 S 当且仅当 n 不属于在第 n 页上所描述的集合。

因此，上述描述指定了对每个 n，n 是否属于集合 S，因此这个描述一定是真正的，对吧？现在在第 23 页假设这个描述。那么会发生什么？

问题 6. 你如何得出的呢？

两种集合论系统

回到集合悖论，他们提出的解决方案引出了两个重要的集合论系统，即类型论和策梅洛集合论系统，后来由弗兰克尔（Fraenkel）发展。

罗素和怀特海在具有里程碑意义的三卷本《数学原理》（*Principia Mathematica*）中详细讲解了类型论。在这个理论中，从一个不一定是集合的单个元素的集合开始。这些元素被归类为类型 0（类型零）。类型 0 的元素的集合被称为类型 1 的集合。类型 1 的集合的集合被称为类型 2 的集合，依此类推。对于任意 n，类型 n 的所有集合的集合是类型 $n+1$ 的集合。因此，不存在所有集合的集合；相反，对于每个 n，存在类型 n 的所有集合的集合（当然其类型为 $n+1$）。罗素悖论甚至不能在这个系统中得以陈述，因为这个系统中没有所有普通集合的集合。（当然，在这个系统中，每个集合都是普通的，因为任何集合 S 都是某种类型 n，因此只能是类型 $n+1$ 的集合的元素，因此不能成为它自身的元素，因为它自身是类型 n。）

恩斯特·策梅洛（Ernst Zermelo）采用了一种完全不同的，而且不那么复杂的方法，建立在早期的戈特洛布·弗雷格系统之上，我们一定要首先讨论这个系统。

弗雷格系统的一个关键公理是，给定任何性质，存在具有该性质的所有事物的集合。这个原则被称为抽象原则（abstraction principle），正是导致矛盾即罗素悖论的那个原则，因为它可以应用于不是自身元素的集合的性质，因此我们得出存在所有普通集合的集合，导致了矛盾。

令人遗憾的是，只有在弗雷格完成了他在集合论方面的重大工作之后，罗素才发现并向弗雷格表达了该系统的不一致性！弗雷格完全被这一发现震惊了，并认为他的整个系统完全失败了！实际上，他的悲观主义是非常不合理的，因为他的所有其他公理都非常合理并且对今天的数学系统非常重要。仅仅是他的抽象原则需要修改，而这种修改是由策梅洛完成的，策梅洛用以下公理取代了抽象原则：

Z_0（有限抽象原则）：对于任意性质 P 和任意集合 S，存在具有性质 P 的所有 S 的元素的集合。

此修改似乎不会导致任何不一致。

以下是策梅洛系统的一些其他公理：

Z_1（空集的存在）：存在一个集合根本不包含任何元素。

在陈述其他的策梅洛公理之前，让我告诉你一个关于 Z_1 的有趣事件。作为一名研究生，我上过一门集合论课程。当教授介绍公理时，首先是空集的存在。那时候我是一名傲慢的学生，我举起手说："空集必须存在，因为如果不存在，所有空集的集合都将是空的，那么我们就会产生矛盾。"然后老师解释说，如果没有一些公理，那么所有空集的集合的存在都无法证明——事实上，根本无法证明任何集合的存在！他当然是对的。然而，有趣的是，如果不是在 Z_1 中，策梅洛使用了公理"存在一个集合"，那么空集的存在就会随之而来（通过使用有限抽象原则 Z_0）。

问题 7. 为什么它会随之而来呢?

这是策梅洛系统的另一个公理:

Z_2（配对公理）：对任意一对集合 x 和 y，存在一个包含 x 和 y 的集合。

问题 8. 证明对任意集合 x 和 y，存在一个集合，其元素就是 x 和 y。（此集合被表示为 $\{x, y\}$。）

问题 9. 证明对任意集合 x，存在一个集合（记为 $\{x\}$），其仅有的元素为 x。[这样的集合称为单元集（singleton）。]

公理 Z_0，Z_1 和 Z_2 有一些有趣的事情。首先，我们可以得到自然数的模型。对于 0，策梅洛取了空集；对于 1，他取 $\{0\}$，即唯一元素为空集的集合；对于 2，他取了 $\{1\}$（集合 $\{\{0\}\}$）；对于 3，他取了 $\{2\}$（集合 $\{\{\{0\}\}\}$），依此类推。因此，对于每个自然数 n，数字 $n + 1$ 是单元集 $\{n\}$。因此，n 由括在 n 对括号中的 0 表示。

后来，约翰·冯·诺依曼（John Von Neumann）修改了策梅洛对自然数的构造，他的系统就是今天所使用的系统。冯·诺依曼以这样的方式定义自然数，即每个自然数都是所有更小的自然数的集合。因此，0 是空集，1 是集合 {0}（与策梅洛一样），但 2 是集合 {0, 1}（其仅有的元素是 0 和 1），3 是集合 {0, 1, 2}, ..., $n + 1$ 是集合 {0, 1, ..., n}。冯·诺依曼系统的一个技术上有用的特性是，每个自然数 n 恰好由 n 个元素组成（对比策梅洛的系统，其中 0 没有元素，对于每个正整数 n，n 只有一个元素，即 $n - 1$。然而，更重要的是，冯·诺依曼对自然数的定义很容易扩展到无穷序数（infinite ordinals）的定义，这在集合论中起着关键作用。

问题答案

1. 假设说，我告诉你存在一个人比 6 英尺（约 1.83 米）高并且也比 6 英尺矮。你对此如何解释？

   显而易见的答案是，我一定弄错了或在撒谎！显然不可能有这样的人。同样，鉴于给定的关于理发师的矛盾信息，也不可能有这样的理发师。因此，悖论的答案是，没有这样的理发师。

2. 答案是，可描述的概念没有明确定义。

3. 答案是，如果所谓的"描述"写在某页上，例如第 13 页，则它没有明确定义，因为它给出了关于 13 是否属于该集合的矛盾信息。因此，它不是真正的描述，而是所谓的伪描述。

   奇怪而有趣的是，如果那些相同的字没有被写在书中的任何一页上，它就是真正的描述！但是把它写在这本书的某页上，它就是所谓的伪描述。

4. 如果超游戏是明确定义的，我们就会得出矛盾；因此它不是明确定义的。是的，给定一个不包含超游戏的集合，一个人可以为该集合明确定义一个超游戏，但是不能为已经包含超游戏的集合明确定义超游戏。

5. 假设在 A 和 $\rho(A)$ 的一一对应中，存在 A 中的元素 a 使得 S_a 是所有正常元素的集合。首先我们会看到 S_a 不能是空集 $\varnothing$。如果是，

那么以 a 开始的路径中只会有一个元素，也就是说路径只包含 a 自身，路径会立刻终止。因此 a 是正常的。但是 a 不能是正常的，因为要把它放入不包含任何元素的空集 S_a 中。因此假设 S_a 是空的会得出矛盾。

另一方面，如果 S_a 是非空的，a 一定是正常的，因为在任意以 a 为起点的路径中，下一步一定是 S_a 的一个元素 a_1，a 一定是正常的（因为我们假设 S_a 的所有元素都是正常的）。因此，所有以 a_1 为起点的路径都会终止，使得 a 自身一定是正常的。因为 a 是正常的，那么 a 一定是 S_a 的元素（因为 A 中所有正常的元素都在 S_a 中）。因此我们可以构建一条无限的路径，$a, a, a, ..., a, ...$，使得 a 不正常! 因此，不存在能够成为所有正常元素集合的 S_a。这和说不存在 $a \in A$ 可以与 A 中所有正常元素所组成的 A 的子集［即 $\rho(A)$ 的元素］相匹配是一回事。因此，既然正常元素的集合是明确定义的 A 的子集，不存在 A 与 A 的幂集 $\rho(A)$ 的一一对应。这证明了康托尔定理适用于任意集合 A。

6. 答案是，真正描述的概念不是明确定义的!

7. 假设 P 是 x 不具有的任意属性（例如 $x \neq x$）。如果我们假设存在一个集合 S，那么通过有限抽象原则，存在具有性质 P 的 S 的所有元素的集合，并且这个集合是空集。

8. 假设存在包含 x 和 y 的集合 S，通过有限抽象原则，存在 S 的所有元素 z 的集合，使得 $z = x$ 或 $z = y$。这个集合是 $\{x, y\}$。

9. 给定包含 x 和 y 的集合 S，存在 S 的所有元素 z 的集合，使得 $z=x$。这个集合是 $\{x\}$。或者，这跟随上一个问题，将 x 和 y 作为相同的元素。

第 4 章

更多的背景

在开始数理逻辑的话题之前，需要一些更基础的数学知识。

关系与函数

我们使用符号 $\{x, y\}$ 表示其元素为 x 和 y 且不包含其他元素的集合。x 和 y 的顺序并不重要；集合 $\{x, y\}$ 与集合 $\{y, x\}$ 一样。与此相反，我们需要有序对 (x, y) 的概念（注意：使用括号而不是花括号），它由两个元素 x 和 y 组成，但 x 代表有序对的第一个元素，y 代表第二个元素。现在顺序非常重要；通常，有序对 (x, y) 与 (y, x) 不同（事实上，只有当 x 和 y 是相同元素时它们才相同）。

三个或更多元素的情况与这个类似。在集合 $\{x, y, z\}$ 中，其元素是 x，y 和 z，顺序无关紧要，但在有序三元组 (x, y, z) 中（再次强调，是括号而不是花括号）顺序至关重要；x，y 和 z 分别代表有序对的第一、第二和第三个元素。

现在考虑二元关系 R，即两个元素 x 和 y 之间的关系（例如"x 爱 y"，或"x 大于 y"，或"$x = y + 1$"，或"$x = y^2$"）。关系 R 确定唯一的有序对集合，即

所有使得 x 和 y 有 R 关系的有序对 (x, y) 的集合。当我们写 $R(x, y)$ 时，表示 x 和 y 有 R 关系。在某些情况下，通常把 $R(x, y)$ 写成 xRy；例如，在数之间的"小于"关系中，人们写 $x < y$ 而不是 $<(x, y)$。同样，对于等同关系 $=$，写成 $x = y$ 而不是 $=(x, y)$。

在许多现代的集合论处理中，人们把所有代表关系 R 的有序对 (x, y) 的集合和二元关系 R 等同起来，我们有时会这样做。

对于三元关系 R（也称为三个参数的关系，或三度的关系），我们用 $R(x, y, z)$ 表示有序三元组 (x, y, z) 有 R 关系，人们有时会将三元关系 R 与所有有这个关系的有序三元组的集合等同起来。类似的说法也适用于 n 元关系，即 n 个参数的关系。有序三元组 (x, y, z) 有时也被称为三元组，类似地，$(x_1, x_2, ..., x_n)$ 被称为 n 元组。

函数

一个参数的函数 f 是指，对集合 S_1 中的每个元素 x，在集合 S_2 中有唯一的元素与其对应，记为 $f(x)$。在很多情况下，集合 S_1 和 S_2 是相同的。在 S_1 和 S_2 都为自然数集的函数的例子中，我们可以有 $f(x) = x + 5$，或 $f(x) = x^2$，或 $f(x)$ 等于大于 x 的第一个素数 [在这种情况下，$f(8) = 11$，$f(12) = 17$]。

可以将数值函数 f 描绘为计算机器，其中一个数 x 作为输入，数 $f(x)$ 作为输出。

在现代的集合论处理中，人们将一个参数的函数 f 定义为单值关系，即对每个 x，有且只有一个 y，使得 (x, y) 表示这个关系，这个唯一的 y 记为 $f(x)$。

更一般地，对任何正整数 n，n 个参数的函数 f 是一个对应关系，即指派给某个集合中的每个 n 元组 $(x_1, x_2, ..., x_n)$ 在另一个集合中的唯一一个元素记为 $f(x_1, x_2, ..., x_n)$。

对于两个参数的函数，有时会写成 xfy。例如，对于自然数的加法函数，可以写成 $x + y$ 而不是 $+(x, y)$，乘法和减法也与此类似。

数学归纳

在解释这个重要的原则之前，先讲一个小故事。某个人正在寻求永生。他阅读了关于这个问题的所有秘籍，但它们似乎都没有提供任何实际的解决方案。然后他听说东方的一位伟大圣人知道永生的秘诀。经过十二年的探寻，他终于找到了这位圣人，并问道："真的能永生吗？""很容易，"圣人回答说，"如果你做两件事的话。""什么事？"这个人急忙问道。"第一件事是在未来只做出真的陈述。永远不要做假的陈述。这是为永生付出的小代价，不是吗？""是的，确实！"男子回答道。"第二件事是什么？"圣人回答说，"第二件事是现在要说'明天我会重复这句话！'如果你做了这两件事，我保证你会永生！"

那个男人想了一会儿，然后说，"当然，如果我做这两件事，我将永生！如果我现在真诚地说'明天我会重复这句话'，那么我明天确实会重复那句话，如果我是诚实的，那么我将在下一天重复这句话，依此类推。但是你的解决方案并不实用！我怎能确切地说明天我会重复这句话，因为我不确定明天我是否会活着。不，你的解决方案不实用！"

"哦，"圣人说，"你想要一个切实可行的解决方案！不，我不解决实际。我只解决理论。"

下面是一个相关的谜题。让我们来看一个地方，其中每个居民都是类型 T 或类型 F 这两种类型之一。类型 T 的那些人只做真的陈述；他们说的一切都为真。类型 F 的那些人只做假的陈述；他们说的一切都为假。（在我的许多谜题书中，类型 T 的人被称为骑士，而类型 F 的人被称为骗子。）有一天，其中一位居民说："这不是我第一次说出我现在说的话。"

问题 1. 说这话的居民是哪种类型的人？类型 T 还是类型 F？

上述故事和上述谜题都阐述了数学归纳原则。还有另一个例子，假设我告诉你，在某个星球上今天正在下雨，而且在任意下雨的一天，第二天也会下雨——换句话说，如果后一天不下雨，那么前一天也不会下雨。在这个星球上，在下雨的第一天之后的每天也会下雨，这不是显然的吗？

数学归纳原则是，如果一个性质对数 0 成立，并且如果它对数 n 成立，那么对 $n+1$ 也成立，那么它一定对所有自然数都成立。

另一个例子有点额外的聪明和有趣的转折：想象一下，我们都是永生的，我们生活在过去的美好日子里，送奶工会把奶送到家里，家庭主妇会给送奶工留一张便条告诉他该怎么做。某位家庭主妇留下了以下便条：

> 如果你在某天留下牛奶，请保证在下一天也留下牛奶！

几天过去了，有一天，她遇到送奶工，问他为什么不按自己说的做。送奶工回答说："我从未违背你的指示！你说的是如果我在下一天不会留下牛奶，那么这天也不必留下。好吧，我没有在任意一天留下牛奶并且也没有在下一天留下。我从来没有留下牛奶，你也没告诉我应该留下牛奶！"

送奶工是绝对正确的！家庭主妇的便条是不充分的。她应该写的是：

> （1）如果你在某天留下牛奶，请保证在下一天也留下牛奶。
> （2）今天请留下牛奶。

这就确定可以保证永远有牛奶送达！

当我向我的朋友、计算机科学家艾伦·特里特（Alan Tritter）博士讲上述故事时，他提出了以下讨人喜欢的替代方案，其中阐述了图灵机（Turing Machine）或递归（recursive）方法。他的便条上只有一句话：

> 今天留下牛奶，明天再次读这个便条。

完全归纳

数学归纳原则的变体是完全的数学归纳原则，即假设自然数的性质 P，对任意自然数 n，如果 P 对所有小于 n 的自然数成立，那么 P 对 n 也成立。结论：P 对所有自然数都成立。

问题 2. （a）使用数学归纳原则，证明完全的数学归纳原则。（b）相反，证明数学归纳原则在逻辑上是从完全的数学归纳原则得出的。

最小数原则

除非另行说明，"数"将表示自然数。

最小数原则是指每个非空（自然）数集合都包含一个最小数。

在一个是另一个的逻辑后承的意义上，这个原则等同于数学归纳原则。

问题 3. （a）以数学归纳原则为公理（许多数学系统都这样做），证明最小数原则。（b）相反，以最小数原则为公理，证明数学归纳原则。

有穷后继原则

假设一个性质 P，对于任意自然数 n，如果 P 对 n 成立，那么 P 对某个小于 n 的自然数也成立。那么 P 并不是对任意数都成立！这被称为有穷后继原则（principle of finite descent）。

问题 4. 证明有穷后继原则等同于数学归纳原则。

有限数学归纳

问题 5. 假设 P 是一个性质，n 是一个数，满足以下两个条件：

（1）P 对 0 成立。

（2）对任意比 n 小的数 x，如果 P 对 x 成立，那么 P 对 $x + 1$ 也成立。

使用数学归纳法，证明 P 对所有小于或等于 n 的数都成立。

当然，数学归纳原则对正整数也成立，即如果一个性质对数 1 成立，并且对每个正整数 n 成立，如果 P 对 n 成立，那么 P 对 $n + 1$ 也成立，那么，根据这两个事实得出，P 对所有正整数都成立。

一个有意思的悖论

使用数学归纳法，我将证明，给定任何有穷的非空台球集合，它们一定都是相同的颜色！证明：对于任意正整数 n，让 $P(n)$ 是对任意 n 个台球的集合的性质，它们都是相同的颜色。

显然，给定任意只包含一个台球的集合，该集合的所有元素都有相同的颜色（因为它们都是相同的单个元素），因此 $P(1)$ 为真，或者我们可能会说"P 对数 1 成立"。接下来我们必须证明，对于任意 n，如果 P 对 n 成立，那么 P 对 $n + 1$ 也成立。因此，假设 n 是有性质 P 的一个数字。现在考虑任意 $n + 1$ 个台球的集合。将它们从 1 到 $n + 1$ 编号。

$$\begin{array}{ccccc} \circ & \circ & \cdots & \circ & \circ \\ 1 & 2 & & n & n+1 \end{array}$$

然后，球 1 到 n 都有相同的颜色（根据假设 P 对 n 成立，即对于任意 n 个球的集合，它们都有相同的颜色）。同样，编号为 2 至 $n + 1$ 的 n 个球有相同的颜色。因此，球 $n + 1$ 与球 2 具有相同的颜色，与其余从球 1 到球 n 的颜色相同。因此，所有 $n + 1$ 个球有相同的颜色，这证明了性质 P 对 $n + 1$ 成立。因此我们已经证明了 $P(1)$，并且对所有 n，$P(n)$ 蕴涵 $P(n + 1)$；因此，根据数学归纳，P 对任意正整数 n 都成立！

问题 6. 上述证明的错误之处是什么？

练习 1. 假设 Q 是（自然）数集的性质，满足以下两个条件：

（1）Q 对空集成立。

（2）对任意有穷集 A 和任意不在 A 中的数 n，如果 Q 对 A 成立，那么 Q 对 $A \cup \{n\}$ 也成立（它是 A 中所有元素和元素 n 的集合）。

证明 Q 对所有有穷自然数集成立。[提示：定义 $P(n)$ 为任意 n 个数的集合都有性质 Q。那么使用数学归纳法证明 $Q(x)$ 对任意自然数 x 都成立。]

练习 2. 我们之前没有证明不存在任何有穷集可以与其任意真子集一一对应。通过对集合元素数量的数学归纳证明这一点。

下面两个问题对于本书的其余部分来说不是必要的，但是（希望）有独特的趣味。

问题 7. （归纳中的归纳）考虑（自然）数之间的关系 $R(x, y)$，使得：

（1）$R(n, 0)$ 和 $R(0, n)$ 对任意数 n 成立。

（2）对所有数 x 和 y，如果 $R(x, y+1)$ 且 $R(x+1, y)$，那么 $R(x+1, y+1)$。

证明 $R(x, y)$ 对任意 x 和 y 都成立。[提示：如果对任意 x，$R(x, y)$ 都成立，则称数 y 是特殊的（special）。归纳证明任意 y 都是特殊的。（从 y 到 $y+1$，涉及另一个归纳！）]

问题 8. （另一个双重归纳原则）这次给定关系 $R(x, y)$，满足以下两个条件：

（1）对任意 x，$R(x, 0)$ 都成立。

（2）对所有 x 和 y，如果 $R(x, y)$ 并且 $R(y, x)$，那么 $R(x, y+1)$。

证明 $R(x, y)$ 对所有 x 和 y 都成立。[提示：如果 $R(x, y)$ 对每个 y 都成立，则称数 x 是左正常的（left normal），如果 $R(y, x)$ 对每个 y 都成立，则称 x 是右正常的（right normal），首先证明任意右正常数都是左正常的。然后根据归纳证明任意数都是右正常的（因此也是左正常的）。]

球类运动

设想你生活在一个除去被杀，每个人都永生的宇宙中。你需要玩下面的游戏：提供无穷个池球，每个球上有一个正整数。对于每一个正整数 n，有无数个编号为 n 的球。在某个盒子里，有有穷多个这样的球，但盒子可以扩展到无穷容量。每天你都需要从盒子里扔出一个球（永远不要再放回盒子里）并用有穷数量的号小的球代替它；例如，你可以扔出一个 47 号球并将用一百万个 46 号球代替它。如果盒子变空了，你就会被踢出局！

问题 9. 是否存在一种永远不被踢出局的策略，或者被踢出局是迟早的，不可避免的?

柯尼希引理

数学家德内斯·柯尼希（Dénes König）陈述并证明了一个关于所谓树（trees）的有趣结果，我们将会看到，树对数理逻辑有重要的应用。

树由一个被称为原点（origin）的元素 a_0 组成，它连接有穷多个（可能零个）或可数多个元素，被称为 a_0 的后继（successor），每个后继相应地有有穷或可数多个后继，依此类推。我们说，如果元素 y 是 x 的后继，那么 x 是 y 的前驱（predecessor）。原点没有前驱，树的每个其他元素都有且仅有一个前驱。树的元素称为点（point）。没有后继的元素称为终点（end），否则称为结点（junction point）。树的原点是 0 级，其后继是 1 级，这些后继的后继是 2 级，依此类推。因此，对于每个数 n，n 级的点的后继是 $n + 1$ 级。树的原点在顶部并且向下增长。树的路径是指从原点开始的有穷或可数多个点的序列，并且序列的每个项都是前一项的后继。由于一个点不能有多于一个的前驱，因此对任意点 x，从 x 到原点 a_0 有且仅有一条路径（这表明从原点 a_0 到该点也只有一条向下的路径）。有穷路径的长度是指其终点的级数。x 的后继是 x 的后继，后继的后继，以及这些的后继，等等。因此，y 是 x 的后继当且仅当存在从 x 到 y 的路径。

问题 10. 假设对任意正整数 n，至少存在有一条长度为 n 的路径（因此每个层级至少会有一条路径）。那么，是否一定可以得出至少存在一条无穷长的路径？

有穷生成树

让我们来看，如果一棵树的点 x 只有有穷多个后继 x_1, ..., x_k，那么如果 x 的每个后继也只有有穷多个后继，那么 x 只有有穷多个后继，因为如果 n_1 是 x_1 的后继数量，n_2 是 x_2 的后继数量，...，并且 n_k 是 x_k 的后继数量，那么 x 的后继数量是一个有穷的数 $k+n_1+...+n_k$。

如果每个点只有有穷多个后继（尽管它可能有无穷多个后继），则认为树是有穷生成的。

问题 11. 假设一棵树是有穷生成的。

（a）是否一定得到每个层级都只包含有穷多个点？

（b）下面两个命题，是否其中一个蕴涵另一个？

　　（1）对每个 n，至少有一条长度为 n 的路径。

　　（2）树有无穷多个点。

现在，在问题 9 的解决方案中，我们有一个树的例子，对每个正整数 n，存在一条长度为 n 的路径，但是没有无穷的路径。当然，这棵树不是有穷生成的，因为它的原点有无穷多个后继。对有穷生成树，情况则完全不同。

柯尼希引理：带有无穷多个点的有穷生成树一定有一条无穷路径。

问题 12. 证明柯尼希引理。（提示：如果点 x 只有有穷多个后继，并且每个后继只有有穷多个后继，那么 x 只有有穷多个后继。）

如果一棵树只有有穷多个点，则称这棵树是有穷的（不要与有穷生成混淆）。

荷兰数学家 L. E. J. 布劳威尔（L. E. J. Brouwer，1927）的以下结果与柯尼希引理密切相关。

扇形定理：如果一棵树是有穷生成的并且所有的路径都是有穷的，那么整棵树是有穷的。

问题 13. 证明扇形定理。

讨论：布劳威尔的扇形定理实际上是柯尼希引理的逆否命题（contrapositive）。（"p 蕴涵 q" 的逆否命题是 "非 q 蕴涵非 p"。）现在，我们在本书中使用的逻辑被称为经典逻辑，其中的一个固定之处在于，任意命题都等价于它的逆否命题。存在一种较弱的逻辑系统，称为直觉主义逻辑（intuitionistic logic），布劳威尔是其主要代表，其中并不可以证明所有命题都等价于其逆否命题。特别地，扇形定理可以用直觉主义逻辑来证明，但柯尼希引理却不能。扇形定理的另一个证明是直觉上可以接受的。很不幸，我们无法在这本书中谈论更多直觉主义逻辑。

下面是扇形定理的一个有意思的应用：

问题 14.（重看球类运动）扇形定理提供了关于球类运动问题的非常重要的替代性解决方案，至少在我看来，这个解决方案比已经给出的使用数学归纳的解决方案更加简洁。你发现了吗？

广义归纳

完全的数学归纳原则是关于自然数的结果，对任意集合，甚至是不可数集都有重要的推广。

现在我们考虑任意大小的任意集合 A 和 A 中元素之间的关系 $C(x, y)$，我们读作"x 是 y 的成分（component）"。（成分的概念对逻辑、集合论和数论有很多应用。在集合论中，集合的成分是它的元素。在数论的一些应用中，自然数 n 的成分是小于 n 的数。在其他情况下，如果 $x + 1 = y$，则数 x 是 y 的成分。在数理逻辑中，公式的成分是其所谓的子公式。）

给定集合 A 上的成分关系 $C(x, y)$，降链（descending chain）表示 A 中元素的有穷或可数序列，使得序列的每个项（除了第一个之外）是前一项的成分。因此，对于任意有穷序列 $(x_1, x_2, ..., x_n)$ 或无穷序列 $(x_1, x_2, ..., x_n, ...)$，$x_2$ 是 x_1 的成分，x_3 是 x_2 的成分，等等。

广义归纳原则

给定集合 A 上的成分关系 $C(x, y)$，如果对 A 中的每个元素 x，如果 P 对 x 的所有成分都成立，那么 P 对 x 成立，则 A 中元素的性质 P 是归纳的。应该理解，如果 x 根本没有成分，那么 P 自动对 x 成立，因为 P 确实对 x 的所有成分成立，x 中根本没有成分。（我们记得有关空集的所有元素的任意说法都为真！）

我们现在说成分关系 $C(x, y)$ 遵循广义归纳原则，如果每个归纳性质 P 都对 A 中的所有元素成立，换句话说，如果对任意性质 P，如果只要 P 对 A 中任意元素 x 的所有成分都成立，则 P 对 x 成立，那么 P 一定对 A 中所有元素都成立。

因此，如果 $C(x, y)$ 遵循广义归纳原则，那么对于任意性质 P，为了证明 P 对 A 中的所有元素都成立，就要证明对 A 中的任意元素 x，如果 P 对 x 的所有成分成立，那么 P 对 x 也成立。

让我们注意，自然数的数学归纳原则是，成分关系 $x + 1 = y$ 遵循广义归纳原则。自然数的完全的归纳原则是，成分关系 $x < y$（x 小于 y）遵循广义归纳原则。

以下是基本的结论：

广义归纳定理：集合 A 上的成分关系 $C(x, y)$ 遵循广义归纳原则的一个充分条件是，所有降链都是有穷的。

因此，如果所有降链都是有穷的，那么要证明给定性质 P 对 A 中所有元素都成立，就是要证明对于 A 的任意元素 x，如果 P 对 x 的所有成分都成立，那么 P 对 x 也成立。

问题 15. 证明上述定理。(提示：注意，如果性质 P 是归纳的，那么对任意元素 x，如果 P 对 x 不成立，那么 P 对 x 的至少一个成分不成立。)

树归纳

广义归纳定理对树，甚至对有那些无限多个点的树有显著的应用。如果树的所有枝都是有穷的，那么要证明给定性质 P 对树的所有点都成立，就是要证明对于任何点 x，如果 P 对 x 的所有后继都成立，那么 P 对 x 成立。这是广义归纳定理的一个特例，它将 x 的成分作为 x 的后继。

问题 16. 广义归纳定理提供了扇形定理的另一种证明（因此也是柯尼希引理的另一种证明）。它是如何证明的？

问题 17. 广义归纳定理的逆定理也成立，即如果成分关系遵循广义归纳原则，那么所有降链一定是有穷的。请证明这一点。

良基关系

我们已经看到，广义归纳原则等价于没有无穷降链的条件（在问题 15 和问题 17 中）。这两者中的每一个都等价于我们现在考虑的有趣的第三个条件。

我们再次考虑集合 A 上的关系 $C(x, y)$。对于 A 的任意子集 S，如果 S 的元素 x 在 S 中没有成分，那么 x 被称为 S 的初始元素［关于关系 $C(x, y)$］。如果 A 的任意非空子集都有一个初始元素，则关系 $C(x, y)$ 被称为良基的。

现在来看一个有意思的结果：

　　定理：对于集合 A 上的任意关系 $C(x, y)$，以下三个条件是等价的：
　　（1）广义归纳原则成立。
　　（2）所有降链都是有穷的。
　　（3）这个关系是良基的。

问题 18. 证明上述定理。

紧致性

　　我们现在转向另一个在数理逻辑和集合论中非常有用的原则。

　　考虑一个宇宙 V，其中有可数多个人。人们组成了各种俱乐部。如果俱乐部 C 不是任何其他俱乐部的真子集，则称其为极大的（maximal）。因此，如果 C 是极大的俱乐部，我们将一个或多个人加到集合 C 中，则所得集合不是一个俱乐部。

问题 19.（a）假设至少存在一个俱乐部，一定存在一个极大的俱乐部吗？（b）假设 V 中的人数是有穷的但不是可数的。这会改变（a）的答案吗？

问题 20. 我们再次考虑这样一种情况，即 V 包含可数多个居民，而且假设我们得到了额外的信息，即居民的集合 S 是俱乐部当且仅当 S 的每个有穷子集都是俱乐部。然后，如果至少存在一个俱乐部，那么就存在一个极大的俱乐部；但更好的是，每个俱乐部都是极大俱乐部的一个了集。问题就是证明这一点。以下是主要步骤：

（1）证明在给定条件下，俱乐部的每个子集都是俱乐部。

（2）因为 V 是可数的，它的居民可以按照可数的顺序 x_0, x_1, ..., x_n, ... 排列。现在，给定任意存在的俱乐部 C，定义以下俱乐部的无穷序列 C_0, C_1, C_2, ..., C_n, ...。

（a）令 C_0 为 C。

（b）如果把 x_0 加到 C_0 中得到一个俱乐部，则令 C_1 为该俱乐部，$C_0 \cup \{x_0\}$；否

则让 C_1 作为 C_0 自身。然后考虑 x_1。如果 $C_1 \cup \{x_1\}$ 是一个俱乐部，令 C_2 为这个俱乐部，否则让 C_2 作为 C_1。继续下去，也就是说，定义了 C_n 后，如果该集合是一个俱乐部，则取 C_{n+1} 为 $C_n \cup \{x_n\}$，否则令 C_{n+1} 为 C_n。显然，每个 C_n 都是一个俱乐部。

（c）现在将 $C*$ 作为 C 与所有在某个阶段添加到序列 C_i 中的人的并集，这与属于无穷多个俱乐部 C_0，C_1，C_2，...，C_n，... 中至少一个的所有人的集合一样。然后证明 $C*$ 是俱乐部，并且实际上是一个极大的俱乐部。

现在考虑一个任意的可数集 A 和 A 的子集的一个性质 P。如果对 A 的任意子集 S，P 对 S 成立当且仅当 P 对 S 的所有有穷子集成立，那么称性质 P 为紧致的（compact）。此外，如果作为 A 的子集的类 $\sum$ 的元素的性质是紧致的，换句话说，如果对 A 的任意子集 S，S 在 $\sum$ 中当且仅当 S 的所有有穷子集都在 $\sum$ 中，则称 $\sum$ 为紧致的。$\sum$ 的极大元素是指 $\sum$ 的一个元素，它不是 $\sum$ 的任意元素的真子集。

在上一个问题中，我们有一个可数的宇宙 V 和一个子集的类，叫作俱乐部，V 的一个子集 S 是俱乐部当且仅当 S 的所有有穷子集都是俱乐部。换句话说，作为一个俱乐部的性质是紧致的，我们可以从中推断出任意俱乐部都是极大俱乐部的子集。现在，俱乐部没有任何特别之处可以让我们的论证得以实现。同样的推理可以得到以下定理：

可数紧致性定理：对于可数集 A 的子集的任意紧致性质 P，A 的具有性质 P 的任意子集 S 都是具有性质 P 的极大集的子集。

注意：如果 A 是一个不可数集（无论是有穷的还是无穷的），实际上，上述结果都成立，但本书中的任何内容都不需要无穷不可数集的更超前的结论。读者还可以看到，刚刚给出的证明可以稍作修改，以便在 V 有穷时使用。

讨论

在数理逻辑中，我们处理符号句子的可数集，其中一些子集是不一致的。

现在，由于我们在本书中研究的数理逻辑只考虑使用有穷数量句子的证明，所以任意给定的不一致的句子集合的证明只使用了那些句子集合中有穷数量的元素。因此，一个可数集合 S 被定义为一致的当且仅当 S 的所有有穷子集是一致的。换句话说，一致性是一个紧致的性质，后面将会证明这是非常重要的事实！

问题 21. 对集合的任意性质 P 和任意集合 S，定义 $P*$（S）为 S 的所有有穷子集都有性质 P。证明：无论 P 是不是紧致的，性质 $P*$ 都是紧致的。

问题答案

1. 如果他是类型 T，那么就像他说的那样，他真的在之前某个时间说过，当他说之前，他也是类型 T，因此他在那之前的某个时间曾说过，因此比那更早的时候也说过，等等。因此，除非他无限地回到过去，否则他不能是类型 T。因此他是类型 F。

2. （a）给定数学归纳原则，我们要证明完全的数学归纳原则。

　　考虑一个性质 P，对每个数 n，如果 P 对小于 n 的所有数都成立，那么 P 对 n 也成立。我们要证明 P 对所有数都成立。

　　现在，不存在小于 0 的自然数，因此小于零的自然数集是空的。并且我们已经知道，任意性质对空集的所有元素都成立，因此 P 对所有小于零的自然数也成立（因为它们根本不存在）。因此，通过对完全的数学归纳的归纳前提的假设（即如果 P 对小于 n 的所有数成立，则 P 对 n 也成立），P 对 0 成立。现在不容易直接证明，对所有 n，如果 P 对 n 成立，那么对 $n+1$ 也成立，所以我们求助于一个有用的技巧。我们考虑性质 Q 强于 P（在任何具有性质 Q 的数也具有性质 P 的意义上），我们对性质 Q 使用数学归纳，即我们证明 Q（0）（0 具有性质 Q）以及对任意 n，Q（n）蕴涵 Q（$n+1$）。事实上，我们将 Q（n）定义为 P 对 n 成立并且对所有小于 n 的数也成立。当然，Q（n）蕴涵 P（n）。

　　Q 对所有比 0 小的自然数都是空洞地为真，因为它们不存在，并且正如我们所看到的，P 对 0 成立；所以 Q 对 0 成立。现在假设 n 是有性质 Q 的数。这表明 P 对小于 n 的所有数也成立；因此，P 对小于 $n+1$ 的所有数都成立。因此，通过完全归纳的归纳假设，P 对 $n+1$ 成立。因此 P 对 $n+1$ 和所有小于 $n+1$ 的数成立，这意味着 Q 对 $n+1$ 成立。这证明如果 Q 对 n 成立，也对 $n+1$ 成立，因此，根据数学归纳，Q 对所有自然数成立，这当然意味着 P 对所有自然数都成立。

（b）相反，假设完全的数学归纳原则，然后我们推断出数学归纳原则。假设 P 是一个性质，使得：

（1）$P(0)$。

（2）对所有 n，$P(n)$ 蕴涵 $P(n+1)$。

我们要证明 P 对每个 n 都成立。要做到这一点，就要证明对于任意数 n，如果 P 对小于 n 的所有数都成立，它对 n 也成立（然后通过假定的完全的数学归纳原则，P 将对每个 n 都成立）。

假设 P 对所有小于 n 的数成立。对于 $n=0$ 的情况，已经给定 P 对 0 成立。因此，假设 $n \neq 0$。然后对任意数 $m=n-1$，$n=m+1$。由于 P 对所有小于 n 的数都成立，那么 P 对 m 也成立。因此，根据（2），P 对 $m+1$ 成立，也就是 n。这证明如果 P 对小于 n 的所有数成立，则 P 对 n 也成立。然后根据假设的完全的数学归纳原则，P 对所有数成立。

3.（a）假设数学归纳原则，我们要证明最小数原则。

定义 $P(n)$ 为包含一个不大于 n 的数 x 的任意集合 A 一定有最小元素。（注意：要说 A 包含 不大于 n 的数 x 就是 A 包含某个小于或等于 n 的数。）首先，我们通过数学归纳证明每个数 n 都有性质 P。

假设 A 是包含不大于 0 的一个数 x 的集合，那么 x 一定是 0；因此，0 是 A 中的元素，也是 A 中最小的元素。这证明 P 对 0 成立。

接下来，假设 P 对 n 成立。现在令 A 为任意包含一个不大于 $n+1$ 的数的集合。我们必须证明 A 包含一个最小元素。

A 包含或不包含一个小于 $n+1$ 的元素。如果不包含，那么 $n+1$ 是 A 中的唯一元素，因此是 A 中的最小元素。另一方面，如果它包含，那么它包含某个不大于 n 的数，因此根据我们的假设 $P(n)$，A 一定包含最小元素。这证明了 $P(n)$ 蕴涵 $P(n+1)$，并且，由于 $P(0)$ 成立，那么根据数学归纳，$P(n)$ 一定对任意 n 都成立。

现在令 A 为任何非空数集，那么 A 包含某个数 n。因此，A 包含一个不大于 n 的数（即 n 本身）。因此，既然 P 对 n 成立（如我们所见），A 一定包含最小元素。这就证明了最小数原则。

（b）相反，假设我们由最小数原则开始，希望证明数学归纳原则。

存在一个性质 P，使得：

（1）$P(0)$。

（2）对任意 n，$P(n)$ 蕴涵 $P(n+1)$。

我们要证明 P 对任意 n 都成立。

如果 P 不能对任意 n 都成立，那么至少存在一个数使得 P 不成立。因此，根据最小数原则（我们的假设），一定存在一个使 P 不成立的最小数 n。这个数 n 不能为 0，因此，对于数 $m=n-1$，$n=m+1$。因为 m 小于 n 且 n 是使 P 不成立的最小数，所以 P 不能对 m 不成立，因此 P 一定对 m 成立。因此，P 对 m 成立但对 $m+1$（即 n）不成立，与上面的（2）[$P(n)$ 蕴涵 $P(n+1)$] 相反。这是一个矛盾，P 不能对任意数都不成立。因此 P 对任意数都成立。

4. 有穷后继原则与完全的数学归纳原则相同，因为命题"如果 P 对 n 不成立，那么 P 对某个小于 n 的数也不成立"在逻辑上等价于"如果 P 对所有小于 n 的数成立，那么 P 对 n 也成立"。因此，有穷后继原则只是用另一种方式阐述了完全的数学归纳原则，相应地，这等价于我们所见到的数学归纳原则。

5. 我们用标准缩写"$x<y$"表示"x 小于 y"，"$x\leq y$"表示"x 小于或等于 y"。

给定数 n 和性质 P，满足以下两个条件：

（1）$P(0)$。

（2）对所有数 x，如果 $x<n$ 并且 $P(x)$，那么 $P(x+1)$。

我们将证明 P 对于小于或等于 n 的所有 x 都成立。

假设 $Q(x)$ 是如果 $x \leq n$，则 $P(x)$。我们将对 Q 使用数学归纳来证明 Q 对所有 x 都成立。由于 $P(0)$ 为真，所以当然 $0 \leq n$ 蕴涵 $P(0)$，因此 $Q(0)$ 也成立。

接下来，假设 $Q(x)$ 成立。我们要证明 $Q(x+1)$ 也一定成立。假设 $x+1 \leq n$。我们要证明 $P(x+1)$。由于 $x+1 \leq n$，那么 $x<n$，当然 $x \leq n$。因为 $x \leq n$，并且 $x \leq n$ 蕴涵 $P(x)$［即归纳假设 $Q(x)$］，则 $P(x)$ 成立。由于 $x<n$ 且 $P(x)$ 成立，因此 $P(x+1)$ 成立［根据给定的条件（2）］。这证明了如果 $x+1 \leq n$，则 $P(x+1)$ 成立，这是性质 $Q(x+1)$。因此，$Q(x)$ 蕴涵 $Q(x+1)$，并且由于 $Q(0)$ 也成立，因此根据数学归纳，$Q(x)$ 对所有 x 都成立。特别地，$Q(x)$ 对所有 $x \leq n$ 都成立，这表明 $P(x)$ 对所有 $x \leq n$ 都成立。

6. 我们给台球编号 $B_1, ..., B_n, B_{n+1}$。证明错误是因为没有从 1 到 2 进行归纳。当然，对任意大于 1 的 n，集合 $\{B_1, ..., B_n\}$ 和 $\{B_2, ..., B_n, B_{n+1}\}$ 重叠（它们共有元素 $B_2, ..., B_n$），但 $n=1$ 时没有重叠。集合 $\{B_1\}$ 和 $\{B_2\}$ 不重叠。因此，对于所有 $x \leq n$，并非 $P(x)$ 蕴涵 $P(x+1)$。对于 $n=1$，情况并非如此，因为 $P(1)$ 并不蕴涵 $P(2)$。$P(1)$ 为真，但是 $P(2)$ 为假，因为并非任意两个台球都是同一种颜色（事实上，如果它为真，那么所有台球都是相同的颜色！）。

7. 我们将用归纳的方法证明任意数 y 都是特殊的。给定 $R(x, 0)$ 对任意 x 都成立；因此 0 是特殊的。现在假设 y 是特殊的，我们要证明 $y+1$ 是特殊的。因此，我们必须证明 $R(x, y+1)$ 对任意 x 都成立。我们通过对 x 归纳来证明这一点（归纳中的归纳来了！）。

由于 $R(0, n)$ 对任意 n 都成立，因此 $R(0, y+1)$ 成立。现在假设 x 使得 $R(x, y+1)$ 成立。根据归纳假设 y 是特殊的，

$R(x{+}1, y)$ 也成立。因此 $R(x, y+1)$ 和 $R(x+1, y)$ 都成立，因此，通过给定条件（2），我们看到 $R(x+1, y+1)$。这证明 $R(x, y{+}1)$ 蕴涵 $R(x+1, y+1)$。因此根据归纳，$R(x, y+1)$ 对任意 x 都成立，这意味着 $y+1$ 是特殊的。这证明如果 y 是特殊的，$y{+}1$ 也是，这完成了归纳证明每个数 y 都是特殊的。因此，$R(x, y)$ 对所有 x 和 y 都成立。

8. 我们首先证明任意右正常的数 x 也是左正常的。假设 x 是右正常的。我们通过对 y 归纳来证明 $R(x, y)$ 对所有 y 都成立。

我们已知 $R(x, 0)$ 成立。现在假设 $R(x, y)$ 对 y 成立。由于假设 x 是右正常的，因此 $R(y, x)$ 成立。由于 $R(x, y)$ 和 $R(y, x)$，所以 $R(x, y+1)$ 也成立。并且由于 $R(x, 0)$ 成立，因此 $R(x, y)$ 对于所有 y 都成立，这表明 x 是左正常的。

现在我们通过数学归纳证明每个数 y 都是右正常的（因此也是左正常的）。

通过（1），$R(x, 0)$ 对所有 x 成立，这告诉我们 0 是右正常的。现在假设 y 是右正常的。然后它也是左正常的（正如我们所见）；因此对任意数 x，我们都有 $R(y, x)$ 和 $R(x, y)$，因此也有 $R(x, y+1)$，这表明 $y+1$ 是右正常的 [因为 $R(x, y+1)$ 对任意 x 都成立]。这证明了如果 y 是右正常的，那么 $y+1$ 也是，这就完成了归纳证明每个数 y 都是右正常的。因此，由于任意数 x 都既是左正常的又是右正常的，因此 $R(x, y)$ 对于任意 x 和 y 都成立。

9. 答案是这个盒子迟早会变空。我们现在给出的证明是通过数学归纳得到的。稍后将给出另一个证明。

如果任意最初在盒子中的每个球都被编号为 n 或比 n 更小的数（即以这样的盒子开始每项球类运动）的球类运动一定终止，则将正整数 n 称为失败数字（losing number）。我们现在将通过数学归纳来证明每个正整数 n 都是失败数字。

显然 1 是一个失败数字（如果最初只有 1 号球在盒子里，显然游戏一定会终止，因为任意 1 号球被扔出盒子后都不能被任何东西取代，并且盒子里只有有穷多个 1 号球）。现在假设 n 是失败数字，我们要证明 $n+1$ 也一定是失败数字。

考虑任意盒子，其中每个球都被编号为 $n+1$ 或更小的数。一个人不能永远把编号为 n 或更小的数的球丢掉，因为 n 被假设为失败数字。因此，一定迟早扔出一个编号为 $n+1$ 的球（假设盒子中至少有一个）。然后一定迟早扔出另一个编号为 $n+1$ 的球（如果有剩下的话）。因此，继续下去，一定迟早扔出所有编号为 $n+1$ 的球，因此留下的盒子中最大编号的球是 n 或更小。从那时起，根据归纳假设 n 是失败数字，最终该过程一定终止。这样就完成了每个正整数 n 都是失败数字的证明，这表明对任意给定盒子，无论如何选择，最终过程一定会终止。

如前所述，稍后会给出另一个证明，我相信这个证明比刚刚给出的更整洁、更优美。

备注：关于这个球类运动的有趣之处在于，对玩家可以活多久没有限制（假设至少一个初始球被编号为 2 或更高），但玩家不能永远活着。给定任意正整数 n，他可以确定是活了 n 天还是更长时间，但他不能永远活着。

10.有趣的是，许多人对这个问题给出了错误的答案。他们认为一定有一条无穷长的路径，而事实上，并不一定要有，正如下面的树所示：

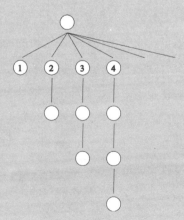

　　这棵树的原点有很多后继，编号为 1，2，…，n，… 树的每个其他点只有一个后继。通过编号为 1 的点的路径在 1 级停止。通过点 2 的路径仅下降了两级，依此类推。也就是说，对于每个 n，通过点 n 的路径在 n 级停止。因此，对于每个 n，存在长度为 n 的路径，但是没有路径是无穷的。

　　可以把这种情况比作自然数。显然，对每个自然数 n，存在等于或大于 n 的数，但是不存在某个自然数本身是无穷的。

11.（a）是，对每个 n，第 n 级只包含有穷多个点，如对 n 进行数学归纳很容易证明：对 $n=0$，在 0 级只存在一个点，即原点。现在假设 n 是这样的，即 n 级只存在有穷多个点 x_1，…，x_k。设 n_1 为 x_1 的后继数量，…，n_k 为 x_k 的后继数量。那么 $n+1$ 级的点数是 $n_1 + … + n_k$，这是个有穷的数。因此，根据数学归纳，每级都只包含有穷多个点。

　　（b）这两个命题是等价的。显然，命题（1）蕴涵命题（2），因为命题（1）蕴涵任意层级 n 至少有一个点。另一个方向，假设命题（2）成立，即树中存在无穷多个点。如果存在 n 使得没有路径的长度为 n，那么只有有穷多个层级包含任意点（因为如果没有长度为 n 的路径，则在 n 层或更高层处将没有点）。并且根据（a），这些层级中的每一个都只有有穷的许多个点。因此，树上只有有穷多个点，与假设条件树上有无穷多个点相反。

12. 如果一个点有无穷多个后继，则称这个点是富裕的（rich），否则为贫穷的（poor）。我们记得，如果一个点 x 只有有穷多个后继，如果这些后继每个都是贫穷的，那么 x 一定是贫穷的。因此，如果 x 是富裕的且只有有穷多个后继，那么它的所有后继不能都是贫穷的。其中至少一个一定是富裕的。因此，在有穷生成树中，每个富裕的点一定有富裕的后继。（有无穷多个后继的富裕的点并不一定必须有至少一个富裕的后继。例如，在问题 10 解决方案的树中，原点是富裕的，但所有后继都是贫穷的。）

现在，我们正在考虑一个有无穷多个点的树，并且每个点只有有穷多个后继。由于存在无穷多个点，并且除了原点以外的所有点都是原点的后继，原点一定是富裕的，因此一定至少存在一个富裕的后继 x_1（如我们所见），相应地至少存在一个富裕的后继 x_2，相应地至少存在一个富裕的后继 x_3，依此类推。因此，得到了一条无穷路径。

13. 这可以从柯尼希引理中立即得出：假设树是有穷生成的，并且所有路径都是有穷的。如果树是无穷的，那么根据柯尼希引理，就会存在一条无穷的路径，与所有路径都是有穷的给定条件相反。因此这棵树不能是无穷的。它一定是有穷的。

14. 对每个球类运动，我们联系到一棵树：我们将原点作为比最初在盒子中的任何球编码都大的球。我们将原点的后继作为最初在盒子里的球。对盒子里的任意球 x，我们让其后继来代替它（如果有的话）。由于每个被代替的球只被有穷多个球代替，因此树是有穷生成的。由于球的所有代替球都有较小的编码数，因此每个路径一定是有穷的。然后根据扇形定理，树是有穷的。因此，只有有穷数量的球会发现自己在盒子里（只有一段时间）。因此，游戏一定会终止，因为如果不终止，那么无穷多的球将在一个点或另一个点在盒子里（不一定同时），例如每个被扔出盒子的球（如果比赛继续下去，这将是无穷数量的球）。这将使我们构造的树是无穷的，因为它包含了盒子里的所有球。（请记住，我们假设一旦球从盒子里抛出，那个特定的球永远不会被放回盒子里，因此扔出的每个球一定与扔出的其他球不同。）

瞧！

15. 很明显，如果归纳性质 P 对 A 中的元素 x 不成立，那么它对 x 的某些成分也不成立（因为如果成立，P 对 x 的所有成分都成立，因此它对 x 成立，与给定的假设相反，因此它对 x 不成立）。

如果归纳性质 P 对 x 不成立，那么它一定对于 x 的某个成分

x_1 不成立，因此也对 x_1 的某个成分 x_2 不成立，依此类推；这表明存在一个无穷的降链。因此，如果所有降链都是有穷的，那么归纳性质不会对任意元素不成立，因此对 A 的所有元素都成立。

16. 我们现在来考虑一棵有穷生成树，它的所有路径都是有穷的。我们一定要证明树本身一定是有穷的。

   对于树的任意点 x，我们将其成分定义为其后继。假设 $P(x)$ 是 x 是贫穷的性质（只有有穷多个后代）。对任意 x，因为 x 只有有穷多个后继，那么如果 x 的所有成分（后继）都是贫穷的，那么 x 也是贫穷的（正如我们已经注意到的那样），这表明性质 P 是归纳的！这个成分关系的降链是树的路径，我们得出它们都是有穷的。因此，通过广义归纳定理，P 对树的所有点都成立。特别地，P 对原点成立，因此原点是贫穷的。因此，树上只有有穷多个点。

17. 显然，如果 x 的任何成分都没有开启无穷降链，那么 x 也不会（因为任何以 x 开头的链必须首先通过 x 的一个成分）。因此，不开启任何无穷链的性质是归纳的。因此，如果广义归纳原则成立，则所有元素都有此性质，这表明不存在元素 x 开启无穷降链，因此所有降链都是有穷的。

18. 我们将证明良基等价于不存在无穷降链这个条件。

   （a）在一个方向上，假设集合 A 上的成分关系 $C(x, y)$ 是良基的。如果存在无穷降链，则由链的元素组成的 A 的子集将没有初始元素，这与关系 C 是良基的这个给定条件相反。

   （b）在另一个方向上，假设所有降链都是有穷的。给定 A 的任意非空子集 S，令 x_1 是 S 的任意元素。如果 x_1 在 S 中没有成分，我们就完成了；否则，x_1 在 S 中有一个成分 x_2。如果 x_2 是 S 的初始元素，我们就完成了；否则，x_2 在 S 中有一个成分 x_3，依此类推。由于没有无穷降链，我们一定迟早遇到 S 的一个初始元素 x_n。因此，成分关系是良基的。

19. 这两部分的解决方案：

（a）答案是否定的——不一定存在极大的俱乐部。例如，所有且只有有穷集是俱乐部，并且显然不存在极大的有穷集。

（b）我们假设 V 是有穷的，并且存在一个俱乐部 C。如果 C 是极大的，我们就证明完了，否则 C 是俱乐部 C_1 的真子集。如果 C_1 是极大的，我们就证明完了。如果不是，则 C_1 是某个俱乐部 C_2 的真子集，依此类推。由于 V 是有穷的，因此这个俱乐序列不能永远继续下去。因此一定以某个极大的俱乐部 C_n 结束。

20. 现在给定，一个集合是俱乐部当且仅当它的所有有穷子集都是俱乐部。

（1）首先我们要证明俱乐部 C 的任意子集都一定是俱乐部。那么，考虑 C 的任意子集 S。显然，S 的所有子集也是 C 的子集。现在令 F 为 S 的任意有穷子集。因为显然 F 也是 C 的有穷子集，所以它一定是俱乐部。因此 S 的所有有穷子集都是俱乐部。因此 S 是俱乐部。

（2）现在我们一定要证明，被（b）和（c）定义的 $C*$ 是极大的俱乐部，实际上（任意）俱乐部 C 的极大的俱乐部都是一个子集。对任意数 n，俱乐部 C_n 是 C_{n+1} 的子集。因此，对所有数 n 和 m，如果 $n < m$，那么 C_n 是 C_m 的子集。从这一点得出，对任意俱乐部 C_0，C_1，C_2，...，C_n，... 的有穷集合 $\sum$，其中一个包括所有其他俱乐部，即集合 $\sum$ 中的俱乐部 C_i 有最大的下标。

我们现在考虑属于任意俱乐部 C_0，C_1，C_2，...，C_n，... 的所有人的集合 $C*$，并且我们将要证明 $C*$ 是极大的俱乐部。为了证明 $C*$ 是一个俱乐部，就要证明 $C*$ 的每个有穷子集都是俱乐部。因此，令 F 为 $C*$ 的任意有穷子集。F 的每个元素属于俱乐部 C_0，C_1，C_2，...，C_n，... 之一，所以如果 F 有 k 个元素，我们可以从我们的序列中选择 k 个俱乐部，选择的第一个俱乐部包含 F 的第一个元素，选择的第二个俱乐部包含 F 的第二个元素，依此类推。

从刚才的序列中选择有穷多个俱乐部，它们中至少存在一个包含所有其他俱乐部（即任何其他俱乐部都没有更大的下标）。因此，这个俱乐部自身包含 F 的所有元素，使得对某些 n，F 是俱乐部 C_n 的子集。由于俱乐部的任意子集都是俱乐部［如（1）所示］，F 一定是俱乐部。因此，$C*$ 的任意有穷子集都是俱乐部，因此 $C*$ 是俱乐部。

至于极大性，我们首先证明，对于任意人 x_n，如果 $C* \cup \{x_n\}$（我们记得它是 $C*$ 的所有元素以及 x_n 的集合）是一个俱乐部，那么 x_n 一定是 $C*$ 的元素。假设 $C* \cup \{x_n\}$ 是一个俱乐部。由于 C_n 是 $C*$ 的子集，因此 $C_n \cup \{x_n\}$ 是 $C* \cup \{x_n\}$ 的子集，因为 $C* \cup \{x_n\}$ 是一个俱乐部（根据假设），那么它的子集 $C_n \cup \{x_n\}$ 是一个俱乐部［如（1）所示］。由于 $C_n \cup \{x_n\}$ 是一个俱乐部，所以 $C_n \cup \{x_n\} = C_{n+1}$。由于 $x_n \in C_{n+1}$ 并且 C_{n+1} 是 $C*$ 的子集，那么 $x_n \in C*$，这已经证明过。因此，对于任意人 x，如果 $C* \cup \{x\}$ 是一个俱乐部，x 一定已经是 $C*$ 的元素。因此，对于集合 $C*$ 之外的任意个体 x，集合 $C* \cup \{x\}$ 不是俱乐部。

现在考虑任意个体集 A，使得 $C*$ 是 A 的真子集。那么 A 包含至少一个不是 $C*$ 的元素的个体 x；因此 $C* \cup \{x\}$ 不是俱乐部。因此 A 不能成为一个俱乐部（如果它是，那么它的子集 $C* \cup \{x\}$ 将是一个俱乐部，而它不是）。这证明，对于任意个体集 A，如果 $C*$ 是 A 的真子集，则 A 不是俱乐部。因此 $C*$ 是极大的俱乐部。

21. 我们将证明性质 $P*$ 是紧致的，即集合 S 有性质 $P*$ 当且仅当 S 的所有有穷子集有性质 $P*$。

（1）假设 S 有性质 $P*$。那么 S 的所有有穷子集都有性质 P，因此也有性质 $P*$。实际上，不仅 S 的所有有穷子集有性质 $P*$，S 的所有子集都有性质 $P*$。为了看到这一点，令 A 为 S 的任意子集。那么 A 的所有有穷子集也是 S 的有穷子集，因此所有都有性质 P，这表明 A 有性质 $P*$。因此，S 的所有子集都有性质 $P*$。

（2）为了证明如果 S 的所有有穷子集都有性质 P^*，那么 S 也有。我们首先注意，任意有性质 P^* 的有穷集 A 也有性质 P，因为有性质 P^*，A 的所有有穷子集都有性质 P，因此 A 也是 A 的有穷子集。因此，任意有性质 P^* 的有穷集也具有性质 P。我们现在已经看到，当 S 的所有有穷子集都有性质 P^* 时，它们也都有性质 P。但这就表明 S 有性质 P^*。

命题逻辑

第 5 章

命题逻辑基础

我们接下来要谈的是所谓的逻辑斯蒂规划（logistic program），这一规划的目的在于仅用有限的逻辑原则发展出所有的数学。命题逻辑是这一规划的起点，也是一阶逻辑及高阶逻辑的基础。

命题可以通过使用所谓的逻辑联结词（logical connectives）联结而构成更复杂的命题。主要的逻辑联结词如下：

（1）$\sim$　否定，并非

（2）$\wedge$　合取，并且

（3）$\vee$　析取，或者……或者

（4）$\supset$　蕴涵，如果……那么

（5）$\equiv$　等值，当且仅当

否定

对于任意的命题 p，$\sim p$ 表示 p 不为真。命题 $\sim p$ 称为 p 的否定，$\sim p$ 为真当且仅当 p 为假，$\sim p$ 为假当且仅当 p 为真。下表称为否定的真值表（true table），

概述了这两个事实。在随后的真值表中，字母"T"表示为真，"F"表示为假。

p	$\sim p$
T	F
F	T

真值表中的每一行都对应于出现在真值表的公式中的变元的一种特定分布。公式 $\sim p$ 的真值表有一个变元，只有两种可能的真值情况。否定的真值表的第一行（即两列的标签下面的一行）是说，如果 p 为真，那么 $\sim p$ 为假。真值表的第二行是说，如果 p 为假，那么 $\sim p$ 为真。通常把命题 $\sim p$ 读作"并非 p"。

合取

符号"∧"表示并且。因此，对于任意的两个命题 p 和 q，p 和 q 都为真的情况用 $p \wedge q$ 表示。下面的真值表反映了这四种可能情况：（1）p 和 q 都为真；（2）p 为真且 q 为假；（3）p 为假且 q 为真；（4）p 和 q 都为假。

p	q	$p \wedge q$
T	T	T
T	F	F
F	T	F
F	F	F

因此，$p \wedge q$ 仅在第一种情况下为真，即 p 和 q 都为真。命题 $p \wedge q$ 称为 p 和 q 的合取（conjunction），读作"p 并且 q"。

析取

我们用 $p \vee q$ 表示命题 p 和 q 中至少有一个为真，也可能同时为真。

日常语言中的"或"有两种不同的意义，一种是严格的或不相容的意义，表示两个选择中恰有一个为真；一种是相容的意义，表示至少有一个选择为真，可能两个都为真。例如，如果我说明天将去东边或西边，用的是"或"的不相容意义，因为很明显我不打算同时去两边。如果大学要求一个申请者了解法国或德国，无疑不会排除那些刚好了解这两个国家的人，所以这里使用了"或"的相容意义。

在数理逻辑和计算机科学中使用的是"或"的相容意义。因此，∨（这是我们在文中使用的"或"的逻辑符号）的真值表如下：

p	q	$p \vee q$
T	T	T
T	F	T
F	T	T
F	F	F

因此，$p \vee q$ 为假当且仅当 p 和 q 都为假，在其他三种情况下，$p \vee q$ 为真。命题 $p \vee q$ 被称为 p 和 q 的析取（disjunction），读作"p 或 q"。

条件句

命题"如果 p 那么 q"或者"p 蕴涵 q"，可以用符号 $p \supset q$（有时写成 $p \to q$）来表示。在蕴涵陈述 $p \supset q$ 中，p 被称为前件（antecedent），q 被称为后件（consequent）。我们在第 1 章已经讨论过"如果……那么"在数理逻辑（以及计算机科学）中的应用，在某些方面可能与日常用法有很大不同，p 蕴涵 q 仅在 p 为真且 q 为假的情况下为假。因此，如果 p 为假，那么无论 q 为真还是为假，"p 蕴涵 q"这个陈述都为真（而且如果 p 和 q 都为真，p 蕴涵 q 当然为真）。

我在第 1 章中给出了一个例子，为这个看起来奇怪的用法提供了一些辩护，这里是另外一个例子——考虑这个关于自然数的命题："如果 x 是奇数，那么 $x + 1$ 是偶数。"你一定认为这个命题为真。如果你这样认为，那么即使 x 为偶数，你也坚信这个命题为真，并且坚定地相信"如果 4 是奇数，那么 4+1 是偶数"。尽管事实上前件（4 是奇数）和后件（4 + 1 是偶数）都为假，命题依旧成立！$p \supset q$ 在数理逻辑和计算机科学中的真值表如下：

p	q	$p \supset q$
T	T	T
T	F	F
F	T	T
F	F	T

同样，$p \supset q$ 仅在 p 为真且 q 为假的情况下为假。

双条件句

我们用 $p \equiv q$（有时用 $p \leftrightarrow q$）去表示或者 p 和 q 都为真，或者 p 和 q 都为假。换句话说，当一个命题为真时，另一个命题也为真。也可以说，两个命题分别蕴涵另一个命题。我们把 $p \equiv q$ 读作"p 当且仅当 q"，或者读作"p 和 q 是等值的"（真和假都考虑到了）。因此，$p \equiv q$ 为真当且仅当两个命题都为真或都为假，$p \equiv q$ 为假当且仅当 p 和 q 一个为真且另一个为假。所以双条件句 $\equiv$ 的真值表如下：

p	q	$p \equiv q$
T	T	T
T	F	F
F	T	F
F	F	T

括号

我们可以用多种方式把简单命题联结到复合命题之中，这就需要使用括号来避免歧义。例如，不能分辨 $p \wedge q \vee r$ 所表示的是下列哪种意思：

（1）p 为真且（$q \vee r$）为真。

（2）或者（$p \wedge q$）为真，或者 r 为真。

如果表示（1）的意思，我们应该写为 $p \wedge (q \vee r)$。如果表示（2）的意思，应该写为 $(p \wedge q) \vee r$。

公式

为了更严谨地开展我们的学科，我们必须定义公式（formula）这一概念。字母 p，q，r，无论带不带下标，我们都称其为命题变元（propositional variable）。公式指的是根据下列规则构造出来的任何表达式：

（1）每一个命题变元都是公式。

（2）给定任意已经构造好的公式 X 和 Y，表达式 $\sim X$，$(X \wedge Y)$，$(X \vee Y)$，$(X \supset Y)$，以及 $(X \equiv Y)$ 都是公式。

需要了解的是，一个表达式除非是规则（1）和规则（2）的结果，否则它就不是公式。

练习. 证明命题逻辑所有公式的集合是一个可数集。

下列定义也许能帮助读者"解析"稍后有可能会出现在文中的更复杂的公式，即帮助读者把公式拆分为有意义的部分，并称其为公式的"子公式"（sub-formulas），以便更清楚地理解公式。我们用两种方式（可以归结为同一种方法）来定义公式中匹配的括号（matching parentheses）。

（1）如果我们可以清楚地看到一个公式是如何从它最内部的命题变元、联结词以及括号建立起来的，那么在每个新构造的公式的组成部分两边添加一对括号，这两个括号构成了一对匹配的括号。

（2）[a] 给定一个合式公式（well-formed formula），如果公式中有一个右括号紧跟着一个左括号，且中间没有其他括号，那么这两个括号就是匹配的括号。[b] 给定一个合式公式，如果公式中有一个右括号紧跟着一个左括号，且中间没有根据 [a] 或 [b] 确定的匹配的括号，这两个括号就是一对匹配的括号。

当两个括号是匹配的，我们也会说它们相互匹配。上文中的第二种定义，指出了如何在一个给定的复杂公式中，配对匹配的括号。首先配对右括号紧跟着左括号且两个括号间没有其他括号的所有括号。然后在得到的公式中，以同样的方式继续配对剩余的未匹配括号。顺便提一下，如果在结束工作后，遗留下一些未配对括号，这意味着原来的公式不是合式的，也就是说，它实际上不是一个命题逻辑公式。一个公式最起码应该有相同数量的左括号和右括号，公式书写者经常用这一简单事实检查公式，但这还不够；理想情况下，应该仔细检查匹配每对括号的过程，之后检查每对匹配的括号内的公式是否都是合式的。

有一种方法除了能帮助人们检查所书写的复杂公式是否合式外，还能使公式易于理解，那就是在公式中使用不同种类的括号，即普通括号"（"和"）"、方括号"["和"]"与花括号"{"和"}"，甚至是不同大小的普通括号。不同的括号能使匹配的括号更明白易懂。例如，试试看下面这个复杂的公式：

$$((p \supset (q \supset r)) \supset ((p \supset q) \supset (p \supset r)))$$

现在请注意，不同类型的括号如何表示不同的优先顺序，以增加公式的可读性（如果一对匹配的括号中间没有其他括号，优先级为 0；如果一对匹配的括号之间有最高优先级为 n 的匹配的括号，那么这对括号的优先级为 $n+1$）：

$$\{[p \supset (q \supset r)] \supset [(p \supset q) \supset (p \supset r)]\}$$

这是用三种不同大小的括号书写的同一个公式。

$$((p \supset (q \supset r)) \supset ((p \supset q) \supset (p \supset r)))$$

单独写出一个公式的时候，可以删除最外部的括号而不产生任何歧义。例如，单独写出的公式（$p \wedge \sim\sim q$）可以写成 $p \wedge \sim\sim q$。

复合真值表

命题 p 的真值是指它的真或假，也就是说，如果 p 为真，p 的真值是 T，而如果 p 为假，p 的真值是 F。如果我们知道任意两个命题 p 和 q 的真值，那么我们可以根据已经考虑过的简单真值表，确定 $\sim p$，$(p \wedge q)$，$(p \vee q)$，$(p \supset q)$ 以及 $(p \equiv q)$ 的真值表。因此，给定 p 和 q 的任意组合，即 p 和 q 使用逻辑联结词所表示的任意命题，我们可以根据 p 和 q 的真值确定组合的真值。例如，假设 X 为公式 $p \equiv (q \vee \sim (p \wedge q))$。已经给出 p 和 q 的真值，我们可以依次确定 $p \wedge q$，$\sim (p \wedge q)$，$q \vee \sim (p \wedge q)$ 的真值，最后确定 $p \equiv (q \vee \sim (p \wedge q))$ 的真值。p 和 q 的真值有四种分布：p 为真，q 为真；p 为真，q 为假；p 为假，q 为真；p 为假，q 为假。

我们可以通过构造下列表格，即复合真值表（compound truth table），来系统地确定 X 在上述所有情况下的真值。

p	q	$p \wedge q$	$\sim(p \wedge q)$	$q \vee \sim(p \wedge q)$	$p \equiv (q \vee \sim(p \wedge q))$
T	T	T	F	T	T
T	F	F	T	T	T
F	T	F	T	T	F
F	F	F	T	T	F

我们可以看到，X 在前两种情况下为真，在后两种情况下为假。

我们也可以为三个真值未定的变元 p，q，r 的组合构造真值表，但现在需要考虑八种情况，因为 p 和 q 有四种真值分布，在每种情况下，r 都有两种真值分布。我们把公式 $(p \vee \sim q) \supset (r \equiv (p \wedge q))$ 的真值表作为例子。

p	q	r	$\sim q$	$p \vee \sim q$	$p \wedge q$	$r \equiv (p \wedge q)$	$(p \vee \sim q) \supset (r \equiv (p \wedge q))$
T	T	T	F	T	T	T	T
T	T	F	F	T	T	F	F
T	F	T	T	T	F	F	F
T	F	F	T	T	F	T	T
F	T	T	F	F	F	F	T
F	T	F	F	F	F	T	T
F	F	T	T	T	F	F	F
F	F	F	T	T	F	T	T

对四个真值未定的变元 p，q，r，s 来说，需要考虑 $2^4=16$ 种情况，且一般来说，对于任意的正整数 n，有 n 个命题变元的公式的真值表将有 2^n 行，分别对应于 n 个变元的 2^n 种不同的真值分布。

重言式

考虑公式 $(p \wedge (q \vee r)) \supset ((p \wedge q) \vee (p \wedge r))$，它的真值表如下：

p	q	r	$q \vee r$	$p \wedge (q \vee r)$	$p \wedge q$	$p \wedge r$	$(p \wedge q) \vee$ $(p \wedge r)$	$(p \wedge (q \vee r)) \supset$ $((p \wedge q) \vee (p \wedge r))$
T	T	T	T	T	T	T	T	T
T	T	F	T	T	T	F	T	T
T	F	T	T	T	F	T	T	T
T	F	F	F	F	F	F	F	T
F	T	T	T	F	F	F	F	T
F	T	F	T	F	F	F	F	T
F	F	T	T	F	F	F	F	T
F	F	F	F	F	F	F	F	T

我们可以看到最后一列都为 T，这表明了公式在八种情况下都为真。这样的公式称为重言式（tautology）。

一般情况下，公式的解释（interpretation）是指公式中所有命题变元的真值（T 或 F）的赋值。正如我们所看到的，对于有 n 个命题变元的公式，它的解释有 2^n 种，每种解释对应于公式真值表的一行。如果一个公式总为真，即在它所有解释下都为真，或者说如果公式真值表的最后一列都是 T，就称这个公式为重言式。如果一个公式真值表的最后一列都是 F，表明它在所有解释下都为假，则称这个公式为矛盾式（contradictory formula）。如果一个公式既不是重言式也不是矛盾式，则称为偶然式（contingent formula）。因此，偶然式在某些解释下为真，在某些解释下为假，所以真值表的最后一列有 T 也有 F。

问题 1. 指出下列公式哪些是重言式，哪些是矛盾式，哪些是偶然式。

（a）$(p \supset q) \supset (q \supset p)$

（b）$(p \supset q) \supset (\sim p \supset \sim q)$

（c）$(p \supset q) \supset (\sim q \supset \sim p)$

（d）$p \supset \sim p$

（e）$p \equiv \sim p$

（f）$(p \equiv q) \equiv (\sim p \equiv \sim q)$

（g）$\sim (p \wedge q) \equiv (\sim p \wedge \sim q)$

（h）$\sim (p \wedge q) \equiv (\sim p \vee \sim q)$

（i）$(\sim p \vee \sim q) \equiv \sim (p \vee q)$

（g）$\sim (p \vee q) \equiv (\sim p \wedge \sim q)$

（k）$(p \equiv (p \wedge q)) \equiv (q \equiv (p \vee q))$

逻辑蕴涵与逻辑等值

如果在公式 X 为真的所有情况下公式 Y 为真，或者换句话说，如果 $X \supset Y$ 是重言式，我们说 X 逻辑蕴涵（logically implied）Y。给定一个公式集 S 和一个公式 X，如果在 S 所有的元素都为真的情况下 X 也为真，我们说 S 逻辑蕴涵 X。（稍后我们将了解到一个有趣的事实，即对于任意的可数公式集 S，S 逻辑蕴涵一个公式 X 当且仅当 S 的某个有穷子集逻辑蕴涵 X！这就是上一章中紧致性定理的由来！）

如果公式 X 和 Y 在同样的情况下为真，或者换句话说，如果 $X \equiv Y$ 是重言式，那么称公式 X 和公式 Y 是逻辑等值的（有时直接简称等值的）。

一些缩写

对于每个 $n > 2$，我们把 $((\dots(X_1 \wedge X_2) \wedge \dots X_n)$ 简写为 $X_1 \wedge X_2 \wedge \dots \wedge X_n$。例如，我们把 $((X_1 \wedge X_2) \wedge X_3)$ 简写为 $X_1 \wedge X_2 \wedge X_3$，把 $((X_1 \wedge X_2) \wedge X_3) \wedge X_4)$ 简写为 $X_1 \wedge X_2 \wedge X_3 \wedge X_4$，等等。因此，对于每个 $n \geqslant 2$，我们都有 $X_1 \wedge \dots \wedge X_n \wedge X_{n+1}$ 等同于 $(X_1 \wedge \dots \wedge X_n) \wedge X_{n+1}$。用 $\vee$ 替代 $\wedge$ 后同样成立。因此，我们有 $X_1 \vee \dots \vee X_n \vee X_{n+1}$ 等

同于 $(X_1 \vee \ldots \vee X_n) \vee X_{n+1}$。既然 $(X_1 \wedge (X_2 \wedge X_3))$ 明显等值于 $((X_1 \wedge X_2) \wedge X_3)$ 并且 $(X_1 \vee (X_2 \vee X_3))$ 明显等值于 $((X_1 \vee X_2) \vee X_3)$，所以我们可以说，对合取和析取来说，括号并不重要。

为相应的真值表找一个公式

假设给定了真值表最后一列中 T 和 F 的分布。你能否找到一个公式，其真值表最后一列和给定的一列相同？例如，假设有三个变元 p，q，r 的情况，在真值表的最后一列随机写下 T 和 F：

p	q	r	?
T	T	T	T
T	T	F	F
T	F	T	T
T	F	F	F
F	T	T	T
F	T	F	F
F	F	T	F
F	F	F	F

问题就是，找到一个公式，其真值表最后一列就是问号下面的那一列。你觉得需要聪明和才智才能做到吗？答案是，不需要！这里有一个极其简单的机械化方法，可以解决这类问题。一旦你知道这一方法之后，无论最后一列中的 T 和 F 如何分布，你都可以轻松地写出所求的公式。

问题 2. 这一方法是什么？

包含 t 与 f 的公式

出于某些目的，有时需要将符号 t 与 f 添加到命题逻辑语言中，通过把公式的定义（1）替换为"每一个命题变元都是公式，t 与 f 也是公式"来扩展公式的概念。例如，$(p \supset t) \vee (f \wedge q)$ 是一个公式。符号 t 与 f 称作命题常项（propositional constants），分别对应于真和假。这里需要说明的是，在任意一个解释中，t 给定的值为真且 f 给定的值为假。

任何只包含 t 或 f，或者同时包含 X 和 t，或 X 和 f 的公式，或者等值于 X，或者等值于 t 或 f。凭借下列等式可以很容易地看出（我们把"等值于"简写为"equ"）。

$$
\begin{array}{llll}
X \wedge t & \text{equ } X & t \wedge X & \text{equ } X \\
X \wedge f & \text{equ } f & f \wedge X & \text{equ } f \\[6pt]
X \vee t & \text{equ } t & t \vee X & \text{equ } t \\
X \vee f & \text{equ } X & f \vee X & \text{equ } X \\[6pt]
X \supset t & \text{equ } t & t \supset X & \text{equ } X \\
X \supset f & \text{equ } \sim X & f \supset X & \text{equ } t \\[6pt]
X \equiv t & \text{equ } X & t \equiv X & \text{equ } X \\
X \equiv f & \text{equ } \sim X & f \equiv X & \text{equ } \sim X \\[6pt]
\sim t & \text{equ } f & \sim f & \text{equ } t
\end{array}
$$

问题 3. 将下列公式简化为一个不含 t 或 f 的公式，或者仅含 t 或 f 的公式。

（a）$((t \supset p) \wedge (q \vee f)) \supset ((q \supset f) \vee (r \wedge t))$

（b）$(p \vee t) \supset q$

（c）$\sim (p \vee t) \equiv (f \supset q)$

说谎话者、说真话者与命题逻辑

在继续命题逻辑的形式化研究之前，我想插入一些问题，来说明命题逻辑如何与说谎话者和说真话者的娱乐性逻辑谜题相关联，我在许多早期的解谜书中考虑过这些问题。

问题 4. 我们回到第 4 章问题 1 中的国家，这里的居民不是类型 T 就是类型 F，类型 T 的人只能做出真的陈述，而类型 F 的人只能做出假的陈述。我们考虑居民 A 和居民 B，并且要求 A 说一些关于自己和 B 的事。

（a）假设 A 说："我们两个人都是类型 F"，我们可以确定 A 和 B 的类型吗？

（b）假设 A 改为说："我们两人中至少有一个人是类型 F"，可以确定 A 和 B 的类型吗？

（c）如果 A 说："我和 B 是同样的类型，都是类型 F 或都是类型 T"，那么，关于他们的类型有什么是可以确定的？

逻辑联结词的相互依赖性

一些标准结果

假设一个来自其他星球的人到了地球，并且想要学习命题逻辑。他来请教你说："我可以理解 ～（并非）和 ∧（并且）的意义，但是我并不理解符号 ∨ 的意义，也不理解'或者'的意思。你可以用我已经理解的 ～ 和 ∧ 来向我解释吗？"

他想要的是一个根据 ～ 和 ∧ 得到的 ∨ 的定义，也就是说，他想要一个含有命题变元 p 和 q 的公式，该公式只包含命题联结词 ～ 和 ∧，并且等值于公式 $p \lor q$。

问题 5. 你可以帮助他吗？如何用 ～ 和 ∧ 定义 ∨？

问题 6. 也可以根据 ～ 和 ∨ 来定义 ∧，怎么做？

问题 7. 用 ～ 和 ∧ 定义 ⊃。

问题 8. 用 ～ 和 ∨ 定义 ⊃。

问题 9. 用 ～ 和 ⊃ 定义 ∧。

问题 10. 用 ⊃ 和 ～ 定义 ∨。

问题 11. 说来奇怪，可以仅用 ⊃ 来定义 ∨。如何定义？（答案很狡猾）

问题 12. 用 ∧ 和 ⊃ 定义 ≡。

问题 13．用 ～，∧ 和 ∨ 定义 ≡。

问题 14．用 ⊃ 和命题常项 *f*（表示为假）定义 ～。

合舍

　　五个逻辑联结词 ～，∧，∨，⊃，≡ 都可以仅用 ～ 和 ∧ 来定义（我们可以首先定义 ∨，然后定义 ⊃，并因此定义 ≡）。同样，根据上述 10 个问题，我们可以把 ～ 和 ∨ 或者 ～ 和 ⊃ 作为其他联结词的基础，也可以仅用 *f* 或 ⊃ 定义其他联结词。

　　五个逻辑联结词 ～，∧，∨，⊃，≡ 都可以仅用一个逻辑联结词 $p \downarrow q$ 定义，$p \downarrow q$ 称为合舍（joint denial）。意思是 "*p* 和 *q* 都为假"，因此等值于 $\sim p \wedge \sim q$。它的真值表如下：

p	q	$p \downarrow q$
T	T	F
T	F	F
F	T	F
F	F	T

　　问题 15．证明通过一个命题联结词 ↓ 可以得到所有联结词 ～，∧，∨，⊃，≡。（提示：首先定义 ～。）

析舍

　　可以用另一个命题联结词得到其余所有的联结词。这个联结词被称为析舍（alternative denial），也称为谢弗竖（Sheffer Stroke）。$p|q$ 读作 "*p* 和 *q* 至少有一个为假"，或者 "*p* 为假或 *q* 为假"。它同时等值于 $\sim p \vee \sim q$ 和 $\sim(p \wedge q)$［我们早在问题 1（h）中得到两者等值的结论］。它的真值表如下：

p	q	$p|q$
T	T	F
T	F	T
F	T	T
F	F	T

问题 16. 证明谢弗竖可以生成其余所有的联结词。

注意：可以证明，除了↓和|之外，没有联结词可以独自生成其他联结词。合舍和析舍是唯一满足条件的。这个证明可以在孟德尔松的书（Mendelson，1987）中找到。

进一步的结果

目前考虑过的有关相互可定义性（interdefinability）的结果都是众所周知的。我们现在转向作者提出的某些鲜为人知的结果。但首先来看另一个说谎话者和说真话者的谜题。

问题 17. 我们回到这个国家，其中的居民或者是只做真陈述的类型 T，或者是只做假陈述的类型 F。因为谣传有金子埋在这个国家，有一个淘金者来到这里。他遇到一个居民并且问他："这个国家有金子吗？"这个居民说："如果我是类型 T，那么这里有金子。"我们可以确定这个居民的类型以及这里是否有金子吗？

上述问题与下一个问题密切相关：

问题 18. 证明∧可以用⊃和≡定义，并且说明这个问题如何与上一个问题相关联。

我们进一步得到以下的可定义性问题。

问题 19. 证明 ∨ 可以用 ⊃ 和 ≡ 定义。

问题 20. 证明 ⊃ 可以用 ∧ 和 ≡ 定义。

问题 21. 证明 ∧ 可以用 ∨ 和 ≡ 定义。（这个问题很棘手！）

问题 22. 证明 ∨ 可以用 ∧ 和 ≡ 定义。

其他联结词

$p \not\equiv q$（并非 p 等值于 q）。这一联结词的真值表如下：

p	q	$p \not\equiv q$
T	T	F
T	F	T
F	T	T
F	F	F

实际上，≢ 是不相容析取（exclusive disjunction），$p \not\equiv q$ 的意思是 p 和 q 有且仅有一个为真。

问题 23. 证明 ∨ 可以用 ∧ 和 ≢ 定义（因此，相容析取可以用合取和不相容析取定义）。

问题 24. 证明 ∧ 也可以用 ∨ 和 ≢ 定义。

问题 25. 至今考虑过的所有联结词都可以用 ≢ 和 ⊃ 定义，如何定义？

另一个联结词是 $\not\supset$。$p \not\supset q$ 读作 "并非 p 蕴涵 q"，等值于 $\sim(p \supset q)$。

问题 26. 证明 ∧ 可以用 $\not\supset$ 定义。

问题 27. 证明 $\not\supset$ 可以用 ≢ 和 ∧ 定义。

问题 28. 证明 $\not\supset$ 可以用 ≢ 和 ∨ 定义。

问题 29. 证明 ≢ 可以用 $\not\supset$ 和 ∨ 定义。

问题 30. 证明至今考虑过的所有联结词可以用 $\not\supset$ 和 ⊃ 定义。

问题 31. 证明至今考虑过的所有联结词可以用 $\not\supset$ 和 ≡ 定义。

16 个逻辑联结词

迄今为止，我们考虑过下列变元 p 和 q 之间的 8 个逻辑联结词：$\wedge$，$\vee$，$\supset$，$\equiv$，$\downarrow$，$|$，$\not\equiv$ 和 $\not\supset$。让我们来复习一下它们的真值表：

p	q	$p \wedge q$	$p \vee q$	$p \supset q$	$p \equiv q$	$p \downarrow q$	$p \mid q$	$p \not\equiv q$	$p \not\supset q$
T	T	T	T	T	T	F	F	F	F
T	F	F	T	F	F	F	T	T	T
F	T	F	T	T	F	F	T	T	F
F	F	F	F	T	T	T	T	F	F

变元 p 和 q 的另外两个联结词是 $\subset$（逆蕴涵）及其否定 $\not\subset$。我们把 $p \subset q$ 读作 "p 逆蕴涵 q" 或 "如果 q 那么 p"。因此，$p \not\subset q$ 读作 "并非 p 逆蕴涵 q"。

我们现在有 10 个联结词。既然 p 和 q 有 16 种可能的真值表，另外还有 6 个联结词。这 6 个联结词是：

p，不管 q

并非 p，不管 q

q，不管 p

并非 q，不管 p

为真，不管 p 和 q

为假，不管 p 和 q

p	q	$p \subset q$	$p \not\subset q$	p	q	$\sim p$	$\sim q$	t	f
T	T	T	F	T	T	F	F	T	F
T	F	T	F	T	F	F	T	T	F
F	T	F	T	F	T	T	F	T	F
F	F	T	F	F	F	T	T	T	F

如果这 16 个联结词都可以用某些联结词定义，那么这些联结词的集合称

为基（basis）（对于所有联结词）。我们已经知道，给定任意真值表，可以找出有相同真值表的公式。而且，从问题2的答案可以看出，一个公式可以仅使用联结词~，∧，∨，因此这三个联结词很明显可以构成其他联结词的基。但是，这三个联结词可以相互推出来，或者从~和∧推出∨，或者从~和∨推出∧。因此，~和∧以及~和∨都是基。其他的基还有~和⊃，⊃和 f，⊃和 ⅁，↓，以及 |。

问题答案

1.（a）偶然式。

（b）偶然式。

（c）重言式。

（d）偶然式。（注意：许多新手会错误地认为这是矛盾式。事实上，当 p 为假时，公式 $p ⊃ {\sim}p$ 为真。当 p 为真时，公式当然为假。）

（e）矛盾式。

（f）重言式。

（g）偶然式。

（h）重言式。

（i）偶然式。

（j）重言式。

（k）重言式。

2. 我们将通过特例来充分说明这个方法。在这一例子中，我们试图找出在真值表第一、三、五行出现 T 的公式。真值表第一行是 p，q，r 都为真的情况，换句话说就是 $p{\wedge}q{\wedge}r$ 为真。第三种情况是 p 为真，q 为假，r 为真，换句话说就是 $p{\wedge}{\sim}q{\wedge}r$ 为真。第五种情况是 p 为假，q 为真，r 为真，换句话说就是 ${\sim}p{\wedge}q{\wedge}r$ 为真。因此，当且仅当这三种情况最少有一种成立时，公式为真，所以我们所求的公式为 $(p{\wedge}q{\wedge}r) \vee (p{\wedge}{\sim}q{\wedge}r) \vee ({\sim}p{\wedge}q{\wedge}r)$。

3.（a）在公式 $((t ⊃ p) \wedge (q{\vee}f)) ⊃ ((q ⊃ f) \vee (r{\wedge}t))$ 中，我

们把（$t \supset p$）替换为 p；把（$q \lor f$）替换为 q；把（$q \supset f$）替换为 $\sim q$；把（$r \land t$）替换为 r，因此得到（$p \land q$）$\supset$（$\sim q \lor r$）。

（b）在（$p \lor t$）$\supset q$ 中，我们首先把（$p \lor t$）替换为 t，因此得到 $t \supset q$。可以进一步简化为 q。

（c）在 $\sim$（$p \lor t$）$\equiv$（$f \supset q$）中，我们首先把（$p \lor t$）替换为 t，把（$f \supset q$）替换为 t，因此得到 $\sim t \equiv t$，即 $f \equiv t$ 并简化为 f。

4.（a）类型 T 的人不可能说他和其他人都是类型 F，如果他这么说，那么他和其他人都是类型 F 的陈述为真，这使得他同时是类型 F 和类型 T，而这是不可能的。因此，发言者 A 不可能是类型 T，他一定是类型 F。既然他是类型 F，那么他的陈述为假，即实际上两个人不都是类型 F。因此，至少有一个人是类型 T。既然 A 不是，那么 B 一定是。所以，答案为 A 是类型 F，B 是类型 T。

现在，让我们来看这一问题如何通过真值表的方式解决。下面是领悟这一类关于说谎话者与说真话者谜题的关键：假设这个国家的某个居民断言了一个命题 q。令命题 p 为"说话者是类型 T"。既然他断言 q，那么如果他是类型 T，q 一定为真，但如果他不是类型 T，q 为假。因此，他是类型 T 当且仅当 q 为真。也就是说，如果他断言 q，那么实际情形就是 p 等值于 q。因此，基本原则就是如果他断言 q，那么 $p \equiv q$ 为真！

在这一具体问题中，A 断言了他和 B 都是类型 F。令命题 p 为"A 是类型 T"，命题 q 为"B 是类型 T"。A 断言 p 和 q 都为假，也就是说 $\sim p \land \sim q$。既然他断言 $\sim p \land \sim q$，那么实际情形就是 $p \equiv$（$\sim p \land \sim q$）为真。让我们建立 $p \equiv$（$\sim p \land \sim q$）的真值表。

p	q	$\sim p$	$\sim q$	$\sim p \land \sim q$	$p \equiv (\sim p \land \sim q)$
T	T	F	F	F	F
T	F	F	T	F	F
F	T	T	F	F	T
F	F	T	T	T	F

我们可以看到，真值表最后一列只在 p 为假且 q 为真的情况下出现 T。因此，A 是类型 F 且 B 是类型 T。

（b）这一次 A 断言 A 和 B 中至少有一个人是类型 F。如果 A 是类型 F，那么 A 的陈述为真，但类型 F 的人不做真的陈述。因此，A 一定是类型 T。他的陈述为真，也就是说他们两人中最少有一个为类型 F。既然 A 不是类型 F，那么 B 一定是。所以，答案是 A 是类型 T 且 B 是类型 F。

换真值表的方法来解决，再次令命题 p 为"A 是类型 T"，命题 q 为"B 是类型 T"。因此，A 断言了 $\sim p \lor q$ 的实际情形就是 $p \equiv (\sim p \lor \sim q)$。如果建立这一公式的真值表，可以发现最后一列只在 p 为真且 q 为假的情况下为 T（真值表第二行的情况）。

（c）这个国家的人不可能声称自己是类型 F。因为如果他是类型 T，他不会错误地声称自己是类型 F，且如果他是类型 F，他不会正确地声称自己是类型 F。

同样的原因，没人能声称自己和类型 F 的人是同一类型，因为这等同于声称他是类型 F。因此，既然 A 声称自己和 B 是同一类型，那么 B 一定是类型 T。至于 A，不能确定他是类型 T 还是类型 F。他可能是类型 T 且正确地声称自己和 B 是同一类型，或者他是类型 F 且因此错误地声称自己和 B 是同一类型。

从命题逻辑的角度来看这个问题有特别的指导意义。再次令命题 p 为"A 是类型 T"且命题 q 为"B 是类型 T"。这次，A 声称 p 等值于 q。既然 A 声称 $p \equiv q$，实际情况就是 $p \equiv (p \equiv q)$，公式的真值表如下：

p	q	$p \equiv q$	$p \equiv (p \equiv q)$
T	T	T	T
T	F	F	F
F	T	F	T
F	F	T	F

因此，真值表第一行和第三行为真，在这两种情况下，q 都为 T；p 在其中一种情况下为 T 且在另一种情况下为 F。因此，整个公式等值于单独的 q。

另一个方法也有特别的指导意义：对于任意的三个命题 p，q，r，命题 $p\equiv(q\equiv r)$ 等值于 $(p\equiv q)\equiv r$（可以简单地根据真值表来验证）。因此，所考虑的公式 $p\equiv(p\equiv q)$ 等值于 $(p\equiv p)\equiv q$。$p\equiv p$ 可以简化为 t，因此，公式 $(p\equiv p)\equiv q$ 简化为 $t\equiv q$，继而简化为 q！

5. $p\vee q$ 为真意思是 p 和 q 中有一个为真，等值于说它们不同时为假。$\sim p\wedge\sim q$ 表示它们同时为假；因此，$\sim(\sim p\wedge\sim q)$ 表示 p 和 q 不同时为假，所以 $p\vee q$ 等值于 $\sim(\sim p\wedge\sim q)$。

6. $p\wedge q$ 为真当且仅当并非 p 为假或 q 为假。所以 $p\wedge q$ 等值于 $\sim(\sim p\vee\sim q)$。

7. $p\supset q$ 等值于 $\sim(p\wedge\sim q)$。

8. $p\supset q$ 等值于 $\sim p\vee q$。

9. $p\wedge q$ 等值于 $\sim(p\supset\sim q)$。

10. $p\vee q$ 等值于 $\sim p\supset q$。

11. $p\vee q$ 等值于 $(p\supset q)\supset q$。

12. $p\equiv q$ 等值于 $(p\supset q)\wedge(q\supset p)$。

13. $p\equiv q$ 等值于 $(p\wedge q)\vee(\sim p\wedge\sim q)$。

14. $\sim p$ 等值于 $p\supset f$。

15. 首先，我们希望从 $\downarrow$ 得到 $\sim p$。我们有 $\sim p$ 等值于 $p\downarrow p$（$p\downarrow p$ 表示 p 为假且 p 为假，只是以一种重复的方式说 p 为假）。

我们已经得到 $\sim$，根据 $p\vee q$ 等值于 $\sim(p\downarrow q)$，可以得到 $\vee$〔说 $p\vee q$ 为真等值于说没有 p 和 q 都为假的情况，即并非 $p\downarrow q$。简化为仅含 $\downarrow$ 的形式，$p\vee q$ 等值于 $(p\downarrow q)\downarrow(p\downarrow q)$〕。

一旦得到 $\sim$ 和 $\vee$，我们可以根据问题 6、问题 8 和问题 13 得到其他联结词 $\wedge$，$\supset$ 和 $\equiv$。

16. $\sim p$ 等值于 $p\mid q$（即 p 为假或 p 为假，简单地说就是 p 为假）。一旦得到 $\sim$，$p\wedge q$ 可以表示为 $\sim(p\mid q)$（这是并非 p 为假或 q 为假的情

况，换句话说就是 p 和 q 都为真）。一旦我们有 ~ 和 ∧，可以根据问题 5、问题 8 和问题 13 得到 ∨，⊃ 和 ≡。

17. 发言者断言如果他是类型 T，那么这个国家有金子。假设他是类型 T，那么他的陈述为真，即这里有金子。因此，如果他是类型 T，那么（1）他是类型 T；（2）如果他是类型 T，这里有金子。根据（1）和（2）可以得出这里有金子的结论（假设他是类型 T）。这并不能证明这里有金子，只能证明如果他是类型 T，那么这里有金子。但是他就是这样说的！他做了真的陈述，因此他是类型 T！我们现在知道他是类型 T，以及如果他是类型 T，那么这里有金子，所以这里有金子。因此，发言者是类型 T 且这里有金子。

18. 现在我们从命题逻辑的角度来看上一个问题。再次令命题 p 为"发言者是类型 T"，命题 q 为"这个国家有金子"。发言者断言如果他是类型 T，那么这里有金子。因此发言者断定 $p \supset q$。既然如此，那么这一情形实际上就是 $p \equiv (p \supset q)$。$p \equiv (p \supset q)$ 的真值表表明，公式为真当且仅当 p 和 q 都为真，因此 $p \wedge q$ 等值于 $p \equiv (p \supset q)$。

　　如果不使用真值表，换另一种方式来陈述 $p \equiv (p \supset q)$ 等值于 $p \wedge q$，很有指导意义。我们想根据给定的 $p \equiv (p \supset q)$ 推出 $p \wedge q$。为了做到这一点，我们借鉴了前面问题的讨论。假设 p 为真。因为 $p \equiv (p \supset q)$ 为真，那么 $p \supset q$ 为真。如果我们已知 p 和 $p \supset q$，可以得到 q。这并不能证明 q 为真，只能证明如果 p 为真 q 也为真。换句话说 $(p \supset q)$ 为真。因此我们证明了 $(p \supset q)$。既然 p 等值于 $(p \supset q)$ [即 $p \equiv (p \supset q)$ 为真]，我们可以知道 p 一定真。因此 p 为真且 $p \supset q$ 为真，q 一定为真。也就是说 $p \wedge q$ 为真。[反过来说很明显：如果 $p \wedge q$ 为真，那么 p 和 q 都为真；因此 $p \equiv (p \supset q)$ 为真，即 ≡ 两边都为真。] 所以，$p \wedge q$ 等值于 $p \equiv (p \supset q)$。

19. $p \vee q$ 等值于 $q \equiv (p \supset q)$。这个问题以及后面问题的答案都可以用真值表来验证。

20. $p \supset q$ 等值于 $p \equiv (p \wedge q)$。

21. $p \wedge q$ 等值于 $(p \vee q) \equiv (p \equiv q)$。

22. $p \vee q$ 等值于 $(p \wedge q) \equiv (p \equiv q)$。

23. $p \vee q$ 等值于 $(p \wedge q) \not\equiv (p \not\equiv q)$。

24. $p \wedge q$ 等值于 $(p \vee q) \not\equiv (p \not\equiv q)$。

25. 既然 f 等值于 $p \not\equiv p$，我们可以通过 $\not\equiv$ 得到 f（为假）。我们已经知道，可以通过 $\supset$ 和 f 得到我们考虑过的所有联结词。

26. $p \wedge q$ 等值于 $p \not\supset (p \not\supset q)$。

27. $p \not\supset q$ 等值于 $p \not\equiv (p \wedge q)$。

28. $p \not\supset q$ 等值于 $q \not\equiv (p \vee q)$。

29. $p \not\equiv q$ 等值于 $(p \not\supset q) \vee (q \not\supset p)$。

30. 根据 f 等值于 $p \not\supset p$，我们可以通过 $\not\supset$ 得到单独的 f。我们已经知道，可以通过 $\not\supset$ 和 f 得到其他联结词。

31. 根据上一个问题可知，我们可以通过 $\not\supset$ 得到 f。因为 $\sim p$ 等值于 $p \equiv f$，我们可以通过 f 和 $\equiv$ 得到 $\sim$。又因为 $p \supset q$ 等值于 $\sim(p \not\supset q)$，那么可以通过 $\sim$ 和 $\not\supset$ 得到 $\supset$。我们现在得到了 f 和 $\supset$（或 $\sim$ 和 $\supset$），进而可以得到其他联结词。

   换一种思路，因为 $p \downarrow q$ 等值于 $q \equiv (p \not\supset q)$，我们可以直接通过 $\not\supset$ 和 $\equiv$ 得到 $\downarrow$。然后可以通过 $\downarrow$ 得到其他联结词。

   我们也可以直接通过 $\equiv$ 和 $\not\supset$ 得到析舍，因为 $p|q$ 等值于 $p \equiv (p \not\supset q)$。

第 6 章
命题表列

　　我们稍后将研究一阶逻辑，这是命题逻辑的巨大进步，而且事实上对数学的所有方面来说也是恰当的逻辑。对一阶逻辑来说，真值表的方法还远远不够，所以我们现在转向被称为表列（tableaux）的方法［更准确地说是"分析性表列"（analytic tableaux）］。这一章在初等命题层面上对表列方法加以处理，之后将扩展到一阶逻辑。

　　我们首先指出，对任意公式 X 和 Y，下列八个事实在任何解释下都成立：

　　（1）如果 $\sim X$ 为真，那么 X 为假。

　　　　如果 $\sim X$ 为假，那么 X 为真。

　　（2）如果 $(X \wedge Y)$ 为真，那么 X 和 Y 都为真。

　　　　如果 $(X \wedge Y)$ 为假，那么 X 为假或 Y 为假。

　　（3）如果 $(X \vee Y)$ 为真，那么 X 为真或 Y 为真。

　　　　如果 $(X \vee Y)$ 为假，那么 X 和 Y 都为假。

　　（4）如果 $(X \supset Y)$ 为真，那么 X 为假或 Y 为真。

　　　　如果 $(X \supset Y)$ 为假，那么 X 为真且 Y 为假。

命题逻辑的表列方法基于以上这八个基本事实。

加标记公式

出于某些原因，有必要把符号 T 和 F 纳入我们的形式语言中，并且把加标记公式（signed formula）定义为形如 T X 或 F X 的表达式，这里的 X 是前面定义过的公式［现在称之为不加标记公式（unsigned formula）］。把"T X"非正式地读作"X 为真"，把"F X"读作"X 为假"。在命题变元的任意解释下，当 X 为真时，称加标记公式 T X 为真；当 X 为假时，称 T X 为假。当 X 为假时，加标记公式 F X 为真；当 X 为真时，F X 为假。

加标记公式的共轭（conjugate），指的是把"T"换成"F"以及把"F"换成"T"后得到的公式。因此，T X 和 F X 是彼此的共轭。

表列方法的说明

在给出表列的定义之前，我们先用一个例子来说明。

假设我们想要证明公式 $p \vee (q \wedge r) \supset [(p \vee q) \wedge (p \vee r)]$。我们给出如下表列，并随后进行说明。

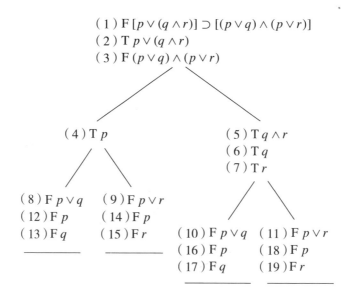

（1）F $[p \vee (q \wedge r)] \supset [(p \vee q) \wedge (p \vee r)]$
（2）T $p \vee (q \wedge r)$
（3）F $(p \vee q) \wedge (p \vee r)$

（4）T p　　　　　　　　　　　　（5）T $q \wedge r$
　　　　　　　　　　　　　　　　　　（6）T q
　　　　　　　　　　　　　　　　　　（7）T r

（8）F $p \vee q$　（9）F $p \vee r$
（12）F p　　　（14）F p
（13）F q　　　（15）F r
　　　　　　　　　　　　（10）F $p \vee q$　（11）F $p \vee r$
　　　　　　　　　　　　（16）F p　　　（18）F p
　　　　　　　　　　　　（17）F q　　　（19）F r

说明：表列是这样构造的。我们试图通过构造表列，看能否从假设公式 $p \vee (q \wedge r) \supset [(p \vee q) \wedge (p \vee r)]$ 为假中推出矛盾。所以，表列第一行由这一公式和前面的字母"F"构成。首先，形如 $X \supset Y$ 的公式仅在 X 为真且 Y 为假的情况下为假。因此，在表列的语言中，T X 和 T Y 都是加标记公式 F $X \supset Y$ 的直接后承（direct consequences），我们写下（2）和（3）作为（1）的直接后承。

接下来，我们看到（2）是 T $X \vee Y$ 的形式，其中 $X = p$ 且 $Y = q \wedge r$。我们不能得到有关 X 或 Y 的真值的结论。我们只能推断或 T X（X 为真），或者 T Y（Y 为真）。因此，表列分叉为两种可能，即（4）和（5）。（5）为 T $= q \wedge r$，可以立即得出直接后承 T q 且 T r，我们因此得到行（6）和（7）。现在让我们回到（3），它的形式是 F $X \wedge Y$，其中 $X = p \vee q$ 且 $Y = p \vee r$，我们无法得到直接后承。我们只能推断或者 F X 或者 F Y。我们还知道（4）或（5）有一个成立，所以（4）和（5）都有可能推出 F X 和 F Y。（4）和（5）分别分为 F X 和 F Y 这两种可能，因此，现在有四种可能。（4）分叉为（8）和（9），（5）分叉为（10）和（11）[分别与（8）和（9）相同]。（12）和（13）是（8）的直接后承，（14）和（15）是（9）的直接后承。同样，（18）和（19）是（11）的直接后承。

这个表列现在是完整的，也就是说，所有后承，或者说每一行上的公式的后承，都被适当地纳入表列中了。表列中所有可用的行都被使用了。

仔细检查这个表列。让我们来看最左边以（13）结尾的枝，可以看到这一枝中的（4）和（12）是彼此的直接矛盾 [（12）是（4）的共轭]。因此，它们不可能同时为真，我们在（13）下面画一条线来封闭（close）这一枝，意思是这一枝推出矛盾，所以不存在这种可能。同样，（14）和（4）彼此矛盾，所以也能封闭以（15）结尾的枝。下一枝（从左到右的顺序）因（17）和（6）而被封闭。最后，最右边的枝因（19）和（7）而封闭。

所有的枝都导致矛盾，所以（1）是不成立的。因此公式 $p \vee (q \wedge r) \supset [(p \vee q) \wedge (p \vee r)]$ 在任意解释下都不可能为假，并且是一个重言式。

我们在表列方法中要做的，就是探究公式 X 可能为假的所有设想。完整的表列中的每一枝都展示了一种设想中的情形。我们之所以可以得出结论：例

子中的公式 $p \vee (q \wedge r) \supset [(p \vee q) \wedge (p \vee r)]$ 永远不可能为假，是因为我们在每一种设想中都得到了矛盾。

注意

在上面例子的每一行左边放数字，是为了达到识别的目的。在表列的实际构造中并不需要它们。

我们可以早一点封闭一些枝。既然（12）与（4）矛盾，（13）实际上是多余的。因此，我们可以在（12）下画一条线。同样，既然（14）与（4）矛盾，我们可以在（14）后面封闭以（15）结尾的枝。一般情况下，在构造一个表列时，一旦出现两个矛盾的加标记公式，我们就可以封闭这一枝（即使是包含逻辑联结词的复杂公式）。

因此我们最好这样来定义，如果一个表列已经使用了所有开枝（即未封闭的枝）中每一个可以使用的公式，它就是完整的（completed）表列。

表列构造规则

我们应该把使用逻辑联结词 ~，∧，∨ 和 ⊃ 的加标记公式作为命题表列的基础。每一个联结词都有两条规则，一条是加标记 T 的公式，一条是加标记 F 的公式。8 条规则如下，并随后给出了解释。

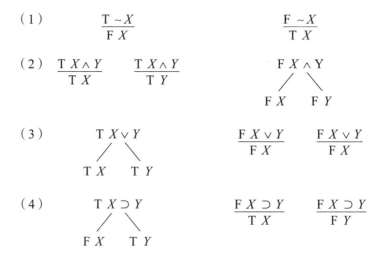

一些解释：规则（1）表示我们可以直接从 T~X 推出 F X，从某种意义上说，我们可以把 F X 附加在任意包含 T~X 的枝上（这里的"附加"的意思是添加在枝的末端）。且我们可以直接从 F~X 推出 T X（同样是把 T X 附加到包含公式 F~X 的枝的末端）。规则（2）表示从 T $X \wedge Y$ 可以直接得到 T X 和 T Y，也就是说，在任何包含 T $X \wedge Y$ 的枝上，我们可以附加公式 T X 和 T Y 中的任意一个。规则（2）的另一部分表明，如果我们希望在包含公式 F $X \wedge Y$ 的枝上，从 F $X \wedge Y$ 推出一个结论，这个枝必须分叉为两个分别以 F X 和 F Y 结尾的枝。[换句话说，在 F $X \wedge Y$ 规则的情况下，如果 θ 是一个包含 F $X \wedge Y$ 的枝，我们对 F $X \wedge Y$ 应用规则（2），把 θ 的末端分为两枝，其中一枝以 F X 作为最后一个公式，另一枝以 F Y 作为最后一个公式。] 规则（3）和（4）以同样的方式来理解。注意，我们根据表列规则从加标记公式中直接得出的结论，正是我们从加标记公式的真假的假设中得出的结论。这里，加标记公式，以标记的意义和公式中优先级最高的联结词的意义为基础（这里的联结词也可以是早期构成 X 和 Y 的其他联结词）。

除了加标记变元，加标记公式有两种类型，类型 A 的公式有一个或两个我们认为其一定为真的直接后承（T $X \wedge Y$，F $X \vee Y$，T ~X，F ~X）（假定我们从为真的公式得出后承），类型 B 的公式的后承有两种可能，其中一种一定为真（F $X \wedge Y$，T $X \vee Y$，T $X \supset Y$）。

在表列的构造中，当出现类型 A 公式构成的行时是非常令人满意的，我们可以把公式的两个推论都附加到经过这一行的枝上。之后这个类型 A 的公式将不再使用。在使用类型 B 构成的行时，我们把所有经过这行的枝分叉，之后不再使用这个类型 B 的公式。如果我们以这种方式构建表列，很明显在有限步骤后，可以使用每一个有用的行，因此这个表列是完整的（因为不重复已经推出的结论就不能进一步扩张表列）。

确保得到完整表列的一个方法就是，从树的根部系统地向下移动，即直到某一行上面的行（在同一枝上的行）都被使用了，才去使用这一行。当然，优先使用包含类型 A 的公式的行更有效率，即使用完这些行之后，再使用包含类型 B 的公式。这样就避免了在不同枝上重复相同的公式，这些公式在结点的上面只出现一次。试着使用上面提到的过程构造公式 $[p \supset (q \supset r)] \supset$ $[(p \supset q) \wedge (p \supset r)]$ 的表列，由此可以看出第二种方法更简单。

逻辑后承

表列的方法可以用来表示一个公式 X 是有穷公式集 S 的逻辑后承（logical consequence）。假设我们希望证明 $p \supset r$ 是公式 $p \supset q$ 和 $q \supset r$ 的逻辑后承。当然，一种方法是构造一个以公式 F$[(p \supset q) \wedge (q \supset r)] \supset (p \supset r)$ 为起点的封闭表列。但是，把表列的起点换成以下三行并证明所有枝都是封闭的将会更为简洁（且易于理解）：

$$\mathrm{T}\, p \supset q$$
$$\mathrm{T}\, q \supset r$$
$$\mathrm{F}\, p \supset r$$

通常，为了证明公式 Y 是公式 $X_1, ..., X_n$ 的逻辑后承，我们可以构造一个以 $(X_1 \wedge ... \wedge X_n) \supset Y$ 为起点的封闭表列，或者（就必须应用规则的次数来说，最好是）构造一个从下面的行开始的封闭表列：

$$\mathrm{T}\, X_1$$
$$\vdots$$
$$\mathrm{T}\, X_n$$
$$\mathrm{F}\, Y$$

使用不加标记公式的表列

下一章中将会提到，因为某些原因，使用不加标记公式的表列也很有用。与使用加标记公式的表列的区别是删除"T"且用"~"代替"F"。因此，不加标记公式的表列构造规则如下［注意，加标记公式的规则（1）左边的规则现在是多余的］。

（1）
$$\frac{\sim \sim X}{X}$$

（2）
$$\frac{X \wedge Y}{X} \qquad \frac{X \wedge Y}{Y}$$

$$\sim(X \wedge Y)$$
$$\diagup \qquad \diagdown$$
$$\sim X \qquad \sim Y$$

（3）
$$X \vee Y$$
$$\diagup \qquad \diagdown$$
$$X \qquad Y$$

$$\frac{\sim(X \vee Y)}{\sim X} \qquad \frac{\sim(X \vee Y)}{\sim Y}$$

（4）
$$(X \supset Y)$$
$$\diagup \qquad \diagdown$$
$$\sim X \qquad Y$$

$$\frac{\sim(X \supset Y)}{X} \qquad \frac{\sim(X \supset Y)}{\sim Y}$$

在使用不加标记公式的表列中，封闭某枝的意思是，每当某个公式及其否定都在枝上时终止该枝。

对任意不加标记公式 Z，这样定义 $\overline{Z}$ 很方便：如果 Z 是 $(X \wedge Y),(X \vee Y),(X \supset Y)$ 的形式，令 $\overline{Z}$ 为 $\sim Z$。如果 Z 是 $\sim(X \wedge Y)$，$\sim(X \vee Y)$，$\sim(X \supset Y)$ 的形式，令 $\overline{Z}$ 分别为 $(X \wedge Y),(X \vee Y),(X \supset Y)$。如果 $\overline{Z}$ 是 $\sim\sim X$ 的形式，那么令 $\overline{Z}$ 为 X。如果 Z 是命题变元 p 或 $\sim p$ 的形式，令 $\overline{Z}$ 分别为 $\sim p$ 或 p。

命题逻辑表列中的证明

当我们找到一个以 F X（用加标记公式构造的表列）或 $\sim X$（用不加标记公式构造的表列）为起点的封闭表列时，我们就说证明了公式 X 是重言式，或者简单地说，证明了公式 X。注意，使用不加标记公式时，如果 X 以 $\sim$ 开头，用 $\overline{X}$（等价于 $\sim X$）作为表列的起点更有效率。

稍后我们可以看到，用 T X（用加标记公式构造的表列）或 X（用不加标记公式构造的表列）开始表列很有必要。这样的表列被称为 X 的表列。我们有时也把以 F X 开头的表列称为 F X 的表列。

练习 1. 使用表列证明下列公式。（为了更好地练习，一些使用加标记公式证明，一些使用不加标记公式证明。)

（a）$q \supset (p \supset q)$

（b）$[(p \supset q) \wedge (q \supset r)] \supset (p \supset r)$

（c）$[p \supset (q \supset r)] \supset [(p \supset q) \supset (p \supset r)]$

（d）$[(p \supset r) \wedge (q \wedge r)] \supset [(p \vee q) \supset r]$

（e）$[(p \supset q) \wedge (q \supset r)] \supset [p \supset (q \wedge r)]$

（f）$\sim (p \vee q) \supset (\sim p \wedge \sim q)$

（g）$(\sim p \wedge \sim q) \supset \sim (p \vee q)$

（h）$[p \wedge (q \vee r)] \supset [(p \wedge q) \vee (p \wedge r)]$

（i）$[(p \supset q) \wedge (p \supset \sim q)] \supset \sim p$

（j）$[((p \wedge q) \supset r) \wedge (p \supset (q \vee r))] \supset (p \supset r)$

一个统一记法

我们在考虑表列时，一直把 $\sim$，$\wedge$，$\vee$ 和 $\supset$ 看作独立的逻辑联结词，并称之为"初始词"（starters），虽然其中某些联结词可以用其他联结词定义。我们所称的"初始词"一般被称为"初始联结词"（primitive connectives）。当谈到公理系统时，包括我自己，在处理命题逻辑时，都会把这四个联结词作为初始词。有人会把 $\sim$ 和 $\wedge$ 当作初始词来使用，有人使用 $\sim$ 和 $\supset$ 作为初始词，也有人使用 $\sim$，$\wedge$ 和 $\vee$ 作为初始词。使用初始词的优点是，系统内的证明将会更简短，更接近于我们的形式化思考。遗憾的是，在关于系统的证明中，即我们即将学习的元理论（metatheory），使用初始词会使证明更加冗长，且需要分析许多不同的情况。

另一件事是，包含许多联结词的公式，在直觉上很容易理解，但当改写为较少联结词的公式后，趋向于不符合自然语言以及不美观。考虑以下例子中被称为三段论的公式：

$$[(p \supset q) \wedge (q \supset r)] \supset (p \supset r)$$

如果我们把 ~ 和 ∧ 作为初始词，公式读作：

$$\sim[[\sim(p\wedge\sim q)\wedge\sim(q\wedge\sim r)]\wedge\sim\sim(p\wedge\sim r)]$$

这并不美观！如果进一步简化为单独的联结词↓（谢弗竖），将会成为更可怕的情形，我也没有兴趣这样做。

现在，我想要也有必要另外引入一个统一记法，这个记法结合了使用较多初始词和使用较少初始词各自的优点，具体如下：

我们将用希腊字母 α（读作"阿尔法"）表示任意的类型 A 公式，即以下五种形式的公式：T $(X\wedge Y)$，F $(X\vee Y)$，F $(X\supset Y)$，T~X，F~X。对每一个公式 α，我们把 α_1，α_2 称为 α 的元件（components），并给出如下定义：

如果 $\alpha=$ T $(X\wedge Y)$，那么 $\alpha_1=$ T X 且 $\alpha_2=$ T Y；

如果 $\alpha=$ F $(X\vee Y)$，那么 $\alpha_1=$ F X 且 $\alpha_2=$ F Y；

如果 $\alpha=$ F $(X\supset Y)$，那么 $\alpha_1=$ T X 且 $\alpha_2=$ F Y；

如果 $\alpha=$ T~X，那么 α_1 和 α_2 都为 F X；

如果 $\alpha=$ F~X，那么 α_1 和 α_2 都为 T X。

为了更加简洁，我们在下表中概括出这些定义：

α	α_1	α_2
T $(X\wedge Y)$	T X	T Y
F $(X\vee Y)$	F X	F Y
F $(X\supset Y)$	T X	F Y
T $\sim X$	F X	F X
F $\sim X$	T X	T X

我们注意到，在任何解释下，α 为真当且仅当 α 的元件 α_1 和 α_2 都为真。相应地，α 公式指的就是合取型公式。

我们令 β（读作"贝塔"）为任意的类型 B 公式，即以下五种形式的公式：

F $(X \wedge Y)$, T $(X \vee Y)$, T $(X \supset Y)$, T~X, F~X, β 的元件 β_1 和 β_2 的定义如下：

β	β_1	β_2
F $(X \wedge Y)$	F X	F Y
T $(X \vee Y)$	T X	T Y
T $(X \supset Y)$	F X	T Y
T $\sim X$	F X	F X
F $\sim X$	T X	T X

我们注意到，在任何解释下，β 为真当且仅当 β 的元件 β_1 和 β_2 至少有一个为真。相应地，β 公式指的就是析取型公式。

注意：既然在表列的构造中，分叉为两个完全相同的枝是没有意义的，我们当然要把 T~X 或 F~X 视为 α！

对于不加标记公式，形如 $X \wedge Y$，$\sim (X \vee Y)$，$\sim (X \supset Y)$ 的公式是类型 A 公式，形如 $X \vee Y$，$\sim (X \wedge Y)$，$X \supset Y$ 的公式是类型 B 公式，形如 $\sim\sim X$ 的公式同时是类型 A 和类型 B 公式。元件的定义如下：

α	α_1	α_2	β	β_1	β_2
$X \wedge Y$	X	Y	$\sim(X \wedge Y)$	$\sim X$	$\sim Y$
$\sim(X \vee Y)$	$\sim X$	$\sim Y$	$X \vee Y$	X	Y
$\sim(X \supset Y)$	X	$\sim Y$	$X \supset Y$	$\sim X$	Y
$\sim\sim X$	X	X	$\sim\sim X$	X	X

加标记公式 T~X 和 F~X（或不加标记公式 ~X 和 X）是唯一可以被同时归类为类型 A 和类型 B 的公式。这是因为两个元件在 α 公式和 β 公式中是完全相同的，因此，说两个元件都为真等价于说至少有一个元件为真。

使用 α-β 记法后，我们注意到一个令人愉快的事实，即表列的八条规则可以压缩成两条。

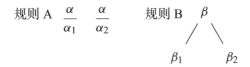

$$规则 A \quad \frac{\alpha}{\alpha_1} \quad \frac{\alpha}{\alpha_2} \qquad 规则 B \quad \beta$$

这两条规则可以同时应用于加标记公式和不加标记公式！因此，我们不仅把八条规则统一成了两条（适用于使用加标记公式的表列和使用不加标记公式的表列），还统一了两种类型的表列，这在元理论的工作中很有价值。

注意：在不加标记公式中，$\overline{X}$ 的定义是：如果 X 是一个 α（或 β），那么 $\overline{X}$ 是 β（或 α）。

问题 1. 还有其他联结词很适合作为 α-β 方案中的初始词，例如 ↓（合舍）和 |（析舍）。如果我们这样做，公式 $T X \downarrow Y$，$F X \downarrow Y$，$T X | Y$，$F X | Y$ 有哪些表列规则？这些公式的元件是什么？哪些元件是 α 的，哪些是 β 的？

双条件句 ≡

我们没有给出 ≡ 的表列规则，因为我们可以把 $X \equiv Y$ 看作 $(X \wedge Y) \vee (\sim X \wedge \sim Y)$ 的缩写，或者看作与其等价的公式 $(X \supset Y) \wedge (Y \supset X)$。当然，研究包含 ≡ 的公式时，使用下列规则更加方便：

$$
\begin{array}{ccc}
T\,X \equiv Y & \qquad & F\,X \equiv Y \\
T\,X \quad F\,X & & T\,X \quad F\,X \\
T\,Y \quad F\,Y & & F\,Y \quad T\,Y
\end{array}
$$

我们需要指出，命题逻辑的处理（如果有的话）很少把 ≡ 作为初始词，而且 ≡ 也不适用于 α-β 方案。

练习 2. 使用表列证明下列公式：

（a）$[\,p \equiv (q \equiv r)\,] \equiv [\,(p \equiv q) \equiv r\,]$

（b）$[\,(p \supset q) \wedge (q \supset p)\,] \equiv [\,(p \wedge q) \vee (\sim p \wedge \sim q)\,]$

（c）$(p \wedge q) \equiv (p \equiv (p \supset q))$

（d）$(p \vee q) \equiv (q \equiv (p \supset q))$

（e）$(p \supset q) \equiv (p \equiv (p \wedge q))$

（f）$(p \wedge q) \equiv [(p \vee q) \equiv (p \equiv q)]$

（g）$(p \vee q) \equiv [(p \wedge q) \equiv (p \equiv q)]$

度

为了为元理论的学习做好准备，我们把个加标记公式的度（degree）定义为公式中逻辑联结词出现的次数。因此，每个命题变元都为 0 度，对任意 n_1 度的公式 X 和 n_2 度的公式 Y，$\sim X$ 的度为 n_1+1，公式 $X \wedge Y$，$X \vee Y$，$X \supset Y$ 都为 $n_1+ n_2+1$ 度。加标记公式 T X 和 F X 的度也就是 X 的度。显然，α 的度比 α_1 和 α_2 的度大，β 的度比 β_1 和 β_2 的度大。

正确性与完全性

我们现在开始学习最有意思的一部分，即表列的元理论。除非另外说明，为了简单起见，我们仅给出使用加标记公式的表列的证明（因为构造不加标记公式的表列的讨论与之是相同的）。我们希望说明两件事：

（1）正确性：表列方法是正确的，从某种意义上来说就是，如果一个不加标记公式 X 可以用表列方法证明（即存在以 F X 为起点的封闭表列），那么 X 的确是一个重言式。

（2）完全性：表列方法是完全的，也就是说，每一个重言式都能用表列方法证明。更好的说法是，如果 X 是一个重言式，那么不仅有一个从 F X 开始的封闭表列，而且每个从 F X 开始的完整表列都是封闭的。

这里要注意的是，证明（1）相对简单，但（2）的证明是完全不同的！

我们首先来证明（1）：一个公式，无论是加标记的或不加标记的，如果至少在一种解释下为真，就称为可满足的（satisfiable）。显然，一个不加标记公式 X 是重言式，当且仅当 F X 是不可满足的。一个公式集 S，如果至少有一种解释使 S 的所有元素为真，S 称为可满足的［有时称为同时可满足的（simultaneously satisfiable）］。我们现在来证明对任意不加标记公式 X，如果 F X 有一个封闭的表列，那么 X 是重言式，或者换个说法，F X 是不可满足的。

如果枝上公式的集合是可满足的，我们称表列的枝是可满足的，如果表列最少有一枝是可满足的，我们说一个表列 $\mathcal{T}$ 是可满足的。

问题 2.

（a）证明如果一个表列 $\mathcal{T}$ 是可满足的，那么应用规则 A 或规则 B，$\mathcal{T}$ 的任意扩张也是可满足的。

（b）接下来证明如果 X 是任意可满足的（加标记的）公式，X 没有封闭的表列。

（c）最后证明如果 X 是一个（不加标记的）公式且 F X 有一个封闭的表列，那么 X 是重言式且表列方法是正确的。

我们已经证明了表列方法是正确的，现在我们来证明它是完全的，即证明每一个重言式都可以用表列方法证明……事实上，如果 X 是重言式，那么 F X 的每一个完整表列都是封闭的。

假设 θ 是完整的表列的一个开枝。那么枝 θ 上公式的集合 S 满足下面三个条件：

H_0：S 中没有加标记的变元及其共轭。（事实上是，S 中没有加标记公式及其共轭，但我们接下来不需要这个更强的事实。）

H_1：对 S 中任意的 α，α 的元件 α_1 和 α_2 都在 S 中。

H_2：对 S 中任意的 β，β 的元件 β_1 和 β_2 至少有一个在 S 中。

集合 S 无论是有穷集还是无穷集，如果满足条件 H_0，H_1 和 H_2，就被称为辛迪卡集（Hintikka set），满足条件 H_0，H_1 和 H_2 是至关重要的［逻辑学家雅克·辛迪卡（Jaakko Hintikka）发现了它们的重要性］。我们现在的目标是证明：

　　辛迪卡引理：每一个辛迪卡集（无论是有穷集还是无穷集）都是可满足的。

　　问题 3. 证明以下问题：

　　（a）辛迪卡引理。（提示：给定一个辛迪卡集 S，找到一个使 S 的所有元素都为真的解释。你可以利用 S 中加标记的变元来找出解释。接下来，使用完全数学归纳法，证明 S 的所有元素在这个解释下为真。）

　　（b）如果一个加标记公式 X 是不可满足的，那么 X 的每个完整表列一定是封闭的。

　　（c）如果一个不加标记公式 X 是重言式，那么 F X 的任意完整表列一定是封闭的。

　　为了证明加标记公式 T X 是可满足的，在构造完整表列时，要为 T X 而不是 F X 构造表列。表列的一个开枝实际上表示一个使 T X 为真的解释，也就是说，在 T p 所在的枝上，把真指派给变元 p，在 F p 所在的枝上，把假指派给变元 p。（对于使用不加标记公式的表列，证明 X 是重言式，需要构造 ~X 的完整表列。为了证明 X 是可满足的，需要构造 X 的完整表列。）

　　为了知道有穷集 $\{X_1, ..., X_n\}$ 是不是可满足的，我们构造公式 T $(X_1 \wedge ... \wedge X_n)$ 的完整表列，以下列公式作为起点会更简洁：

$$T\ X_1$$
$$T\ X_2$$
$$\vdots$$
$$T\ X_n$$

　　为了知道一个公式 Y 是不是有穷公式集 $\{X_1, ..., X_n\}$ 的逻辑后承，我们构造 F $(X_1 \wedge ... \wedge X_n \wedge \text{~}Y)$ 的完整表列，以下列公式作为起点会更简洁：

$$T\ X_1$$
$$T\ X_2$$
$$\vdots$$
$$T\ X_n$$
$$F\ Y$$

紧致性

我们首先需要注意，命题逻辑的任意一个无穷公式集一定是可数集，既然我们已经知道（根据第 5 章的练习）所有命题逻辑公式的集合是可数的，也就是说（根据第 2 章的练习），所有公式的集合的任意无穷子集也一定是可数的。现在考虑任意一个无穷的命题逻辑公式集 S，既然集合 S 一定是可数的，假定它按序列 X_1, ..., X_n, ... 排列。假设有一个解释 I_1 使得 X_1 为真，有一个解释 I_2 使得 X_1 和 X_2 都为真，且通常情况下，对每个正整数 n 来说，都有一个解释 I_n 使 n 个公式 X_1, ..., X_n 都为真。是否必然存在一个解释 I，使得 S 的无穷多个公式都为真？这个问题等同于下面的问题：如果集合 S 所有的有穷子集都是可满足的，S 本身（同时）是可满足的吗？

问题 4. 证明这两个问题是等价的，即 S 的每一个有穷子集都是可满足的当且仅当对每一个 n 来说，集合 $\{X_1, ..., X_n\}$ 是可满足的。

我们现在要证明最初的问题的答案是肯定的！也就是说，我们要证明如果 S 是一个无穷的命题逻辑公式集，且 S 所有的有穷子集是可满足的，那么 S 本身也是可满足的。这被称为命题逻辑的紧致性定理（Compactness Theorem for Propositional Logic），这在一阶逻辑的研究中非常有用。

这一重要结果有两个不同的证明。第一个证明是使用表列和柯尼希引理（或扇形定理）。另一个证明在最后一章，不使用表列或柯尼希引理（或扇形定理），而是使用事实来证明，即对任意可数的无穷集 S 和 S 子集的任意紧致性质 P，S 的具有性质 P 的任意子集 A 可以扩张为具有性质 P 的极大集（即 A 是极大集的子集）。两个证明都很有趣，每一个都揭示了一些有趣的且没有被另一个证明所揭示的事实。

在第一个证明中，令公式集 S 所有的有穷子集都是可满足的。S 的元素排列为无穷序列 X_1, ..., X_n ... 现在构造如下表列：运行 X_1 的完整表列，既然 X_1 是可满足的，表列不能被封闭。现在把 X_2 添加到每一个开枝的末端，并且完成这一枝。既然集合 $\{X_1, X_2\}$ 是可满足的，这一新的扩张表列也不能被封闭。接下来把 X_3 添加到每一个开枝的结尾并完成这一枝。同样，既然 $\{X_1, X_2, X_3\}$ 是可满足的，这一枝不能被封闭。持续这一过程，继续添加 X_4, X_5, ..., X_n ... 因此产生一个无穷的表列。既然对每一个 n 来说，集合 $\{X_1, ..., X_n\}$ 是可满足的，那么没有可以封闭表列的步骤。既然每一个结点最多有两个后继（α 有一个后继，β 有两个后继），树很明显是在有穷步骤内生成的。然后根据柯尼希引理，表列有一个无穷枝 θ。既然每个封闭的枝都是有穷的，枝 θ 不是封闭的。且 S 的每一个元素都在枝 θ 的某个结点上。所以枝 θ 上所有公式的集合 S' 是一个辛迪卡集，且根据辛迪卡引理，S' 是可满足的。既然 S 是 S' 的子集，那么 S 显然是可满足的。这就完成了证明。

接下来是第二种证明，没有使用表列或柯尼希引理。

真值集

我们首先考虑加标记公式。对任意解释 I，I 的真值集（truth set）指的是，在 I 的解释下为真的所有加标记公式的集合。如果一个加标记公式的集合 S 是某些解释 I 的真值集，我们把集合 S 称为真值集。如果 S 是真值集，那么对任意加标记公式 X 和任意 α 与 β，以下三个条件成立。

T_0: X 或它的共轭 $\overline{X}$ 在 S 中，但两者不会同时存在。

T_1: α 在 S 中当且仅当 α_1 和 α_2 都在 S 中。

T_2: β 在 S 中当且仅当或者 β_1 在 S 中，或者 β_2 在 S 中。

我们接下来会看到任意满足 T_0, T_1, T_2 的集合 S 都是真值集。

极大集

对每个加标记公式 X，如果或者 X 在 S 中，或者 X 的共轭 $\overline{X}$ 在 S 中，我们称加标记公式的集合 S 是极大的（full）。

问题 5. 证明以下命题。

（a）如果 S 是可满足的也是极大的，那么 S 是真值集。

（b）每一个极大的辛迪卡集都是真值集。

（c）每一个满足条件 T_0，T_1 和 T_2 的集合 S 都是真值集。

练习 3. T_0，T_1 和 T_2 中有多余的条件。条件 T_2 可以从 T_0 和 T_1 推出来。为什么？条件 T_1 也可以从 T_0 和 T_2 推出来。为什么？证明如果把 T_0 改为 X 是加标记的变元，S 还是一个真值集。

为了给命题逻辑的紧致性定理的另一个证明做准备，下面的引理很关键：

　　　引理：加标记公式的任意集合 S 和任意加标记公式 X，如果 $S \cup \{X\}$ 的某个有穷子集是不可满足的，并且 $S \cup \{\overline{X}\}$ 的某个有穷子集也是不可满足的，那么 S 的某个有穷子集是不可满足的。

注意： 上述引理可以等价地表述为：如果 S 所有的有穷子集都是可满足的，那么或者 $S \cup \{X\}$ 的所有有穷子集是可满足的，或者 $S \cup \{\overline{X}\}$ 的所有有穷子集是可满足的。

问题 6. 证明上述引理。

现在来看命题逻辑的紧致性定理的第二个证明：

我们回想第 4 章的内容，对集合 A 的子集的任意性质 P，我们把 $P^*(S)$

（S 是 A 的子集）定义为 S 的具有性质 P 的所有有穷子集。回想一下可数紧致性定理，对任意可数集 A 和 A 子集的紧致性质 P，A 的具有性质 P 的任意子集 S，都是 A 的具有性质 P 的极大集 $S*$ 的子集。

令 A 为所有的加标记公式的集合，P 为可满足性质。加标记公式的集合 S 的性质 $P*$ 是，S 所有的有穷子集都是可满足的。那么，假定 S 是可数的，且 S 所有的有穷子集是可满足的。然后根据可数紧致性定理（且我们已经证明实际上 $P*$ 对任意性质 P 是紧致的），S 是极大集 $S*$ 的子集，$S*$ 具有的性质是，它的所有有穷子集都是可满足的。我们现在必须证明 $S*$ 是一个真值集。

问题 7. 证明 $S*$ 是一个真值集。

我们现在知道 $S*$ 是一个真值集，$S*$ 当然是可满足的，因此 $S*$ 的子集 S 是可满足的。这就是命题逻辑的紧致性定理的第二个证明。

在上文中，如果使集合 S 的所有元素为真的任意解释，也使公式 X 为真，我们称公式 X 是公式集 S 的逻辑后承。

命题逻辑的紧致性定理有如下推论：

推论：如果 X 是 S 的逻辑后承，那么 X 是 S 的某个有穷子集的逻辑后承。

问题 8. 证明上述推论。

命题逻辑的紧致性定理对不加标记公式的集合也成立。证明是相同的，把所有 TX 替换为 X，把所有 FX 替换为 $\sim X$ 或 $\overline{X}$。推论也同样成立，所以如果 X 是 S 的逻辑后承，那么 X 是 S 的有穷子集 $\{X_1, ..., X_n\}$ 的逻辑后承，也就是说，公式 $(X_1 \wedge ... \wedge X_n) \supset X$ 是重言式。

对偶表列

休格斯·勒布朗（Hugues Leblanc）和 D. 保罗·斯奈德（D. Paul Snyder）在《斯穆里安树的对偶性》（"Duals of Smullyan Trees", 1972）中介绍了我所说的对偶表列 [dual tableaux，论文的作者称其为对偶斯穆里安树（dual Smullyan trees ）]。这些内容在下一章有很好的应用。

使用统一记法，对偶表列的规则可以写为：

注意：加标记公式和不加标记公式都有对偶表列。（《斯穆里安树的对偶性》的作者用不加标记公式进行研究）对于使用加标记公式的对偶表列，我们应该把 $T\sim X$，$F\sim X$ 看作 β（类型 B）。对于不加标记公式，我们令 $\sim\sim X$ 为类型 B 的公式。

认识到这一点是很有用的，即在任意解释 I 下，α 为假当且仅当或者 α_1 为假或者 α_2 为假。公式 β 为假当且仅当 β_1 和 β_2 都为假。这些事实就是对偶表列所探究的。

而现在我们应该考虑使用加标记公式的对偶表列。

为了避免可能出现的混淆，我们把前文出现的表列称为分析性表列（和斯穆里安在 1968 年书中的称谓一样），来区别于对偶表列。现在，不加标记公式 X 的分析性表列就是公式 F X 的封闭表列。我们把 X 的对偶表列证明（dual tableau proof）定义为 T X 的封闭表列。我们希望证明，对偶表列方法是正确的也是完整的，也就是说，X 存在一个对偶表列证明当且仅当 X 是重言式。就像勒布朗和斯奈德在《斯穆里安树的对偶性》中所做的那样，我们希望从零开始证明这一点。但是，更快的方法是，使这一结果成为分析性表列方法的正确性和完整性（我们已经证明过）的推论。

对任意表列 $\mathcal{T}$，无论是分析性表列还是对偶表列，它的共轭表列（conjugate tableau）$\overline{\mathcal{T}}$ 指的是把 $\mathcal{T}$ 中出现的每一个公式 X 替换为其共轭 $\overline{X}$。因此，简单地把每一个 T 替换为 F 以及 F 替换为 T，就能从 $\mathcal{T}$ 得到 $\overline{\mathcal{T}}$。

至于正确性，假设 $\mathcal{T}$ 是 T X 的封闭对偶表列。那么 $\mathcal{T}$ 的共轭 $\overline{\mathcal{T}}$ 就是 F X 的一个分析性表列且是封闭的（为什么？）。接下来根据分析性表列方法的正确性，可知加标记公式 F X 是不可满足的，所以 X 是重言式。因此，对偶表列方法是正确的。

现在，假设 X 是重言式，根据我们已经证明的分析性表列方法的完全性，F X 有一个封闭的分析性表列 $\mathcal{T}$。因此，$\mathcal{T}$ 的共轭 $\overline{\mathcal{T}}$ 是 T X 的封闭对偶表列，且 X 有一个对偶表列证明。所以，每一个重言式都有一个对偶表列证明，因此对偶表列方法是完全的。

对于使用加标记公式的对偶表列，如果 X 是重言式，那么存在一个以 T X 为起点的封闭对偶表列 $\mathcal{T}$。如果我删除了所有的 T 且用 "~" 替换所有 F，那么我们就有一个使用不加标记公式 X 的对偶表列证明。因此，每一个重言式都有一个使用不加标记公式的对偶表列证明，这个结果我们在下一章中会用到。

下面的练习可以加深对对偶表列的了解。

练习 4. 这个练习有以下两部分：

（a）沿着勒布朗与斯奈德 1972 年论文中的思路，把对偶辛迪卡集 [dual Hintikka set，论文中提到的对偶模型集（dual model set）] 定义为一个加标记公式的集合 S 且满足对每个 α、β 和 X：

H_0^0：T X 和 F X 不同时在 S 中。

H_1^0：如果 α 在 S 中，那么或者 α_1 在 S 中，或者 α_2 在 S 中。

H_2^0：如果 β 在 S 中，那么 β_1 和 β_2 都在 S 中。

证明如果 S 是一个对偶辛迪卡集，那么存在一个令 S 所有元素都为假的解释。

（b）现在使用（a），给出一个直接证明（不使用分析性表列的完全性结果），证明对每一个重言式 X，都存在一个 T X 的封闭对偶表列。

练习 5. 一个表列，无论是分析性表列还是对偶表列，如果每一枝都有一个命题变元 p 满足 T p 和 F p 都在这枝上，那么表列是原子上封闭的（atomically closed）。证明如果 X 是重言式，那么存在 F X 的原子上封闭的分析性表列，和 T X 的原子上封闭的对偶表列。

问题答案

1. ↓ 和 | 的表列规则应该是：

$$\frac{T\,X \downarrow Y}{F\,X} \qquad \frac{T\,X \downarrow Y}{F\,Y} \qquad \frac{F\,X \downarrow Y}{T\,X \quad\quad T\,Y}$$

$$\frac{T\,X \mid Y}{F\,X \quad\quad F\,Y} \qquad \frac{F\,X \mid Y}{T\,X} \qquad \frac{F\,X \mid Y}{T\,Y}$$

$T\,X \downarrow Y$ 和 $F\,X \mid Y$ 是 α 的元件，$F\,X \downarrow Y$ 和 $T\,X \mid Y$ 是 β 的元件。

2. 三部分的解答：

（a）假定表列 $\mathcal{J}$ 是可满足的。令 θ 为根据规则 A 或规则 B 扩张的表列 $\mathcal{J}$ 的枝。θ 或者是可满足的，或者不是可满足的。如果 θ 不是可满足的，那么 $\mathcal{J}$ 的其他枝 γ 是可满足的。扩张 θ 对枝 γ 没有影响，所以 γ 仍然是可满足的，因此扩张表列 $\mathcal{J}_1$ 是可满足的。现在考虑更有意思的情况，即 θ 是可满足的。令 θ 上所有公式在解释 I 下为真。假定根据规则 A 扩张 θ。枝 θ 上有 α 公式，我们把 α_1 或 α_2 添加到枝上。既然 α 在 I 下为真，所以 α_1 和 α_2 也为真。因此，无论我们添加哪个，所得到的枝都是可满足的。现在假定根据规则 B 扩张 θ。那么 θ 上有 β 公式，并且 θ 分叉为枝 θ_1 和 θ_2，其中 θ_1 是添加 β_1 得到的，θ_2 是添加 β_2 得到的。既然 β 在解释 I 下为真，也就是或者 β_1 在解释 I 下为真，或者 β_2 在解释 I 下为真，因此或者 θ_1 的元素都为真，或者 θ_2 的元素都为真。因此，或者 θ_1 是可满足的，或者 θ_2 是可满足的，且扩张表列 $\mathcal{J}_1$ 是可满足的。

（b）令 X 为可满足的加标记公式，且从公式 X 开始一个表列 $\mathcal{I}$。表列 $\mathcal{I}$ 很明显是可满足的。然后根据（a），$\mathcal{I}$ 任意的直接扩张 $\mathcal{I}_1$ 是可满足的，因此 $\mathcal{I}_1$ 任意的直接扩张 $\mathcal{I}_2$ 是可满足的，依此类推。既然 $\mathcal{I}$ 的每一个扩张都是可满足的，$\mathcal{I}$ 没有一个可以封闭的扩张（因为封闭表列明显不是可满足的）。

（c）特别地，对于任意不加标记公式 X，如果 F X 是可满足的，那么 F X 的表列就不能被封闭。换句话说，如果 F X 有一个封闭的表列，那么 F X 不是可满足的，即 X 是重言式。

3. 三部分的解答：

（a）令公式集 S 是满足辛迪卡集条件的集合。对出现在 S 任意元素中的每一个命题变元 p，如果 T p 是 S 的一个元素，p 的赋值显然为真，且如果 F p 是 S 的一个元素，p 的赋值显然为假。（根据 H_0，T p 和 F p 不同时在 S 中，也就保证了我们可以这样做。）如果 T p 或 F p 都不是 S 的元素，我们给 p 赋任何值都没有什么区别。然后我们有一个解释 I 使得 S 中每一个 0 度的元素（所有加标记的命题变元）都为真。我们对 S 中公式的度进行完全数学归纳，证明了 S 所有的元素在 I 下都为真。

假设 n 为一个数且 S 中所有公式的度等于或小于 n 为真。（当公式不包含逻辑联结词，即是一个单独的命题变元时，度 n 取最小值 0。前面的陈述在这种情况下显然为真。）我们必须证明，刚才的陈述对 S 所有 $n+1$ 度的元素成立。所以令 X 是 S 的一个 $n+1$ 度的元素。因为 $n+1$ 最小的值是 1，X 最少有一个逻辑联结词，X 或者是 α，或者是 β。假设它是 α，那么 α_1 和 α_2 都在 S 中（根据条件 H_1），且 α_1 和 α_2 的度都小于 $n+1$，即等于或小于 n 度，根据归纳假设可知 α_1 和 α_2 为真。既然 α_1 和 α_2 都为真，所以 α 为真。

另一方面，假设 X 是某个 β。根据 H_2，或者 β_1 在 S 中，或者 β_2 在 S 中。无论哪一个在 S 中，它的度都小于 $n+1$，因此 β_1 或 β_2 的度等于或小于 n，所以根据归纳假设，β_1 或 β_2 为真。因此，β_1 为

真或者 β_2 为真，这使得 β 为真。这就完成了这个归纳证明。

（b）令 X 为不可满足的加标记公式，且考虑任意以 X 为起点的完整表列。因为完整表列的每一个开枝都是辛迪卡集，且每一个辛迪卡集都是可满足的，那么完整表列的每一个开枝都是可满足的（即枝上公式的集合是可满足的）。但是，既然不可满足的 X 在任意完整表列的每一枝上，且是最上面的公式，X 的完整表列没有开枝。因此，F X 的每一个完整表列一定是封闭的。

（c）如果不加标记公式 X 是重言式，那么 F X 不是可满足的，因此根据（b），F X 每一个完整的表列一定是封闭的。

4. 前者显然成立。如果 S 的每个有穷子集都是可满足的，那么对每个 n 来说，有穷集合 $\{X_1, ..., X_n\}$ 当然是可满足的。

反之，假定对每个 n，集合 $\{X_1, ..., X_n\}$ 是可满足的。现在考虑 S 的任意有穷子集 A。令 n 为满足 $X_n \in A$ 的最大值。既然集合 $\{X_1, ..., X_n\}$ 是可满足的，而且 A 是 $\{X_1, ..., X_n\}$ 的子集，因此其子集 A 是可满足的。（当然，如果 A 是空集，那么 A 空洞地可满足。既然 A 中没有元素，A 的全部元素的确在所有解释下为真。）

5. 三部分的解答：

（a）假设 S 是可满足的也是极大的。既然 S 是可满足的，一定有一个解释 I 使 S 的所有元素都为真。我们希望证明所有在 I 下为真的公式 X 都在集合 S 中，因此 S 是 I 的真值集。

假设 X 在 I 下为真。那么 $\overline{X}$ 在 I 下不为真，$\overline{X}$ 不可能在 S 中（S 中只有在 I 下为真的元素）。既然 $\overline{X}$ 不在 S 中且 S 是极大的，那么 $X \in S$。这就完成了证明。

（b）和（a）的证明相同，根据辛迪卡引理，可得每一个辛迪卡集都是可满足的。

（c）任意满足 T_0，T_1 和 T_2 的集合显然满足 H_0，H_1 和 H_2，所以这一集合是辛迪卡集。根据 T_0 可知，这一集合也是极大的，且根据（b），这一集合是一个真值集。

6. 我们给定 $S \cup \{X\}$ 的某个有穷子集是不可满足的。这样的集合或者为 S 的有穷子集 S_1 本身（当 $S_1 \cup \{X\}$ 是不可满足的时），或者为 $S_1 \cup \{X\}$。因此，在任何一种情况下，存在 S 的有穷子集 S_1 使得 $S_1 \cup \{X\}$ 是不可满足的。同样，既然我们给定 $S \cup \{\overline{X}\}$ 的某个有穷子集是不可满足的，那么存在 S 的有穷子集 S_2 使得 $S_2 \cup \{X\}$ 是不可满足的。令 S_3 是 S_1 和 S_2 的并集（回想一下，是 S_1 和 S_2 所有元素组成的集合）。既然 S_1 是 S_3 的子集，那么 $S_1 \cup \{X\}$ 是 $S_3 \cup \{X\}$ 的子集，且 $S_1 \cup \{X\}$ 是不可满足的，因此 $S_3 \cup \{X\}$ 也是不可满足的。同样，既然 S_2 是 S_3 的子集，那么 $S_2 \cup \{\overline{X}\}$ 是 $S_3 \cup \{\overline{X}\}$ 的子集，且 $S_2 \cup \{\overline{X}\}$ 是不可满足的，所以 $S_3 \cup \{\overline{X}\}$ 也是不可满足的。因此，$S_3 \cup \{X\}$ 和 $S_3 \cup \{\overline{X}\}$ 都是不可满足的，S_3 一定是不可满足的（因为如果它是可满足的，那么 S_3 所有的元素在某些解释 I 下为真。又因为或者 X 在解释 I 下为真，或者 $\overline{X}$ 在解释 I 下为真，因此或者 $S_3 \cup \{X\}$ 是可满足的，或者 $S_3 \cup \{\overline{X}\}$ 是可满足的，但情况不是这样）。所以，S 的有穷子集 S_3 是不可满足的。

7. 我们首先来证明集合 S^* 是极大的。我们注意到一个一般事实。假设 M 是集合 A 的具有性质 P 的极大子集。那么对 A 的任意元素 X，如果 $M \cup \{X\}$ 有性质 P，那么 X 一定在 M 中，因为如果 X 不在 M 中，那么 M 是集合 $M \cup \{X\}$ 具有性质 P 的真子集，这与 M 是集合 A 的具有性质 P 的极大子集相矛盾。

现在，令 S^* 是具有性质 P_1（集合所有的有穷子集都是可满足的）的极大集。那么，对任意公式 X，如果 $S^* \cup \{X\}$ 所有的有穷子集都是可满足的，那么 X 一定是 S^* 的元素。根据问题 6 所证明的引理，或者 $S^* \cup \{X\}$ 所有的有穷子集是可满足的，或者 $S^* \cup \{\overline{X}\}$ 所有的有穷子集是可满足的。在第一种情况下，我们可以知道 X 一定在 S^* 中；在第二种情况下，$\overline{X}$ 一定是 S^* 的元素。因此，或者 $X \in S^*$，或者 $\overline{X} \in S^*$，也就是说 S^* 是极大的。

我们现在来证明 $S*$ 是辛迪卡集。

关于 H_0。如果 X 和 $\overline{X}$ 都在 $S*$ 中，那么 $S*$ 的有穷子集 $\{X, \overline{X}\}$ 是不可满足的，这与 $S*$ 所有的有穷子集都是可满足的这一事实相矛盾。因此，X 和 $\overline{X}$ 不可能同时在 $S*$ 中，这也就证明了 H_0。

关于 H_1。假设 α 在 $S*$ 中。既然 $S*$ 的有穷子集 $\{\alpha, \overline{\alpha_1}\}$ 不是可满足的，那么 $\overline{\alpha_1}$ 不可能在 $S*$ 中。既然 $\overline{\alpha_1} \notin S*$ 且 $S*$ 是极大的，那么，$\alpha_1 \in S*$。同样，$\alpha_2 \in S*$。

关于 H_2。假设 β 在 $S*$ 中。既然 $S*$ 的有穷子集 $\{\beta, \overline{\beta_1}, \overline{\beta_2}\}$ 不是可满足的，那么 $\overline{\beta_1}$ 和 $\overline{\beta_2}$ 不可能同时在 $S*$ 中。因此，或者 $\overline{\beta_1} \notin S*$，或者 $\overline{\beta_2} \notin S*$。既然 $S*$ 是极大的，在第一种情况下，$\beta_1 \in S*$，在第二种情况下，$\beta_2 \in S*$。所以，$\beta_1 \in S*$ 或 $\beta_2 \in S*$，这也就证明了 H_2。

因此，$S*$ 是一个辛迪卡集，且既然 $S*$ 也是极大的，根据问题 5（b），$S*$ 是一个真值集。这就完成了证明。

8. 说 X 是 S 的逻辑后承，等价于说 $S \cup \{\overline{X}\}$ 是不可满足的。

现在，假设 X 是 S 的逻辑后承，那么 $S \cup \{\overline{X}\}$ 是不可满足的。因此，根据命题逻辑的紧致性定理，$S \cup \{\overline{X}\}$ 存在不可满足的有穷子集。所以，S 有一个有穷子集 S_1 且 $S_1 \cup \{\overline{X}\}$ 是不可满足的，所以 X 是 S_1 的逻辑后承。

第 7 章
命题逻辑的公理系统

　　逻辑学家们对命题逻辑的早期讨论是通过公理系统进行的。真值表的出现要比公理系统晚一些，而表列的出现则更晚。在之后的章节中，我们会看到公理化的表述着实具有某些优势，而且就公理系统自身而言也是饶富趣味的。

　　古希腊意义上的公理系统，由一个命题集合与一个逻辑规则集合共同构成。其中，命题集合是由被称之为公理（axiom）的、不证自明（self-evident）的命题所组成的集合；逻辑规则集合是由显然有效的逻辑规则所组成的集合，并且显然有效的逻辑规则能够使我们从这些不证自明的命题中推出其他命题，包括许多并非自明的命题。

　　而现代意义上的一个公理系统，则由一个公理集合与一个推理规则（inference rule）集合共同构成。其中，公理集合是由被称之为该系统公理的公式所组成的集合；推理规则集合是由被称为推理规则的某种关系所组成的集合，并且其中的每条推理规则都具有形式"从公式 $X_1, ..., X_n$，可以推出公式 X"。公理系统中的一个证明是指一个纵向表示的有穷公式序列，序列中的一项被称为证明中的一行（line），使得证明中的每一行或者是公理，或者可以通过推理规则从前面的行推出来。如果证明的最后一行是公式 X，那么公式

X 在该公理系统中是可证的（provable），并且我们把这个证明叫作 X 的证明（proof）。

与非形式的证明概念不同，上述证明概念是完全客观的。因此，我们很容易就能为计算机编写一个程序以判定一个序列是否为所给公理系统中的一个证明。

通常，一个推理规则"从 X_1, ..., X_n，推出 X"被表示为：

$$\frac{X_1, \ldots, X_n}{X}$$

命题逻辑中一个标准的规则是众所周知的分离规则（*Modus Ponens*）：

$$\frac{X, \ X \supset Y}{Y}$$

这个规则是指"从公式 X 和 $X \supset Y$，可以推出公式 Y"。

我们认为分离规则是正确的，因为如果 X 和 $X \supset Y$ 都是重言式，那么 Y 也是。

一些早期的命题逻辑公理系统取有穷多的重言式作为公理，并且将分离规则和替换规则（rule of substitution）作为推理规则。接下来，我先解释一下何为替换规则。一个公式 X 的实例［instance，有时也叫作替换实例（substitution instance）］是指用公式替换 X 中部分或所有命题变元所得到的任意公式。例如，在公式 $p \supset p$ 中，如果我们用 $(p \wedge \sim q)$ 替换 p，则会得到一个实例 $(p \wedge \sim q) \supset (p \wedge \sim q)$。注意，因为对于 p 的每个可能的真值，公式 $p \supset p$ 都为真。所以，当 p 是公式 $(p \wedge \sim q)$ 时，它仍然为真。因此，因为 $p \supset p$ 是重言式，所以它的实例 $(p \wedge \sim q) \supset (p \wedge \sim q)$ 也是重言式。通常，重言式的实例都是重言式。

而替换规则就是指"从 X 可以推出 X 的任意实例"。如上所述，早期的命题逻辑公理系统取一个有穷的重言式集合作为公理，并且将分离规则和替换规则作为推理规则。而且，系统中的一个证明是由一个有穷公式序列组成，使得序列中的每一项或者是一个公理，或者是序列中前面的项的替换实例，或者通过使用分离规则可以从前面的项推出来。

我个人认为，这些公理系统的卓越之处在于，所有的重言式（也许是无穷多的）都可以通过使用替换规则和分离规则从一个有穷的重言式集合推出来。

其实，这些公理系统中的大多数都是艺术品！在建立这些公理系统的过程中，我们取某些逻辑联结词作为起始。从专业的角度讲，它们被称为初始逻辑联结词或不加定义的逻辑联结词（undefined connectives）。并且，它们按照第 4 章所给出的解释方式去定义其他联结词。罗素和怀海特在《数学原理》（*Principia Mathematica*，1910）中使用的公理系统以 ~ 和 ∨ 作为初始逻辑联结词（将 $X \supset Y$ 作为 $\sim X \lor Y$ 的缩写），并具有下列五个公理：

（a）$(p \lor p) \supset p$

（b）$p \supset (p \lor q)$

（c）$(p \lor q) \supset (q \lor p)$

（d）$(p \supset q) \supset ((r \lor p) \supset (r \lor q))$

（e）$(p \lor (q \lor r)) \supset ((p \lor q) \lor r)$

公理（e）在之后被证明是冗余的，因为它可以从其他四个公理中推出来。

许多公理系统都以 ~ 和 ⊃ 作为初始逻辑联结词。最早如此的公理系统要追溯到戈特洛布·弗雷格（Frege，1879），该系统由六个公理组成。之后，扬·卢卡希维茨（Jan Łukasiewicz，1970）用下述三个公理取代了弗雷格系统中的六个公理，从而得到一个更为简单的系统：

（1）$p \supset (q \supset p)$

（2）$[p \supset (q \supset r)] \supset [(p \supset q) \supset (p \supset r)]$

（3）$(\sim p \supset \sim q) \supset (q \supset p)$

我认为，一个更为现代的公理系统类型源自约翰·冯·诺依曼，这类公理系统取有穷多公式的所有实例作为公理，而非有穷多的公式，并且将分离规则作为该系统的唯一推理规则。如果一个公式的所有实例都被当作该系统的公理，那么这个公式就被称为公理模式（axiom scheme）。因此，在更现代的公理系统中，我们取有穷多的公理模式并将分离规则作为唯一的推理规则。例如，上述公理系统的一个现代化版本可以将其公理改为具有下列三种形式的任意公式：

i. $X \supset (Y \supset X)$

ii. $[X \supset (Y \supset Z)] \supset [(X \supset Y) \supset (X \supset Z)]$

iii. $(\sim X \supset \sim Y) \supset (Y \supset X)$

其中，i，ii，iii 都是公理模式。因此，这个公理系统具有无穷多的公理，但只有三个公理模式。

此公理系统的一个变形是将公理模式 iii 替换为下述公理模式：

iii′. $(\sim Y \supset \sim X) \supset [(\sim Y \supset X) \supset Y]$

在命题逻辑中，具有如此变形的公理系统能够很快地建立它的完全性（对于命题逻辑而言，如果一个公理系统中所有的重言式都是可证的，那么这个公理系统被称为是完全的）。

阿朗佐·丘奇（Alonzo Church，1956）给出了一个只将 $\supset$ 作为初始逻辑联结词的公理系统。其中的 $\sim X$ 被定义为 $X \supset f$。这个公理系统使用上述公理模式 i 和 ii，并将公理模式 iii 替换为：

iii″. $((X \supset f) \supset f) \supset X$

J. 巴克利·罗瑟（J. Barkley Rosser，1953）将 $\sim$ 和 $\wedge$ 作为公理系统中的初始逻辑联结词，并将 $X \supset Y$ 作为 $\sim (X \wedge \sim Y)$ 的缩写形式。他采用了下列三个公理模式：

（a）$X \supset (X \wedge X)$

（b）$(X \wedge Y) \supset X$

（c）$(X \supset Y) \supset [\sim (Y \wedge Z) \supset \sim (Z \wedge X)]$

仅使用一个公理模式的公理系统将 $\sim$ 和 $\supset$ 作为初始逻辑联结词，或者仅

将 |（析舍）作为初始逻辑联结词。有兴趣的读者可以在埃利奥特·门德尔松（Elliot Mendelson，1987）或者丘奇（1956）的书中找到此类公理系统。

斯蒂芬·克利尼（Stephen Kleene，1952）给出了一个将所有四个逻辑联结词 ～，∧，∨，⊃ 作为初始逻辑联结词的公理系统。这个公理系统包含下列 10 个公理模式：

K_1：$X \supset (Y \supset X)$

K_2：$(X \supset Y) \supset [(X \supset (Y \supset Z)) \supset ((X \supset Y) \supset (X \supset Z))]$

K_3：$X \supset (Y \supset (X \wedge Y))$

K_4：$(X \wedge Y) \supset X$

K_5：$(X \wedge Y) \supset Y$

K_6：$X \supset (X \vee Y)$

K_7：$Y \supset (X \vee Y)$

K_8：$(X \supset Z) \supset [(Y \supset Z) \supset ((X \vee Y) \supset Z)]$

K_9：$(X \supset Y) \supset ((X \supset {\sim}Y) \supset {\sim}X)$

K_{10}：${\sim}{\sim}X \supset X$

我称这个公理系统为 $\mathcal{K}$。正如我在上一章中所述，使用多数量的初始逻辑联结词会使得系统内的证明更为自然。

我即将给出的一个公理系统是基于对公理系统 $\mathcal{K}$ 的一些修改。它同样将 ～，∧，∨，⊃ 作为四个独立的初始逻辑联结词，并包含下列 9 个公理模式：

S_1：$(X \wedge Y) \supset X$

S_2：$(X \wedge Y) \supset Y$

S_3：$[(X \wedge Y) \supset Z] \supset [X \supset (Y \supset Z)]$　　"Exportation"，可缩写为 "Exp."

S_4：$[(X \supset Y) \wedge (X \supset (Y \supset Z))] \supset (X \supset Z)$

S_5：$X \supset (X \vee Y)$

S_6：$Y \supset (X \vee Y)$

S_7：$[(X \supset Z) \wedge (Y \supset Z)] \supset ((X \vee Y) \supset Z)$

S_8：$[(X \supset Y) \wedge (X \supset {\sim}Y)] \supset {\sim}X$

S_9: $\sim\sim X \supset X$

我称这个系统为 S_0。正如上述其他现代化的公理系统，我同样使用分离规则作为唯一的推理规则。读者可以验证该系统中所有的公理都是重言式（即都是有效的），并且分离规则明显能保持有效性，从而使得系统 S_0 是正确的。

现在，我们的目标是证明系统 S_0 是完全的，也就是在该系统中，所有的重言式都是可证的。其实，有很多能完成这个目标的方法。其中一个方法是证明：如何从一个重言式 X 的真值表找到 X 在公理系统 S_0 中的证明。我在我的书《逻辑迷宫》（*Logical Labyrinths*，2009）中采用了这种方法。而在本书中，我将使用的方法则是证明：如何从一个公式 $\sim X$ 的完全的表列中得到 X 在公理系统 S_0 中的证明（在这一过程中，我们会构造一个介于表列与公理系统中间的系统）。因此，我们所建立的公理系统的完全性将是表列方法完全性的一个推论。为达此目的，我们需要先证明许多东西。

在下文中，将 "X 在系统 S_0 中是可证的" 缩写为 "$\vdash X$"；将 "如果 X 在系统 S_0 中是可证的，那么 Y 也是" 缩写为 "$X \vdash Y$"；将 "如果 X 和 Y 在系统 S_0 中都是可证的，那么 Z 也是" 缩写为 "$X, Y \vdash Z$"。后两种形式的命题可视作被证为正确的新推理规则。

问题 0. 证明下列初等事实：

F_1. 如果 $\vdash X \supset Y$，那么 $X \vdash Y$。

F_2. 如果 $\vdash X \supset (Y \supset Z)$，那么 $X, Y \vdash Z$。

F_3. $(X \wedge Y) \supset Z \vdash X \supset (Y \supset Z)$ "Exportation"，可缩写为 "Exp."

F_4. 如果 $\vdash (X \wedge Y) \supset Z$，那么 $X, Y \vdash Z$。

问题 1. 使用公理模式 S_1, S_2, S_3, S_4，证明下列命题：

$T_1. \vdash X \supset (Y \supset Y)$

$T_2. \vdash Y \supset Y$

$T_3. X \supset Y, X \supset (Y \supset Z) \vdash X \supset Z$

$T_4.\vdash X\supset(Y\supset X)$

$T_5. X\vdash Y\supset X$

$T_6. X\supset Y,\ Y\supset Z\vdash X\supset Z$ "Syllogism"，可缩写为"Syl."

$T_7.\vdash X\supset(Y\supset(X\wedge Y))$

$T_8. X,\ Y\vdash X\wedge Y$

$T_9. X\supset Y,\ Y\supset Z\vdash X\supset(Y\wedge Z)$

$T_{10}.\vdash(X\wedge Y)\supset(Y\wedge X)$

$T_{11}.\vdash(X\wedge(X\supset Y))\supset Y$

$T_{12}. X\supset(Y\supset Z)\vdash(X\wedge Y)\supset Z$ "Importation"，可缩写为"Imp."

$T_{13}. X\supset(Y\supset Z)\vdash Y\supset(X\supset Z)$

我们将$(X_1\wedge X_2)\wedge X_3$缩写为$X_1\wedge X_2\wedge X_3$。

$T_{14}.$（a）$\vdash(X_1\wedge X_2\wedge X_3)\supset X_1$

（b）$\vdash(X_1\wedge X_2\wedge X_3)\supset X_2$

（c）$\vdash(X_1\wedge X_2\wedge X_3)\supset X_3$

$T_{15}.\vdash((X\supset Y)\wedge(Y\supset Z))\supset(X\supset Z)$

接下来，我们将使用公理模式S_1，S_2，S_3，S_4证明一些结论。但在现阶段，我们还要用到模式S_8和S_9。这些结论是关于使用逻辑联结词$\supset$，$\wedge$和$\sim$的公式。

问题2. 仅使用公理模式S_1，S_2，S_3，S_4和S_8，S_9，证明下列命题：

$T_{16}.(X\wedge Y)\supset Z,\ (X\wedge Y)\supset\sim Z\vdash X\supset\sim Y$

$T_{17}.$（a）$\vdash(X\supset Y)\supset(\sim Y\supset\sim X)$

（b）$\vdash(X\supset\sim Y)\supset(Y\supset\sim X)$

（c）$\vdash(\sim X\supset Y)\supset(\sim Y\supset X)$

（d）$\vdash(\sim X\supset\sim Y)\supset(Y\supset X)$

$T_{18}.$（a）$X\supset Y\vdash\sim Y\supset\sim X$

（b）$X\supset\sim Y\vdash Y\supset\sim X$

（c）$\sim X \supset Y \vdash \sim Y \supset X$

（d）$\sim X \supset \sim Y \vdash Y \supset X$

$T_{19}.\vdash \sim X \supset (X \supset Y)$

$T_{20}.$（a）$\vdash \sim (X \supset Y) \supset X$

（b）$\vdash \sim (X \supset Y) \supset \sim Y$

$T_{21}.\vdash X \supset \sim\sim X$

$T_{22}.\vdash (X \wedge \sim Y) \supset \sim (X \supset Y)$

$T_{23}.$（a）$\vdash \sim X \supset \sim (X \wedge Y)$

（b）$\vdash \sim Y \supset \sim (X \wedge Y)$

$T_{24}.$（a）$X \supset \sim X \vdash \sim X$

（b）$\sim X \supset X \vdash X$

练习 1. 证明公理模式 S_8 和 S_9 可以被替换为单条公理 S_8'：

$$((\sim X \supset \sim Y) \wedge (\sim X \supset \sim\sim Y)) \supset X$$

也就是说，从公理模式 S_8' 和除了 S_8 和 S_9 的其他所有公理模式，可以推出公理模式 S_8 和 S_9。那么该如何证明呢？提示：相继推出：

（a）S_9

（b）$(X \supset Y) \supset (\sim\sim X \supset Y)$

（c）S_8

注意：用 S_8 和 S_9 代替单条公理模式 S_8' 具有一定的优势。因为对于所谓的直觉主义逻辑学派，除了公理模式 S_9，S_1 到 S_8 都是有效的。因此，同时保留公理模式 S_8 和 S_9 有助于我们区分不使用 S_9 的直觉主义逻辑与使用 S_9 的经典逻辑。例如，在克利尼的杰作《元数学导论》（*Introduction to Metamathematics*，1952）中，他在使用了 S_9 的定理上标记了一个特殊的符号，从而进行了巧妙的区分。

问题 3. 使用从 S_1 到 S_9 的所有公理模式证明下列命题：

T_{25}. (a) $\vdash \sim (X \vee Y) \supset \sim X$

(b) $\vdash \sim (X \vee Y) \supset \sim Y$

T_{26}. $X \supset Z,\ Y \supset Z \vdash (X \vee Y) \supset Z$

T_{27}. $\vdash (\sim X \wedge \sim Y) \supset \sim (X \vee Y)$

T_{28}. $\vdash \sim (X \wedge Y) \supset (\sim X \vee \sim Y)$

T_{29}. $\vdash (X \supset Y) \supset (\sim X \vee Y)$

T_{30}. $\vdash (X \vee Y) \supset (\sim X \supset Y)$

T_{31}. $\vdash \sim (\sim X \wedge \sim Y) \supset (X \vee Y)$

T_{32}. $\vdash (\sim X \supset Y) \supset (X \vee Y)$

T_{33}. $X \vee Y,\ X \vee Z \vdash X \vee (Y \wedge Z)$

T_{34}. $\vdash X \vee \sim X$

T_{35}. $X \supset Y,\ \sim X \supset Y \vdash Y$

T_{36}. $\vdash (\sim X \vee Y) \supset (X \supset Y)$

T_{37}. $\sim (X \wedge Y) \vdash X \supset \sim Y$

T_{38}. $X \supset Y,\ \sim (X \wedge Y) \vdash \sim X$

T_{39}. $X \supset (Y_1 \vee Y_2),\ \sim (X \wedge Y_1),\ \sim (X \wedge Y_2) \vdash \sim X$

T_{40}. $Y \supset X,\ X \vee Z,\ Z \supset Y \vdash X$

T_{41}. $Y \supset X,\ X \vee Y_1,\ X \vee Y_2,\ (Y_1 \wedge Y_2) \supset Y \vdash X$

T_{42}. 使用数学归纳法，证明对所有的 $n \geqslant 2$ 并且 $i \leqslant n$，下列命题成立：

(a) $\vdash (X_1 \wedge X_2 \wedge ... \wedge X_n) \supset X_i$

(b) $\vdash X_i \supset (X_1 \vee X_2 \vee ... \vee X_n)$

统一记法的系统

现在，我们将上一章所介绍的不加标记公式转变为统一记法：α、β。在统一记法中，我们证明下述事实在系统 $\mathcal{S}_0$ 中是可证的：

事实 A：$(\alpha_1 \wedge \alpha_2) \supset \alpha$，即	（1）$(X \wedge Y) \supset (X \wedge Y)$	由 T_2
	（2）$(\sim X \wedge \sim Y) \supset \sim(X \vee Y)$	由 T_{27}
	（3）$(X \wedge \sim Y) \supset \sim(X \supset Y)$	由 T_{22}
事实 A_1：$\alpha \supset \alpha_1$，即	（1）$(X \wedge Y) \supset X$	由 S_1
	（2）$\sim(X \vee Y) \supset \sim X$	由 T_{25} (a)
	（3）$\sim(X \supset Y) \supset X$	由 T_{20} (a)
	（4）$\sim\sim X \supset X$	由 S_9
事实 A_2：$\alpha \supset \alpha_2$，即	（1）$(X \wedge Y) \supset Y$	由 S_2
	（2）$\sim(X \vee Y) \supset \sim Y$	由 T_{25} (b)
	（3）$\sim(X \supset Y) \supset \sim Y$	由 T_{20} (b)
事实 B：$\beta \supset (\beta_1 \vee \beta_2)$，即	（1）$(X \vee Y) \supset (X \vee Y)$	由 T_2
	（2）$\sim(X \wedge Y) \supset (\sim X \vee \sim Y)$	由 T_{28}
	（3）$(X \supset Y) \supset (\sim X \vee Y)$	由 T_{29}
事实 B_1：$\beta_1 \supset \beta$，即	（1）$X \supset (X \vee Y)$	由 S_5
	（2）$\sim X \supset \sim(X \wedge Y)$	由 T_{23} (a)
	（3）$\sim X \supset (X \supset Y)$	由 T_{19}
事实 B_2：$\beta_2 \supset \beta$，即	（1）$Y \supset (X \vee Y)$	由 S_6
	（2）$\sim Y \supset \sim(X \wedge Y)$	由 T_{23} (b)
	（3）$Y \supset (X \supset Y)$	由 T_4

问题 4. 证明下述四个事实：

A_1：$X \supset \alpha, (X \wedge \alpha_1) \supset Y \vdash X \supset Y$

A_2：$X \supset \alpha, (X \wedge \alpha_2) \supset Y \vdash X \supset Y$

B：$X \supset \beta, (X \wedge \beta_1) \supset Y, (X \wedge \beta_2) \supset Y \vdash X \supset Y$

C：$X \supset Z, X \supset \sim Z \vdash X \supset Y$

D：$X \supset \sim X \vdash \sim X$

一个统一记法的系统 U_1

如上文所述，在命题逻辑中，如果所有的重言式在某个公理系统中是可证的，我们则称这个公理系统是完全的。那么接下来，相对于证明我们的公理系统 $\mathcal{S}_0$ 是完全的，我先证明一些更一般的结论，也就是先引入另一个公理系统 U_1，并证明在 U_1 中所有可证的公式在系统 $\mathcal{S}_0$ 中也是可证的，然后证明系统 U_1 是完全的。当然，这表示 $\mathcal{S}_0$ 也是完全的。并且，这也说明系统 U_1 是正确的，因为如果一个非有效的公式 X 在 U_1 中是可证的，那么公式 X 在系统 $\mathcal{S}_0$

中也是可证，但我们早就证明了 $\mathcal{S}_0$ 是正确的，因此在系统 U_1 中非有效的公式不是可证的。或者，直接通过证明系统 U_1 中的所有公理都是有效的（也就是，都是重言式）并且它的推理规则能保持有效性，我们就可以直接且轻松地证得 U_1 的正确性。但是，如果我们不知道系统 $\mathcal{S}_0$ 和 U_1 是正确的，那么证明 U_1 是完全的并由此证明 $\mathcal{S}_0$ 是完全的将变得乏善可陈，因为在两个系统中，所有的公式包括非有效的公式都将是可证的。

值得一提的是，尽管系统 U_1 中的公理和推理规则仅出现逻辑联结词 $\sim$ 和 $\wedge$，但我们可以假设加入 θ 中的公式包含系统 $\mathcal{S}_0$ 中所使用的所有逻辑联结词。[1]

令 θ 为一个有穷公式序列 $<X_1, \dots, X_n>$。公式 $X_1, \dots, X_n$ 被称为这个序列的项（term）。如果 θ 中项的集合包含某个公式及其否定，我们则称 θ 是封闭的。我们用 $C(\theta)$ 来表示 n 重（n-fold）合取式 $X_1 \wedge \dots \wedge X_n$；如果 $n = 1$，$C(\theta)$ 是单一的公式 X_1。对于任意公式 Y，我们用 (θ, Y) 来表示序列 $<X_1, \dots, X_n, Y>$。注意，$C(\theta, Y) = C(\theta) \wedge Y$。

公理系统 U_1 只含有一个公理模式，但包含四条推理规则。

公理

对于所有具有 $\sim C(\theta)$ 形式的公式，其中 θ 是封闭的。

推理规则

规则 A_1 和 A_2：如果 α 是 θ 中的项，那么：

$$A_1: \quad \frac{\sim C(\theta, \alpha_1)}{\sim C(\theta)} \qquad A_2: \quad \frac{\sim C(\theta, \alpha_2)}{\sim C(\theta)}$$

规则 B：如果 β 是 θ 中的项，那么：

$$\frac{\sim C(\theta, \beta_1), \quad \sim C(\theta, \beta_2)}{\sim C(\theta)}$$

---

[1] 实际上，系统 U_1 具有统一记法的有趣特性，从某种意义上讲，U_1 并不取决于采用哪个逻辑联结词作为初始联结词（当然，前提是所有的逻辑联结词都是可定义的）。尽管符号 $\sim$ 和 $\wedge$ 都在 U_1 中出现，但对于该系统来说，它们并非必要的初始联结词；它们之一或全部都可以从某个初始联结词中定义出来。

规则 N：

$$\frac{\sim \sim X}{X}$$

注意：如果令 $X = C(\theta)$，那么规则 A_1，A_2 和 B 可以表示为：

A_1：如果 α 是 θ 中的项，那么：

$$\frac{\sim(X \wedge \alpha_1)}{\sim X}$$

A_2：如果 α 是 θ 中的项，那么：

$$\frac{\sim(X \wedge \alpha_2)}{\sim X}$$

B：如果 β 是 θ 中的项，那么：

$$\frac{\sim(X \wedge \beta_1), \quad \sim(X \wedge \beta_2)}{\sim X}$$

接下来，我们首先要证明在系统 U_1 中可证的公式在系统 $\mathcal{S}_0$ 中也是可证的。然后证明所有的重言式在系统 U_1 中都是可证的，并且因此所有的重言式在系统 $\mathcal{S}_0$ 中也是可证的。所以，我们需建立下述两个定理：

定理 1：在系统 U_1 中可证的公式在系统 $\mathcal{S}_0$ 中也是可证的。
定理 2：所有的重言式在系统 U_1 中都是可证的。

为了证明定理 1，我们必须先证明系统 U_1 中的所有公理在系统 $\mathcal{S}_0$ 中是可证的。然后证明系统 U_1 中的每条推理规则在系统 $\mathcal{S}_0$ 中也成立，也就是说，如果推理规则的前提在系统 $\mathcal{S}_0$ 中是可证的，那么它的结论在系统 $\mathcal{S}_0$ 中也是可证的。

问题 5. 由下列命题证明定理 1：

（a）系统 U_1 中的所有公理在系统 $\mathcal{S}_0$ 中是可证的。

（b）系统 U_1 中的每条推理规则在系统 $\mathcal{S}_0$ 中也成立。

然后证明定理 2。我们的方法是证明如何从一个 $\sim X$ 的封闭的表列中，找到 X 在 U_1 中的证明。然后由上一章所证的表列方法的完全性，即如果 X 是一个重言式，那么存在一个 $\sim X$ 的封闭的表列，我们就能得到定理 2。

有鉴于此，如果 $\sim C(\theta)$ 在系统 U_1 中是可证的，那么我们暂且称序列 θ 是坏的（bad）。我们由其项仅有 X 的序列 X 确定一个公式 X，又因为 $C(X)$ 就是 X，所以 X 是坏的当且仅当 $\sim X$ 在 U_1 是可证的。并且，所有封闭的序列 θ 都是坏的［因为 $\sim C(\theta)$ 是 U_1 的一个公理］。于是，规则 A_1，A_2 和 B 可以被重述如下：

A_1：如果 α 是 θ 中的项，并且 (θ, α_1) 是坏的，那么 θ 也是。

A_2：如果 α 是 θ 中的项，并且 (θ, α_2) 是坏的，那么 θ 也是。

B：如果 β 是 θ 中的项，并且 (θ, β_1) 和 (θ, β_2) 都是坏的，那么 θ 也是。

对于任意表列 $\mathcal{T}$，如果一个表列 $\mathcal{T}'$ 是由表列规则 A 或 B 施于表列 $\mathcal{T}$ 而得到的，我们则称表列 $\mathcal{T}'$ 是表列 $\mathcal{T}$ 的直接扩张（immediate extension）。

如果一个表列 $\mathcal{T}$ 的每一枝都是坏的，我们则称这个表列 $\mathcal{T}$ 是坏的。

问题 6. 假设表列 $\mathcal{T}'$ 是表列 $\mathcal{T}$ 的一个直接扩张，证明如果 $\mathcal{T}'$ 是坏的，那么 $\mathcal{T}$ 也是坏的。

问题 7. 如果对于 X 存在一个封闭的表列 $\mathcal{T}$，那么 X 是坏的。为什么？（提示：证明在构造表列 $\mathcal{T}$ 的每一步中，这个表列都是坏的。）

问题 8. 将定理 2 的证明补充完整。

我曾说过，我将提供一种方法，以获得一个重言式的表列证明，并由此在 U_1 中构造一个相同重言式的证明。但相反地，我似乎给了读者一些被称为

"纯粹的存在性证明"的东西。事实上，许多存在性证明仅证明了某物存在，而不说明如何找到或构造它；甚至不会提供除此物存在以外的任何细节。但是，此处所给出的存在性证明却并非如此。因为，此处所给的证明隐含了一个构造方法，也就是使用不加标记公式从一个重言式 X 的任意表列证明中直接构造出 X 在 U_1 中的一个证明。稍后，我将对此方法的内容进行具体的阐述和解释，但是如何从存在性证明中得到此方法呢？我把这个问题留给读者。在我解释完这个方法之后，我会给出一个它的应用实例，也许读者们在解释的过程中就能想到这个例子。

　　假设对于一个公式 ~X（即证明 X 是重言式），我们给定一个封闭表列（使用不加标记公式）。对于此封闭表列中的每一枝 θ，我们都组成公式 ~$C(\theta)$。[注意，在形成 ~$C(\theta)$ 的过程中，假设对每一个 θ，我们都按照从左到右的顺序，从上到下地写出了每个公式，并且包括重复的公式。也就是说，在一个给定的枝上，作为应用不同表列规则的结果，某个特定的公式被重复地推出。]

　　由此，我们从这样一个公式的清单开始构造 U_1 中的证明，清单中的每个公式都是 U_1 中的公理（因为上述表列的每一枝都是封闭的，所以每一枝都包含某个公式及其否定）。然后通过逐一模仿在构造表列时所使用的表列规则，我们逐步地对这个表列进行逆向操作（也就是说，从构造该表列时所使用的最后一个表列规则开始，向前逆推，直至对 ~X 使用的第一个表列规则）。在此操作的每个步骤上，我们务必要保证在第 i 次使用一个表列规则后，对于表列中的每一枝 θ^*，都会存在一个公式 ~$C(\theta^*)$，被置于目前所构造的 U_1 的证明中。实际上，在构造表列的最后一步时（也就是构造 U_1 中证明的第一步），我们就已使得此举为真。因此，就像表列规则的每次应用都在指导着我们似的，每次在表列证明中应用一个表列规则之后，我们都向 U_1 的证明中单独添加一行，并且每一行都是 U_1 证明中前一两行的缩进。

　　更具体地说，假设我们完成了构造表列的第 j 步，并由此在 U_1 中构造出部分的证明。对于该步骤中表列上的每一个枝 θ，都有一个公式 ~$C(\theta)$ 被置于目前所构造的 U_1 的证明中，并作为其中的一行（此时 U_1 证明中的其他

行对应于表列中在 θ 之后构造的枝）。例如，如果该步骤上的表列是应用表列规则 A 的结果，也就是通过添加后承 α_1 或 α_2 以扩张某个枝 θ^*（表列在步骤 j-1 上的一枝）的结果，那么此时在 U_1 的证明中存在公式 $\sim C(\theta^*, \alpha_i)$，其中 $i=1$ 或者 $i=2$（实际上，对 θ^* 进行扩展后，会得到一个新枝，而 α_i 是该枝上最后一个公式；并且，在 U_1 的证明中存在对应于该新枝的公式，α_i 则是该公式中并置的最后一个成分）。又因为 α 也是 θ^* 中的一个公式，所以在 U_1 的证明中，我们可以通过 U_1 的规则 A_i 从 $\sim C(\theta^*, \alpha_i)$ 推出 $\sim C(\theta^*)$。因为 θ^* 是在步骤 j-1 上唯一有变化的一枝，所以我们已经在 U_1 的证明中添加了所有对应于该步骤上所施规则的公式。至此，对于在 j-1 步骤上表列证明中的所有枝，U_1 的证明中已经包含了这些枝上的所有公式。当我们所用的表列规则是规则 B 时，与上述情况相似，只是我们加入 U_1 证明中的公式必须能从此前两个公式中演绎出来，这两个公式分别对应于表列中的两个枝，而这两个枝是由 β-规则对一个单独的枝进行扩展后得到的。由此，在每一步骤上，我们都会向 U_1 中的证明引入一个新公式。并且对于每个新公式，它与证明中已有的某个公式相似，只是其中的并置相对较短。所以，向 U_1 证明中引入的新行会越来越短，并且我们总是从并置中消除公式，而所消除的公式出现在表列 U_1 证明中的最后一行，且要比所保留的公式出现得晚。显然，在某一步骤上，公式 $\sim C(\sim X)$ 将成为 U_1 证明中的最后一行，因为在构造 U_1 证明的起始，我们就将 $\sim X$ 放置在最初的 U_1 公理中的最左边，因此它一直都存在于证明上的并置之中。而且公式 $\sim C(\sim X)$ 是唯一不作为应用表列规则的结果而引入到 U_1 证明中的公式，并且它等同于公式 $\sim\sim X$。因此，当我们构造 U_1 证明的最后一步时，我们可以直接由 U_1 中的规则 N 从 $\sim\sim X$ 推出 X。

为了更好地说明这个方法，我在此给出一个重言式 $(X \supset Y) \supset (\sim X \vee Y)$ 的表列证明。然后根据这个表列证明，我们可以直接构造出 U_1 的证明。

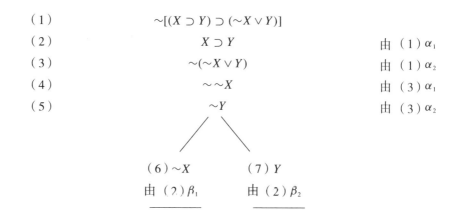

我们构造 U_1 证明的第一步，是根据所给的封闭表列（根据公式在表列上被推出的顺序，对这些公式进行标注）将其上的两个枝组成两个 U_1 的公理，并添加到 U_1 的证明之中。然后通过表列规则的应用进行逆向操作。

（1）$\sim \{\sim[(X \supset Y) \supset (\sim X \vee Y)] \wedge (X \supset Y) \wedge \sim (\sim X \vee Y) \wedge \sim\sim X \wedge \sim Y \wedge \sim X\}$

   由表列最左边的枝所形成的公理

（2）$\sim \{\sim[(X \supset Y) \supset (\sim X \vee Y)] \wedge (X \supset Y) \wedge \sim (\sim X \vee Y) \wedge \sim\sim X \wedge \sim Y \wedge Y\}$

   由表列最右边的枝所形成的公理

（3）$\sim \{\sim[(X \supset Y) \supset (\sim X \vee Y)] \wedge (X \supset Y) \wedge \sim (\sim X \vee Y) \wedge \sim\sim X \wedge \sim Y\}$

   由（1），（2），规则 B

（4）$\sim \{\sim[(X \supset Y) \supset (\sim X \vee Y)] \wedge (X \supset Y) \wedge \sim (\sim X \vee Y) \wedge \sim\sim X\}$

   由（3），规则 A_2

（5）$\sim \{\sim[(X \supset Y) \supset (\sim X \vee Y)] \wedge (X \supset Y) \wedge \sim (\sim X \vee Y)\}$

   由（4），规则 A_1

（6）$\sim \{\sim[(X \supset Y) \supset (\sim X \vee Y)] \wedge (X \supset Y)\}$

   由（5），规则 A_2

（7）$\sim \{\sim[(X \supset Y) \supset (\sim X \vee Y)]\}$

   由（6），规则 A_1

（8）$(X \supset Y) \supset (\sim X \vee Y)$

   由（7），规则 N

比较这个重言式在公理系统 S_0 中的证明与其在系统 U_1 中的证明是十分有趣的。实际上，该重言式就是问题 3 中的 T_{29}，而在后文的答案中，对 T_{29} 的证明有八行，这与上面的证明相似，但是其中会涉及许多之前就已被证明为有效的重言式和推理规则。其实，即使 U_1 中的证明短于公理系统 S_0 中完全由公理推出的证明，我们也很难为一个给定的公式找到适用于它的 U_1 公理。因为就像 S_0 中的公理那样，U_1 中的公理也十分不直观。而且，被证明的公式越复杂，情况就会越糟（也就是说，会存在一个包含许多枝的表列证明）。通过这个例子，我想建议大家的是，表列系统（无论有没有加标记的公式）不仅非常直观，而且对于重言式的证明来说，它往往是十分高效的（但是，通过比较系统 S_0 中的证明与你能想到的最高效的表列证明，你就会知道并非总是如此）。更重要的是，在表列证明中，即使有时寻找直接后承的最佳顺序不是那么明显，但我们仍然可以轻松地在其中找到公式的直接后承。换言之，通常意义上，我们说一个重言式是有效的仅仅因为它们的结构和逻辑联结词的意义，而表列方法恰好允许我们系统地拆分公式的结构，并且从中我们可以看到那些使原始公式为真的基本成分，以及它们所有可能的真值赋值。总之，公理系统 U_1（它可能是我们能想到的、最接近表列系统的公理系统）最主要的价值就是，使更为传统的公理系统 S_0 的完全性证明变得十分简单。也就是说，对于考察另一个系统的元理论，U_1 是一个极有价值的公理系统。

不难看出，如果我们知道如何从 U_1 中的一个证明转换到 S_0 中的一个证明，那么我们就会知道如何从一个公式 X 的表列证明转换到 X 在系统 S_0 中的证明。而在问题 5 中，我们已经知道如何证明 U_1 中所有的公理都在 S_0 中，以及如何证明 U_1 的推理规则在 S_0 中也能保持有效性。后者是说，我们其实可以在 S_0 的证明中使用 U_1 的推理规则。因此，在上述的例子中，我们之所以引入最开始的那两条公理，并非因为它们是 U_1 中的公理，而是因为作为 U_1 中的公理，它们已经在系统 S_0 中得到证明。由此，我们就可以将系统 U_1 中的证明转变为系统 S_0 中的证明。

另一个统一记法的系统 U_2

接下来，我将给出另一个统一记法的系统 U_2，它在诸多方面都优于 U_1。它的完全性证明不像系统 U_1 的完全性证明那样迂回，并且它为系统 S_0 的完全性证明提供了另一种更为直接的方法。系统 U_2 的完全性证明是基于上一章所讲的对偶表列。相比于之前的方法，即根据 $\sim X$ 的一个封闭表列以获得一个 X 在 U_1 中的证明，我们现在根据 X 本身的一个对偶表列来获得 X 在 U_2 中的证明。与系统 U_1 相似，系统 U_2 同样只包含一个公理模式。但由于在此方法中，系统 U_1 所包含的规则 N 不再是必要的，所以相对于 U_1 中的四条推理规则，系统 U_2 只包含三条推理规则。现在，我们就正式开始论述这一公理系统。

令 θ 为一个有穷公式序列 $< X_1, ..., X_n >$。我们用 $D(\theta)$ 代表 n 重析取式 $X_1 \vee \cdots \vee X_n$。注意，$D(\theta, Y) = D(\theta) \vee Y$。同样，如果 θ 中项的集合同时包含某个公式及其否定，我们则称 θ 是封闭的。但是，如果 θ 是封闭的，与公式 $C(\theta)$ 不同，公式 $D(\theta)$ 是一个重言式。

下面给出 U_2 的公理和推理规则。

公理

对于所有公式 $D(\theta)$，其中 θ 是封闭的。

推理规则

规则 A^0：如果 α 是 θ 中的项，那么：

$$\frac{D(\theta, \alpha_1),\ D(\theta, \alpha_2)}{D(\theta)}$$

规则 B^0：如果 β 是 θ 中的项，那么：

$$B_1^0 : \frac{D(\theta, \beta_1)}{D(\theta)} \qquad\qquad B_2^0 : \frac{D(\theta, \beta_2)}{D(\theta)}$$

由此获得了对系统 U_2 的整体描述。

如果 $D(\theta)$ 在系统 U_2 中是可证的，我们则称 θ 是好的。

因此，U_2 中的公理和推理规则可以被重述如下：

公理

所有封闭的序列 θ 都是好的。

推理规则

A^0：如果 α 是 θ 中的一个项，并且 (θ, α_1) 和 (θ, α_2) 都是好的，那么 θ 也是。

B_1^0：如果 β 是 θ 中的一个项，并且 (θ, β_1) 是好的，那么 θ 也是。

B_2^0：如果 β 是 θ 中的一个项，并且 (θ, β_2) 是好的，那么 θ 也是。

定理 1^0：U_2 中所有可证的公式在 $\mathcal{S}_0$ 中也是可证的。

定理 2^0：所有重言式在 U_2 都是可证的。

问题 9. 证明定理 1^0。

如果通过对对偶表列 $\mathcal{T}$ 使用对偶表列规则 A^0 或 B^0，得到一个对偶表列 $\mathcal{T}'$，我们则称对偶表列 $\mathcal{T}'$ 是对偶表列 $\mathcal{T}$ 的直接扩张。

如果对偶表列 $\mathcal{T}$ 中的每一枝都是好的，我们则称 $\mathcal{T}$ 是好的。

问题 10.

（a）首先证明如果一个对偶表列 $\mathcal{T}'$ 是对偶表列 $\mathcal{T}$ 的直接扩张，那么如果 $\mathcal{T}'$ 是好的，则 $\mathcal{T}$ 也是好的。

（b）接下来，考虑一个对偶表列上的一个序列 $\mathcal{T}_0, \mathcal{T}_1, ..., \mathcal{T}_n$，使得对每个 $i \leqslant n$，对偶表列 $\mathcal{T}_{i+1}$ 是 $\mathcal{T}_i$ 的一个直接扩张。证明如果 $\mathcal{T}_n$ 是封闭的，那么所有对偶表列 $\mathcal{T}_0, \mathcal{T}_1, ..., \mathcal{T}_n$ 都是好的。

（c）最后，完成定理 2^0 的证明。

与 U_1 类似，U_2 的正确性也是 $\mathcal{S}_0$ 正确性的一个推论，并且也可以由 U_2 中所有可证的公式在 $\mathcal{S}_0$ 中也是可证的这一事实推出。当然，U_2 的正确性也同样可以根据其本身而直接地得出。

在此，我还想简要地提一下另一个统一记法的系统，它其实是我在《逻辑迷宫》中给出的。这个系统的公理是所有具有形式 $(X_1 \wedge ... \wedge X_n) \supset X_i \ (i \leq n)$ 的公式。

推理规则如下：

I. $\dfrac{X \supset \alpha_1, \ X \supset \alpha_2}{X \supset \alpha}$

II. （a）$\dfrac{X \supset \beta_1}{X \supset \beta}$ （b）$\dfrac{X \supset \beta_2}{X \supset \beta}$

III. $\dfrac{(X \wedge Y) \supset Z, \ (X \wedge {\sim}Y) \supset Z}{X \supset Z}$

IV. $\dfrac{X \supset Z, \ {\sim}X \supset Z}{Z}$

注意：在《逻辑迷宫》所给的系统中，相对于规则 III，我所使用的是 exportation 规则：

$$\frac{(X \wedge Y) \supset Z}{X \supset (Y \supset Z)}$$

我通过证明如何从一个重言式的真值表得出它在该系统中的证明，从而获得该系统的完全性。有雄心的读者可以尝试对此进行证明。有好奇心的读者可以直接参考我的书《逻辑迷宫》（Smullyan，2009）。

问题答案

注意：此处分离规则将缩写为 M.P.

0.

F_1. 证明：如果 $\vdash X \supset Y$，那么 $X \vdash Y$。

（1）$\vdash X \supset Y$ 假设

（2）$\vdash X$ 假设

（3）$\vdash Y$ 由（1）（2），M.P.

因此，$\vdash X \supset Y$ 蕴涵 $X \vdash Y$。

F_2. 证明：如果 $\vdash X \supset (Y \supset Z)$，那么 $X, Y \vdash Z$。

（1）$\vdash X \supset (Y \supset Z)$　　　　假设

我们稍后将证明 $X, Y \vdash Z$，也就是 $\vdash X$ 和 $\vdash Y$ 蕴涵 $\vdash Z$，因此，假设（2）和（3）：

（2）$\vdash X$

（3）$\vdash Y$　　　　　　　　　　那么

（4）$\vdash Y \supset Z$　　　　　　由（2），（1），M.P.

（5）$\vdash Z$　　　　　　　　　　由（3），（4），M.P.

因此，$\vdash X$ 和 $\vdash Y$ 蕴涵 $\vdash Z$［假设（1）］。因此，假设（1）蕴涵 $X, Y \vdash Z$。

F_3. 证明：$(X \wedge Y) \supset Z \vdash X \supset (Y \supset Z)$

（1）$\vdash (X \wedge Y) \supset Z$　　　　　　　　　　假设

（2）$\vdash [(X \wedge Y) \supset Z] \supset [X \supset (Y \supset Z)]$　由 S_3

（3）$\vdash X \supset (Y \supset Z)$　　　　　　　　　　由（1），（2），M.P.

因此，$(X \wedge Y) \supset Z$ 蕴涵 $\vdash X \supset (Y \supset Z)$。

F_4. 证明：如果 $\vdash (X \wedge Y) \supset Z$，那么 $X, Y \vdash Z$。

（1）$\vdash (X \wedge Y) \supset Z$　　　　假设

（2）$\vdash X \supset (Y \supset Z)$　　　　由（1），F_3（Exp.）

（3）$X, Y \vdash Z$　　　　　　　　由（2），F_2

因此，$\vdash (X \wedge Y) \supset Z$ 蕴涵 $X, Y \vdash Z$。

1.

T_1. 证明：$\vdash X \supset (Y \supset Y)$

（1）$\vdash (X \wedge Y) \supset Y \vdash X \supset (Y \supset Y)$　由 F_3，取 Z 为 Y

（2）$\vdash (X \wedge Y) \supset Y$　　　　　　由 S_2

（3）$\vdash X \supset (Y \supset Y)$　　　　　　由（2），（1），M.P.

T_2. 证明：$\vdash Y \supset Y$

（1）$X \supset (Y \supset Y)$　　　　　　　　.

现在取 X 为任意可证的公式，如一个公理。根据 X 和（1），由

M.P. 得 $Y \supset Y$。

T_3. 证明：$X \supset Y$, $X \supset (Y \supset Z) \vdash X \supset Z$

(1) $\vdash X \supset Y$ 假设

(2) $\vdash X \supset (Y \supset Z)$ 假设

(3) $\vdash [(X \supset Y) \wedge (X \supset (Y \supset Z))] \supset (X \supset Z)$

                 由 S_4

(4) $\vdash (X \supset Y) \vdash (X \supset (Y \supset Z)) \supset (X \supset Z)$

            由 (3), F_3 (Exp.)

(5) $\vdash (X \supset (Y \supset Z)) \supset (X \supset Z)$

            由 (1), (4), M.P.

(6) $\vdash X \supset Z$ 由 (2), (5), M.P.

T_4. 证明：$\vdash X \supset (Y \supset X)$

(1) $\vdash (X \wedge Y) \supset X$ 由 S_1

(2) $\vdash X \supset (Y \supset X)$ 由 (1), F_3 (Exp.)

T_5. 证明：$X \vdash Y \supset X$

(1) $\vdash X \supset (Y \supset X)$ 由 T_4

(2) $X \vdash Y \supset X$ 由 (1), F_1

T_6. 证明：$X \supset Y$, $Y \supset Z \vdash X \supset Z$ "Syl."

(1) $\vdash X \supset Y$ 假设

(2) $\vdash Y \supset Z$ 假设

(3) $\vdash X \supset (Y \supset Z)$ 由 (2), T_5

(4) $\vdash X \supset Z$ 由 (1), (3), T_3

T_7. 证明：$\vdash X \supset (Y \supset (X \wedge Y))$

(1) $\vdash (X \wedge Y) \supset (X \wedge Y)$ 由 T_2

(2) $\vdash X \supset (Y \supset (X \wedge Y))$ 由 (1), F_3 (Exp.)

T_8. 证明：X, $Y \vdash X \wedge Y$

(1) $\vdash X \supset (Y \supset (X \wedge Y))$ 由 T_7

(2) X, $Y \vdash X \wedge Y$ 由 F_2

T_9. 证明：$X \supset Y$, $X \supset Z \vdash X \supset (Y \wedge Z)$

（1）$\vdash X \supset Y$ 假设

（2）$\vdash X \supset Z$ 假设

（3）$\vdash Y \supset (Z \supset (Y \wedge Z))$ 由 T_7

（4）$\vdash X \supset (Z \supset (Y \wedge Z))$ 由（1），（3），T_6（Syl.）

（5）$\vdash X \supset (Y \wedge Z)$ 由（2），（4），T_3

T_{10}. 证明：$\vdash (X \wedge Y) \supset (Y \wedge X)$

（1）$\vdash (X \wedge Y) \supset Y$ 由 S_2

（2）$\vdash (X \wedge Y) \supset X$ 由 S_1

（3）$\vdash (X \wedge Y) \supset (Y \wedge X)$ 由（1），（2），T_9

T_{11}. 证明：$\vdash (X \wedge (X \supset Y)) \supset Y$

（1）$\vdash (X \wedge (X \supset Y)) \supset X$ 由 S_1

（2）$\vdash (X \wedge (X \supset Y)) \supset (X \supset Y)$ 由 S_2

（3）$\vdash (X \wedge (X \supset Y)) \supset Y$ 由（1），（2），T_3

T_{12}. 证明：$X \supset (Y \supset Z) \vdash (X \wedge Y) \supset Z$ "Importation"，可缩写
                                                         为 "Imp."

（1）$\vdash X \supset (Y \supset X)$ 假设

（2）$\vdash (X \wedge Y) \supset X$ 由 S_1

（3）$\vdash (X \wedge Y) \supset (Y \supset Z)$ 由（2），（1），T_6（Syl.）

（4）$\vdash (X \wedge Y) \supset Y$ 由 S_2

（5）$\vdash (X \wedge Y) \supset Z$ 由（4），（3），T_3

T_{13}. 证明 $X \supset (Y \supset Z) \vdash Y \supset (X \supset Z)$

（1）$\vdash X \supset (Y \supset Z)$ 假设

（2）$\vdash (X \wedge Y) \supset Z$ 由（1），T_{12}

（3）$\vdash (Y \wedge X) \supset (X \wedge Y)$ 由 T_{10}

（4）$\vdash (Y \wedge X) \supset Z$ 由（3），（2），T_6（Syl.）

（5）$\vdash Y \supset (X \supset Z)$ 由（4），F_3（Exp.）

T_{14}. 证明：（a）$\vdash (X_1 \wedge X_2 \wedge X_3) \supset X_1$

$（b）\vdash（X_1 \wedge X_2 \wedge X_3）\supset X_2$

$（c）\vdash（X_1 \wedge X_2 \wedge X_3）\supset X_3$

$（1）\vdash（（X \wedge Y）\wedge Z）\supset（X \wedge Y）$　　由 S_1

$（2）\vdash（X \wedge Y）\supset X$　　　　　　　　由 S_1

$（3）\vdash（X \wedge Y）\supset Y$　　　　　　　　由 S_2

$（4）\vdash（（X \wedge Y）\wedge Z）\supset X$　　　由（1），（2），T_6（Syl.）（a）

$（5）\vdash（（X \wedge Y）\wedge Z）\supset Y$　　　由（1），（3），T_6（Syl.）（b）

$（6）\vdash（（X \wedge Y）\wedge Z）\supset Z$　　　由 S_2　　　　　　　（c）

T_{15}. 证明：$\vdash（（X \supset Y）\wedge（Y \supset Z））\supset（X \supset Z）$

$（1）\vdash（（X \supset Y）\wedge（Y \supset Z）\wedge X）\supset（X \supset Y）$ 由 T_{14}

$（2）\vdash（（X \supset Y）\wedge（Y \supset Z）\wedge X）\supset（Y \supset Z）$ 由 T_{14}

$（3）\vdash（（X \supset Y）\wedge（Y \supset Z）\wedge X）\supset X$　　　由 T_{14}

$（4）\vdash（（X \supset Y）\wedge（Y \supset Z）\wedge X）\supset Y$　　　由（3），（1），T_3

$（5）\vdash（（X \supset Y）\wedge（Y \supset Z）\wedge X）\supset Z$　　　由（2），（4），T_3

$（6）\vdash（（X \supset Y）\wedge（Y \supset Z））\supset（X \supset Z）$　　由（5），F_3（Exp.）

2.

T_{16}. 证明：$（X \wedge Y）\supset Z，（X \wedge Y）\supset \sim Z \vdash X \supset \sim Y$

$（1）\vdash（X \wedge Y）\supset Z$　　　　　　　　　假设

$（2）\vdash（X \wedge Y）\supset \sim Z$　　　　　　　　假设

$（3）\vdash X \supset（Y \supset Z）$　　　　　　　　由（1），F_3（Exp.）

$（4）\vdash X \supset（Y \supset \sim Z）$　　　　　　　由（2），F_3（Exp.）

$（5）\vdash X \supset [（Y \supset Z）\wedge（Y \supset \sim Z）]$　　由（3），（4），T_9

$（6）\vdash [（Y \supset Z）\wedge（Y \supset \sim Z）]\supset \sim Y$　由 S_8

$（7）\vdash X \supset \sim Y$　　　　　　　　　　　由（5）（6），T_6（Syl.）

T_{17}.（a）证明：$\vdash（X \supset Y）\supset（\sim Y \supset \sim X）$

$（1）\vdash（（X \supset Y）\wedge \sim Y \wedge X）\supset（X \supset Y）$ 由 T_{14}

$（2）\vdash（（X \supset Y）\wedge \sim Y \wedge X）\supset \sim Y$　　由 T_{14}

$（3）\vdash（（X \supset Y）\wedge \sim Y \wedge X）\supset X$　　　由 T_{14}

（4）$\vdash ((X \supset Y) \wedge \sim Y \wedge X) \supset Y$ 　　　　由（3），（1），T_3

（5）$\vdash ((X \supset Y) \wedge \sim Y) \supset \sim X$ 　　　　由（4），（2），T_{16}

（6）$\vdash (X \supset Y) \supset (\sim Y \supset \sim X)$ 　　　　由（5），F_3（Exp.）

（b）证明：$\vdash (X \supset \sim Y) \supset (Y \supset \sim X)$

（1）$\vdash ((X \supset \sim Y) \wedge Y \wedge X) \supset (X \supset \sim Y)$ 由 T_{14}

（2）$\vdash ((X \supset \sim Y) \wedge Y \wedge X) \supset Y$ 　　　　由 T_{14}

（3）$\vdash ((X \supset \sim Y) \wedge Y \wedge X) \supset X$ 　　　　由 T_{14}

（4）$\vdash ((X \supset \sim Y) \wedge Y \wedge X) \supset \sim Y$ 　　　由（3），（1），T_3

（5）$\vdash ((X \supset \sim Y) \wedge Y) \supset \sim X$ 　　　　由（4），（2），T_{16}

（6）$\vdash (X \supset \sim Y) \supset (Y \supset \sim X)$ 　　　　由（5），F_3（Exp.）

（c）证明：$\vdash (\sim X \supset Y) \supset (\sim Y \supset X)$

（1）$\vdash ((\sim X \supset Y) \wedge \sim Y \wedge \sim X) \supset (\sim X \supset Y)$

　　　　　　　　　　　　　　　由 T_{14}

（2）$\vdash ((\sim X \supset Y) \wedge \sim Y \wedge \sim X) \supset \sim Y$ 　由 T_{14}

（3）$\vdash ((\sim X \supset Y) \wedge \sim Y \wedge \sim X) \supset \sim X$ 　由 T_{14}

（4）$\vdash ((\sim X \supset Y) \wedge \sim Y \wedge \sim X) \supset Y$ 　　由（3），（1），T_3.

（5）$\vdash ((\sim X \supset Y) \wedge \sim Y) \supset \sim\sim X$ 　　由（2），（4），T_{16}

（6）$\vdash \sim\sim X \supset X$ 　　　　　　　　由 S_9

（7）$\vdash ((\sim X \supset Y) \wedge \sim Y) \supset X$ 　　　由（5），（6），T_6（Syl.）

（8）$\vdash (\sim X \supset Y) \supset (\sim Y \supset X)$ 　　　由（7），F_3（Exp.）

（d）证明：$\vdash (\sim X \supset \sim Y) \supset (Y \supset X)$

（1）$\vdash ((\sim X \supset \sim Y) \wedge Y \wedge \sim X) \supset (\sim X \supset \sim Y)$

　　　　　　　　　　　　　　　由 T_{14}

（2）$\vdash ((\sim X \supset \sim Y) \wedge Y \wedge \sim X) \supset Y$ 　由 T_{14}

（3）$\vdash ((\sim X \supset \sim Y) \wedge Y \wedge \sim X) \supset \sim X$ 由 T_{14}

（4）$\vdash ((\sim X \supset \sim Y) \wedge Y \wedge \sim X) \supset \sim Y$ 由（3），（1），T_3

（5）$\vdash ((\sim X \supset \sim Y) \wedge Y) \supset \sim\sim X$ 　　由（2），（4），T_{16}

（6）$\vdash \sim\sim X \supset X$ 　　　　　　　　由 S_9

（7）$\vdash ((\sim X \supset \sim Y) \wedge Y) \supset X$ 由（5），（6），T_6（Syl.）

（8）$\vdash (\sim X \supset \sim Y) \supset (Y \supset X)$ 由（7），F_3（Exp.）

T_{18}. 证明：

（a）$X \supset Y \vdash \sim Y \supset \sim X$

（b）$X \supset \sim Y \vdash Y \supset \sim X$

（c）$\sim X \supset Y \vdash \sim Y \supset X$

（d）$\sim X \supset \sim Y \vdash Y \supset X$

这些可从 T_{17} 和 F_1 直接得出。

T_{19}. 证明：$\vdash \sim X \supset (X \supset Y)$

（1）$\vdash ((\sim X \wedge X) \wedge \sim Y) \supset X$ 由 T_{14}

（2）$\vdash ((\sim X \wedge X) \wedge \sim Y) \supset \sim X$ 由 T_{14}

（3）$\vdash (\sim X \wedge X) \supset \sim \sim Y$ 由（1），（2），T_{16}

（4）$\vdash \sim \sim Y \supset Y$ 由 S_9

（5）$\vdash (\sim X \wedge X) \supset Y$ 由（3），（4），T_6（Syl.）

（6）$\vdash \sim X \supset (X \supset Y)$ 由（5），F_3（Exp.）

T_{20}.（a）证明：$\sim (X \supset Y) \supset X$

（1）$\vdash \sim X \supset (X \supset Y)$ 由 T_{19}

（2）$\vdash \sim (X \supset Y) \supset \sim \sim X$ 由（1），T_{18}（a）

（3）$\vdash \sim \sim X \supset X$ 由 S_9

（4）$\vdash \sim (X \supset Y) \supset X$ 由（2），（3），M.P.

（b）证明：$\sim (X \supset Y) \supset \sim Y$

（1）$\vdash Y \supset (X \supset Y)$ 由 T_4

（2）$\vdash \sim (X \supset Y) \supset \sim Y$ 由（1），T_{18}（a）

T_{21}. 证明：$\vdash X \supset \sim \sim X$

（1）$\vdash (X \wedge \sim X) \supset X$ 由 S_1

（2）$\vdash (X \wedge \sim X) \supset \sim X$ 由 S_2

（3）$\vdash X \supset \sim \sim X$ 由（1），（2），T_{16}

T_{22}. 证明：$\vdash (X \wedge \sim Y) \supset \sim (X \supset Y)$

（1）$\vdash (X \wedge \sim Y \wedge (X \supset Y)) \supset X$　　　　由 T_{14}

（2）$\vdash (X \wedge \sim Y \wedge (X \supset Y)) \supset \sim Y$　　　由 T_{14}

（3）$\vdash (X \wedge \sim Y \wedge (X \supset Y)) \supset (X \supset Y)$　由 T_{14}

（4）$\vdash (X \wedge \sim Y \wedge (X \supset Y)) \supset Y$　　　　由（1），（3），T_3

（5）$\vdash (X \wedge \sim Y) \supset \sim (X \supset Y)$　　　由（2），（4），T_{16}

T_{23}．（a）证明：$\vdash \sim X \supset \sim (X \wedge Y)$

（1）$\vdash (X \wedge Y) \supset X$　　　由 S_1

（2）$\vdash \sim X \supset \sim (X \wedge Y)$　　　由（1），T_{18}（a）

（b）证明：$\vdash \sim Y \supset \sim (X \wedge Y)$

（1）$\vdash (X \wedge Y) \supset Y$　　　由 S_2

（2）$\vdash \sim Y \supset \sim (X \wedge Y)$　　　由（1），T_{18}（a）

T_{24}．（a）证明：$X \supset \sim X \vdash \sim X$

（1）$\vdash X \supset \sim X$　　　　　　　　　　假设

（2）$\vdash X \supset X$　　　　　　　　　　　　由 T_2

（3）$\vdash (X \supset X) \wedge (X \supset \sim X)$　　　　由（1），（2），T_8

（4）$\vdash [(X \supset X) \wedge (X \supset \sim X)] \supset \sim X$　由 S_8

（5）$\vdash \sim X$　　　　　　　　　　　　　由（3），（4），M.P.

（b）证明：$\sim X \supset X \vdash X$

（1）$\vdash \sim X \supset X$　　　　　假设

（2）$\vdash X \supset \sim\sim X$　　　　由 T_{21}

（3）$\vdash \sim X \supset \sim\sim X$　　　由（1），（2），T_6（Syl.）

（4）$\vdash \sim\sim X$　　　　　　　由（3），T_{24}（a）

（5）$\vdash \sim\sim X \supset X$　　　由 S_9

（6）$\vdash X$　　　　　　　　　由（2），（3），M.P.

3.

T_{25}．

（a）证明：$\vdash \sim (X \vee Y) \supset \sim X$

（1）$\vdash X \supset (X \vee Y)$　　　　由 S_5

（2）~（$X \vee Y$）⊃ ~X 由（1），T_{18}（a）

（b）证明：⊢~（$X \vee Y$）⊃ ~Y

（1）⊢Y⊃（$X \vee Y$）   由S_6

（2）⊢~（$X \vee Y$）⊃ ~Y 由（1），T_{18}（a）

T_{26}. 证明：$X \supset Z$，$Y \supset Z$ ⊢（$X \vee Y$）⊃ Z

  （1）⊢ $[(X \supset Z) \wedge (Y \supset Z)] \supset ((X \vee Y) \supset Z)$ 由S_7

  （2）$X \supset Z$，$Y \supset Z$ ⊢（$X \vee Y$）⊃ Z 由（1），F_4

T_{27}. 证明：⊢（~$X \wedge$ ~Y）⊃ ~（$X \vee Y$）

  （1）⊢（~$X \wedge$ ~Y）⊃ ~X 由S_1

  （2）⊢X⊃ ~（~$X \wedge$ ~Y）   由（1），T_{18}（b）

  （3）⊢（~$X \wedge$ ~Y）⊃ ~Y 由S_2

  （4）⊢Y⊃ ~（~$X \wedge$ ~Y）   由（3），T_{18}（b）

  （5）⊢（$X \vee Y$）⊃ ~（~$X \wedge$ ~Y）   由（2），（4），T_{26}

  （6）⊢（~$X \wedge$ ~Y）⊃ ~（$X \vee Y$）   由（5），T_{18}（b）

T_{28}. 证明：~（$X \wedge Y$）⊃（~$X \vee$ ~Y）

  （1）⊢~X⊃（~$X \vee$ ~Y）   由S_5

  （2）⊢~Y⊃（~$X \vee$ ~Y）   由S_6

  （3）⊢~（~$X \vee$ ~Y）⊃ X 由（1），T_{18}（c）

  （4）⊢~（~$X \vee$ ~Y）⊃ Y 由（2），T_{18}（c）

  （5）⊢~（~$X \vee$ ~Y）⊃（$X \wedge Y$）   由（3），（4），T_9

  （6）⊢~（$X \wedge Y$）⊃（~$X \vee$ ~Y）   由（5），T_{18}（c）

T_{29}. 证明：⊢（$X \supset Y$）⊃（~$X \vee Y$）

  （1）⊢~X⊃（~$X \vee Y$）   由S_5

  （2）⊢Y⊃（~$X \vee Y$）   由S_6

  （3）⊢~（~$X \vee Y$）⊃ X 由（1），T_{18}（c）

  （4）⊢~（~$X \vee Y$）⊃ ~Y 由（2），T_{18}（a）

  （5）⊢~（~$X \vee Y$）⊃（$X \wedge$ ~Y）   由（3），（4），T_9

  （6）⊢（$X \wedge$ ~Y）⊃ ~（$X \supset Y$）   由T_{22}

$（7）\vdash\sim（\sim X\vee Y）\supset\sim（X\supset Y）$　　　　由（5），（6），T_6（Syl.）

$（8）\vdash（X\supset Y）\supset（\sim X\vee Y）$　　　　由（7），T_{18}（d）

$T_{30}.$ 证明：$\vdash（X\vee Y）\supset（\sim X\supset Y）$

　　$（1）\vdash\sim X\supset（X\supset Y）$　　　　由 T_{19}

　　$（2）\vdash X\supset（\sim X\supset Y）$　　　　由（1），T_{13}

　　$（3）\vdash Y\supset（\sim X\supset Y）$　　　　由 T_4

　　$（4）\vdash（X\vee Y）\supset（\sim X\supset Y）$　　　　由（2），（3），T_{26}

$T_{31}.$ 证明：$\vdash\sim（\sim X\wedge\sim Y）\supset（X\vee Y）$

　　$（1）\vdash\sim（X\vee Y）\supset\sim X$　　　　由 T_{25}（a）

　　$（2）\vdash\sim（X\vee Y）\supset\sim Y$　　　　由 T_{25}（b）

　　$（3）\vdash\sim（X\vee Y）\supset（\sim X\wedge\sim Y）$　　　　由（1），（2），T_9

　　$（4）\vdash\sim（\sim X\wedge\sim Y）\supset（X\vee Y）$　　　　由（3），T_{18}（c）

$T_{32}.$ 证明：$\vdash（\sim X\supset Y）\supset（X\vee Y）$

　　$（1）\vdash（\sim X\wedge\sim Y）\supset\sim（\sim X\supset Y）$　　　　由 T_{22}（取 $\sim X$ 为 X）

　　$（2）\vdash（\sim X\supset Y）\supset\sim（\sim X\wedge\sim Y）$　　　　由（1），T_{18}（b）

　　$（3）\vdash\sim（\sim X\wedge\sim Y）\supset（X\vee Y）$　　　　由 T_{31}

　　$（4）\vdash（\sim X\supset Y）\supset（X\vee Y）$　　　　由（2），（3），T_6（Syl.）

$T_{33}.$ 证明：$X\vee Y,\ X\vee Z\vdash X\vee（Y\wedge Z）$

　　$（1）\vdash X\vee Y$　　　　假设

　　$（2）\vdash X\vee Z$　　　　假设

　　$（3）\vdash（X\vee Y）\supset（\sim X\supset Y）$　　　　由 T_{30}

　　$（4）\vdash\sim X\supset Y$　　　　由（1），（3），M.P.

　　$（5）\vdash（X\vee Z）\supset（\sim X\supset Z）$　　　　由 T_{30}

　　$（6）\vdash\sim X\supset Z$　　　　由（2），（5），M.P.

　　$（7）\vdash\sim X\supset（Y\wedge Z）$　　　　由（4），（6），T_9

　　$（8）\vdash（\sim X\supset（Y\wedge Z））\supset（X\vee（Y\wedge Z））$　由 T_{32}

　　$（9）\vdash X\vee（Y\wedge Z）$　　　　由（7），（8），M.P.

$T_{34}.$ 证明：$\vdash X\vee\sim X$

（1）$\vdash \sim X \supset \sim X$ 由 T_2

（2）$\vdash (\sim X \supset \sim X) \supset (X \vee \sim X)$ 由 T_{32}

（3）$\vdash X \vee \sim X$ 由（1），（2），M.P.

$T_{35}.$ 证明：$X \supset Y, \sim X \supset Y \vdash Y$

    （1）$\vdash X \supset Y$ 假设

    （2）$\vdash \sim X \supset Y$ 假设

    （3）$\vdash (X \vee \sim X) \supset Y$ 由（1），（2），T_{26}

    （4）$\vdash (X \vee \sim X)$ 由 T_{34}

    （5）$\vdash Y$ 由（4），（3），M.P.

$T_{36}.$ 证明：$\vdash (\sim X \vee Y) \supset (X \supset Y)$

    （1）$\vdash \sim X \supset (X \supset Y)$ 由 T_{19}

    （2）$\vdash Y \supset (X \supset Y)$ 由 T_4

    （3）$\vdash (\sim X \vee Y) \supset (X \supset Y)$ 由（1），（2），T_{26}

$T_{37}.$ 证明：$\sim (X \wedge Y) \vdash X \supset \sim Y$

    （1）$\vdash \sim (X \wedge Y)$ 假设

    （2）$\vdash \sim (X \wedge Y) \supset (\sim X \vee \sim Y)$ 由 T_{28}

    （3）$\vdash \sim X \vee \sim Y$ 由（1），（2），M.P.

    （4）$\vdash (\sim X \vee \sim Y) \supset (X \supset \sim Y)$ 由 T_{36}

    （5）$\vdash X \supset \sim Y$ 由（3），（4），M.P.

$T_{38}.$ 证明：$X \supset Y, \sim (X \wedge Y) \vdash \sim X$

    （1）$\vdash X \supset Y$ 假设

    （2）$\vdash \sim (X \wedge Y)$ 假设

    （3）$\vdash X \supset X$ 由 T_2

    （4）$\vdash X \supset (X \wedge Y)$ 由（3），（1），T_9

    （5）$\vdash \sim (X \wedge Y) \supset \sim X$ 由（4），T_{17}（a）

    （6）$\vdash \sim X$ 由（2），（5），M.P.

$T_{39}.$ 证明：$X \supset (Y_1 \vee Y_2), \sim (X \wedge Y_1), \sim (X \wedge Y_2) \vdash \sim X$

    （1）$\vdash X \supset (Y_1 \vee Y_2)$ 假设

$(2) \vdash \sim (X \wedge Y_1)$　　　　　　假设

$(3) \vdash \sim (X \wedge Y_2)$　　　　　　假设

$(4) \vdash X \supset \sim Y_1$　　　　　　由（2），T_{37}

$(5) \vdash X \supset \sim Y_2$　　　　　　由（3），T_{37}

$(6) \vdash Y_1 \supset \sim X$　　　　　　由（4），T_{17}（b）

$(7) \vdash Y_2 \supset \sim X$　　　　　　由（5），T_{17}（b）

$(8) \vdash (Y_1 \vee Y_2) \supset \sim X$　　由（6），（7），T_{26}

$(9) \vdash X \supset \sim X$　　　　　　由（1），（8），T_6（Syl.）

$(10) \vdash \sim X$　　　　　　　由（9），T_{24}（a）

$T_{40}.$ $Y \supset X,\ X \vee Z,\ Z \supset Y \vdash X$

$(1) \vdash Y \supset X$　　　　　　假设

$(2) \vdash X \vee Z$　　　　　　　假设

$(3) \vdash Z \supset Y$　　　　　　假设

$(4) \vdash (X \vee Z) \supset (\sim X \supset Z)$　由 T_{30}

$(5) \vdash \sim X \supset Z$　　　　　由（2），（4），M.P.

$(6) \vdash \sim X \supset Y$　　　　　由（5），（3），T_6（Syl.）

$(7) \vdash \sim X \supset X$　　　　　由（6），（1），T_6（Syl.）

$(8) \vdash X$　　　　　　　　由（7），T_{24}（b）

$T_{41}.$ 证明：$Y \supset X,\ X \vee Y_1,\ X \vee Y_2,\ (Y_1 \wedge Y_2) \supset Y \vdash X$

$(1) \vdash Y \supset X$　　　　　　假设

$(2) \vdash X \vee Y_1$　　　　　　假设

$(3) \vdash X \vee Y_2$　　　　　　假设

$(4) \vdash (Y_1 \wedge Y_2) \supset Y$　　假设

$(5) \vdash X \vee (Y_1 \wedge Y_2)$　　由（2），（3），T_{33}

$(6) \vdash (X \vee (Y_1 \wedge Y_2)) \supset (\sim X \supset (Y_1 \wedge Y_2))$

　　　　　　　　　　　　由 T_{30}

$(7) \vdash \sim X \supset (Y_1 \wedge Y_2)$　由（5），（6），M.P.

$(8) \vdash \sim X \supset Y$　　　　　由（7），（4），T_6（Syl.）

（9）⊢~$X \supset X$　　　　　　　由（8），（1），T_6（Syl.）

（10）⊢X　　　　　　　　　　由（9），T_{24}（b）

T_{42}.（a）我们从 $n=2$ 开始进行归纳。由 S_1 和 S_2，得到⊢$(X_1 \wedge X_2) \supset X_1$ 和⊢$(X_1 \wedge X_2) \supset X_2$。

现在假设 $n \geq 2$ 并且使得 $i \leq n$，⊢$(X_1 \wedge X_2 \wedge ... \wedge X_n) \supset X_i$。我们将证明对所有 $i \leq n+1$，⊢$(X_1 \wedge X_2 \wedge ... \wedge X_{n+1}) \supset X_i$。

因为 $X_1 \wedge X_2 \wedge ... \wedge X_{n+1} = (X_1 \wedge X_2 \wedge ... \wedge X_{n+1}) \wedge X_{n+1}$，那么由 S_1 和 S_2：

（1）⊢$(X_1 \wedge X_2 \wedge ... \wedge X_{n+1}) \supset X_{n+1}$

（2）⊢$(X_1 \wedge X_2 \wedge ... \wedge X_{n+1}) \supset (X_1 \wedge X_2 \wedge ... \wedge X_n)$

现在假设 $i \leq n+1$，那么或者 $i = n+1$，或者 $i \leq n$。如果前者成立，那么，由（1），⊢$(X_1 \wedge X_2 \wedge ... \wedge X_{n+1}) \supset X_i$。现在假设后者成立，即 $i \leq n$，那么

（3）⊢$(X_1 \wedge X_2 \wedge ... \wedge X_n) \supset X_i$（归纳假设）

因此，$(X_1 \wedge X_2 \wedge ... \wedge X_{n+1}) \supset X_i$[由（2），（3），$T_6$（Syl.）]。完成归纳。

（b）这个证明很简单，使用 S_5 和 S_6 代替 S_1 和 S_2。

4.

A_1：证明：$X \supset \alpha, (X \wedge \alpha_1) \supset Y \vdash X \supset Y$

（1）⊢$X \supset \alpha$　　　　　　　假设

（2）⊢$(X \wedge \alpha_1) \supset Y$　　　　假设

（3）⊢$X \supset (\alpha_1 \supset Y)$　　　　由（2），F_3（Exp.）

（4）⊢$\alpha \supset \alpha_1$　　　　　　　事实 A_1

（5）⊢$X \supset \alpha_1$　　　　　　　由（1），（4），T_6（Syl.）

（6）⊢$X \supset Y$　　　　　　　　由（5），（3），T_3

A_2：这个证明很简单，使用 α_2 代替 α_1，并且用事实 A_2 代替事实 A_1。

B：证明：$X \supset \beta, (X \wedge \beta_1) \supset Y, (X \wedge \beta_2) \supset Y \vdash X \supset Y$

$(1)\vdash X\supset\beta$　　　　　　　　　假设

$(2)\vdash(X\wedge\beta_1)\supset Y$　　　　　假设

$(3)\vdash(X\wedge\beta_2)\supset Y$　　　　　假设

$(4)\vdash X\supset(\beta_1\supset Y)$　　　　　由（2），F_3（Exp.）

$(5)\vdash X\supset(\beta_2\supset Y)$　　　　　由（3），F_3（Exp.）

$(6)\vdash\beta_1\supset(X\supset Y)$　　　　　由（4），T_{13}

$(7)\vdash\beta_2\supset(X\supset Y)$　　　　　由（5），T_{13}

$(8)\vdash(\beta_1\vee\beta_2)\supset(X\supset Y)$　　由（6），（7），T_{26}

$(9)\vdash\beta\supset(\beta_1\vee\beta_2)$　　　　　事实 B

$(10)\vdash\beta\supset(X\supset Y)$　　　　　由（8），（9），T_6（Syl.）

$(11)\vdash X\supset(\beta\supset Y)$　　　　　由（10），T_{13}

$(12)\vdash X\supset Y$　　　　　　　由（1），（11），T_3

C：证明：$X\supset Z,\ X\supset\sim Z\vdash X\supset Y$

$(1)\vdash X\supset Z$　　　　　　　假设

$(2)\vdash X\supset\sim Z$　　　　　　假设

$(3)\vdash\sim Z\supset(Z\supset Y)$　　　　由 T_{19}

$(4)\vdash X\supset(Z\supset Y)$　　　　　由（2），（3），T_6（Syl.）

$(5)\vdash X\supset Y$　　　　　　　由（1），（4），T_3

D：证明：$X\supset\sim X\vdash\sim X$

实际上就是 T_{24}（a）。

5. 接下来，$\vdash X$ 将代表 X 在系统 $\mathcal{S}_0$ 中是可证的。

（a）对于 U_1 中的公理，我们证明，如果 θ 包含项 Y 并且如果 $\sim Y$ 也是一个项，那么 $\sim C(\theta)$ 在 $\mathcal{S}_0$ 中是可证的。

$(1)\ Y$ 是 θ 的一个项　　　　　　假设

$(2)\ \sim Y$ 是 θ 的一个项　　　　　假设

$(3)\vdash C(\theta)\supset Y$　　　　　　由（1），T_{42}（a）

$(4)\vdash C(\theta)\supset\sim Y$　　　　　由（2），T_{42}（a）

$(5)\vdash(C(\theta)\supset Y)\wedge(C(\theta)\supset\sim Y)$　　由（3），（4），T_8

（6）⊢~$C(\theta)$ 由（5），S_8

（b）规则 A_1：证明如果 α 是 θ 的一个项并且如果 ~$(C(\theta) \wedge \alpha_1)$
［也就是 ~$C(\theta, \alpha_1)$］在 $\mathcal{S}_0$ 中是可证的，那么 $C(\theta)$ 也是。

    （1）α 是 θ 的一个项。   假设

    （2）⊢~$(C(\theta) \wedge \alpha_1)$ 假设

    （3）⊢$C(\theta) \supset \alpha$ 由（1），T_{42}（a）

    （4）⊢$\alpha \supset \alpha_1$ 事实 A_1

    （5）⊢$C(\theta) \supset \alpha_1$ 由（3），（4），T_6（Syl.）

    （6）⊢~$C(\theta)$ 由（5），（2），T_{38}

    规则 A_2：这个证明很简单，使用事实 A_2 代替事实 A_1。

    规则 B：我们证明，如果 β 是 θ 的一个项并且如果 ~$(C(\theta) \wedge \beta_1)$ 和 ~$(C(\theta) \wedge \beta_2)$ 在 $\mathcal{S}_0$ 中都是可证的，那么 ~$C(\theta)$ 在 $\mathcal{S}_0$ 中也是可证的。

    （1）⊢β 是 θ 的一个项   假设

    （2）⊢~$(C(\theta) \wedge \beta_1)$ 假设

    （3）⊢~$(C(\theta) \wedge \beta_2)$ 假设

    （4）⊢$C(\theta) \supset \beta$ 由（1），T_{42}（a）

    （5）⊢$\beta \supset (\beta_1 \vee \beta_2)$ 事实 B

    （6）⊢$C(\theta) \supset (\beta_1 \vee \beta_2)$ 由（4），（5），T_6（Syl.）

    （7）⊢~$C(\theta)$ 由（6），（2），（3），T_{39}

6. 给定 $\mathcal{T}'$ 是 $\mathcal{T}$ 的一个直接扩张，并且 $\mathcal{T}'$ 是坏的。我们将证明 $\mathcal{T}$ 也是坏的。

    令 θ 是 $\mathcal{T}$ 上的枝，在其上使用规则 A 或 B，从而得到 $\mathcal{T}'$。

    情形 1：假设规则 A 被使用。那么某个 α 在 θ 上，并且通过扩展枝 θ 到 θ' 而从 $\mathcal{T}$ 中得到 $\mathcal{T}'$。其中 θ' 要么是 (θ, α_1) 要么是 (θ, α_2)。因为 θ' 是坏的（$\mathcal{T}'$ 上的所有枝都是），所以 θ 也是坏的（通过 U_1 上的规则 A_1 或 A_2）。$\mathcal{T}$ 上所有其他枝都是 $\mathcal{T}'$ 上的枝，因此都是坏的。因此，$\mathcal{T}$ 上所有枝都是坏的，所以 $\mathcal{T}$ 也是坏的。

情形2：假设规则 B 被使用于 θ。那么某个 β 在 θ 上，并且除了 $\mathcal{T}'$ 中用两个枝 (θ, β_1) 和 (θ, β_2) 替换枝 θ，$\mathcal{T}'$ 与 $\mathcal{T}$ 一样。又因为 (θ, β_1) 和 (θ, β_2) 都是坏的，所以 θ 也是（由 U_1 上的规则 B）。再一次，$\mathcal{T}$ 上所有其他的枝都是 $\mathcal{T}'$ 上的枝，因此都是坏的。因此，$\mathcal{T}$ 上所有枝都是坏的，所以 $\mathcal{T}$ 也是坏的。

7. 假设 $\mathcal{T}$ 是 X 的一个封闭表列。我们将证明 X 是坏的。

令 n 为在构造 $\mathcal{T}$ 时使用规则 A 或规则 B 的次数。对任意 $i \leq n$，令 $\mathcal{T}_i$ 为在使用 i 次规则后得到的表列。因此 $\mathcal{T}_n$ 就是 $\mathcal{T}$。而且 $\mathcal{T}_{i+1}$ 就是公式 X。对每个 $i < n$，表列 $\mathcal{T}_{i+1}$ 是 $\mathcal{T}_i$ 的直接扩张，所以如果 $\mathcal{T}_i$ 是坏的，那么 $\mathcal{T}_{i+1}$ 也是（由问题 6）。而且，$\mathcal{T}_n$ 是封闭的，也是坏的。因此，$\mathcal{T}_{n-1}$ 是坏的，$\mathcal{T}_{n-2}$ 是坏的，...，$\mathcal{T}_1$ 是坏的，$\mathcal{T}_0$ 是坏的。［更形式化地讲，对于每个 $i \leq n$，定义 $P(i)$ 表示 $\mathcal{T}_{n-i}$ 是坏的。那么 $P(0)$ 成立（为什么？），并且对于每个 $i < n$，如果 $P(i)$ 成立，那么 $P(i+1)$ 也成立（为什么？）。因此，根据有限数学归纳原则，对于 $i \leq n$，P 成立。也就是说，$\mathcal{T}_n$，$\mathcal{T}_{n-1}$，... $\mathcal{T}_1$，$\mathcal{T}_0$ 都是坏的。］

8. 假设 X 是重言式。那么由命题表列的完全性定理，存在一个 $\sim X$ 的封闭表列。因此，$\sim X$ 是坏的（由问题 7）。因此，$\sim\sim X$ 在 U_1 中是可证的。因此，由规则 N，X 在 U_1 中是可证的。

9. 证明公理。首先我们证明所有的 U_2 中的公理在 $\mathcal{S}_0$ 中都是可证的。因为 θ 是封闭的，所以存在一个公式 Y，使得 Y 和 $\sim Y$ 都是 θ 中的项。

 （1）Y 是 θ 中的项　　　　假设

 （2）$\vdash \sim Y$ 是 θ 中的项　　假设

 （3）$\vdash Y \supset D(\theta)$　　　　由（1），T_{42}（b）

 （4）$\vdash \sim Y \supset D(\theta)$　　　由（2），T_{42}（b）

 （5）$\vdash D(\theta)$　　　　　　由（3），（4），T_{35}

证明规则 A^0。我们将证明如果 α 是 θ 中的项，并且 $D(\theta) \vee \alpha_1$ 和 $D(\theta) \vee \alpha_2$ 在 $\mathcal{S}_0$ 中都是可证的，那么 $D(\theta)$ 在 $\mathcal{S}_0$ 中也是可证的。

 （1）α 是 θ 中的一个项　　假设

$(2) \vdash D(\theta) \vee \alpha_1$ 假设

$(3) \vdash D(\theta) \vee \alpha_2$ 假设

$(4) \vdash \alpha \supset D(\theta)$ 由（1），T_{42}（b）

$(5) \vdash (\alpha_1 \wedge \alpha_2) \supset \alpha$ 事实 A

$(6) \vdash D(\theta)$ 由（4），（2），（3），（5），T_{41}

证明规则 B_1^0。

$(1)\ \beta$ 是 θ 中的一个项   假设

$(2) \vdash D(\theta) \vee \beta_1$ 假设

$(3) \vdash \beta \supset D(\theta)$ 由（1），T_{42}（b）

$(4) \vdash \beta_1 \supset \beta$ 事实 B_1

$(5) \vdash D(\theta)$ 由（3），（2），（4），T_{40}

证明规则 B_2^0。证明是相同的，使用事实 B_2 代替事实 B_1。

10. 对此三个部分的解答：

（a）此证明与问题 8 的证明相似。

假设对偶表列 $\mathcal{T}'$ 是对偶表列 $\mathcal{T}$ 的直接扩张。假设 $\mathcal{T}'$ 是好的。我们将证明 $\mathcal{T}$ 也是好的。令 θ 是 $\mathcal{T}$ 上的枝，在其上使用规则 A^0 或 B^0，从而得到 $\mathcal{T}'$。

情形 1：假设使用对偶表列规则 B^0。那么某个 β 在 θ 上，并且将枝 θ 扩张到 $\mathcal{T}'$ 上的枝 θ'。其中，θ' 要么是 (θ, β_1)，要么是 (θ, β_2)。因为 θ' 是好的（$\mathcal{T}'$ 上所有枝都是），所以 θ 也是好的（通过 U_2 上的规则 B_1^0 或 B_2^0）。$\mathcal{T}$ 上所有其他的枝都是 $\mathcal{T}'$ 上的枝，因此 $\mathcal{T}$ 也是好的。

情形 2：假设使用对偶表列规则 A^0，那么某个 α 在 θ 上，并且 θ 被替换为两个枝 (θ, α_1) 和 (θ, α_2)。这两个枝都在 $\mathcal{T}'$ 上，所以都是好的。因此，θ 是好的（根据 U_2 上的规则 A^0）。这就完成了（a）部分的证明。

（b）此证明和问题 6 的证明是相同的。只是将"表列"换成"对偶表列"，将"坏的"换成"好的"。

（c）假设 X 是一个重言式，那么根据对偶表列的完全性定理，存在一个 X 的封闭的对偶表列。然后根据（b），X 是好的。因此 X 在 U_2 中是可证的。

练习答案

（a）证明 S_9，即 $\sim\sim X \supset X$。

（1）$\vdash ((\sim X \supset \sim X) \wedge (\sim X \supset \sim\sim X)) \supset X$

由 S_8'，取 Y 为 X

（2）$\vdash (\sim X \supset \sim X) \supset ((\sim X \supset \sim\sim X) \supset X)$

由（1），F_3（Exp.）

（3）$\vdash \sim X \supset \sim X$　　　　　由 T_2

（4）$\vdash (\sim X \supset \sim\sim X) \supset X$　　　由（2），（3），M.P.

（5）$\vdash \sim\sim X \supset (\sim X \supset \sim\sim X)$　　　由 T_4

（6）$\vdash \sim\sim X \supset X$　　　　由（4），（5），T_6（Syl.）

（b）证明：$(X \supset Y) \supset (\sim\sim X \supset Y)$。

（1）$\vdash ((\sim\sim X \supset X) \wedge (X \supset Y)) \supset (\sim\sim X \supset Y)$

由 T_{15}

（2）$\vdash (\sim\sim X \supset X) \supset ((X \supset Y) \supset (\sim\sim X \supset Y))$

由（1），F_3（Exp.）

（3）$\vdash \sim\sim X \supset X$　　　由练习 1（a）

（4）$\vdash (X \supset Y) \supset (\sim\sim X \supset Y)$　　　由（2），（3）M.P.

（c）证明 S_8，即 $[(X \supset Y) \wedge (X \supset \sim Y)] \supset \sim X$。

（1）$\vdash ((\sim\sim X \supset Y) \wedge (\sim\sim X \supset \sim Y)) \supset \sim X$

由 S_8'，取 $\sim X$ 为 X

（2）$\vdash (\sim\sim X \supset Y) \supset ((\sim\sim X \supset \sim Y) \supset \sim X)$

由（1），F_3（Exp.）

（3）⊢ $(X \supset Y) \supset (\sim \sim X \supset Y)$ 由练习1（b）

（4）⊢ $(X \supset Y) \supset ((\sim \sim X \supset \sim Y) \supset \sim X)$

由（2），（3），T_6（Syl.）

（5）⊢ $(\sim \sim X \supset \sim Y) \supset ((X \supset Y) \supset \sim X)$

由（4），T_{13}

（6）⊢ $(X \supset \sim Y) \supset (\sim \sim X \supset \sim Y)$ 由练习1（b）

（7）⊢ $(X \supset \sim Y) \supset ((X \supset Y) \supset \sim X)$

由（5），（6），T_6（Syl.）

（8）⊢ $(X \supset Y) \supset ((X \supset \sim Y) \supset \sim X)$ 由（7），T_{13}

（9）⊢ $((X \supset Y) \wedge (X \supset \sim Y)) \supset \sim X$ 由（8），T_{12}

一阶逻辑

第8章
一阶逻辑基础

我们刚刚学习的命题逻辑只是数学和科学所需要逻辑的开端。真正的本质来自被称为一阶逻辑的领域，它处理命题逻辑的联结词以及"所有"（all）和"有的"（some）的概念。首先，我们在非形式的层面处理这些概念。

与一般语言不同，在逻辑语言中，"有的"一词没有复数含义；它仅意味着至少一个，而不是两个或更多。因此，在逻辑中，句子"有的人是好的"也就意味着存在至少一个好人。

至于"所有"的概念，让我们回想一下，如果不存在 A，那么"所有 A 是 B"这个陈述被视为自动为真的。[我称"自动为真"的术语是"空洞地真"（vacuously true）。因此，例如，"所有独角兽都有五条腿"的陈述是空洞地真的，因为不存在独角兽。]

以下是关于"所有"和"有的"概念的一些问题。我们回到那个遥远的岛屿群，每个岛屿上的每个居民都是两种类型——类型 T 或类型 F 中的一种。并且类型 T 的居民所说的一切都为真，类型 F 的居民所说的一切都为假。

问题 1. 在这些岛上的一次旅行中，我在某个岛停了下来，并让生活在岛上的每个人告诉我关于生活在那里的所有人的类型的一些事。每个人都说了同样的话："我们这里的所有人都是同一种类型。"他们真的都是同一类型吗？如果是，可以确定他们属于哪种类型吗？

问题 2．在我去的下一个岛上，每个人都说："我们中的某些人属于类型 T，某些人属于类型 F。"那个岛的居民类型的构成是什么？

问题 3．在第三个岛上，我想了解居民的吸烟习惯，以及吸烟和说真话之间是否存在相关性。他们都说了同样的话："每个类型 T 的人都吸烟。"可以推断出类型 T 的居民和类型 F 的居民的分布以及吸烟习惯吗？（这个问题比前两个问题困难些并且非常有启发性。）

问题 4．在第四个岛上，每个居民都说："这里有的居民属于类型 F 且吸烟。"从这里我们可以推断出什么？

问题 5．在第五个岛上，所有居民都属于同一种类型，而且每个人都说："如果我吸烟，那么这里的每个人都吸烟。"从这里我们可以推断出什么？

问题 6．在第六个岛上，所有居民都属于同一种类型，并且每个人都说："如果我们这里的任何一个人吸烟，那么我也吸烟。"从这里我们可以推断出什么？

问题 7．在第七个岛上，所有居民都属于同一种类型。每个人都说："我们中有的人吸烟，但我不吸烟。"从这里我们可以推断出什么？

问题 8．假设我说，在第七个岛，每个居民并不是做出一个单独的陈述："我们中有的人吸烟，但我不吸烟"，而是做了两个独立的陈述：（1）"我们中有的人吸烟"；（2）"我不吸烟"。你会得出什么结论？答案是否与上一个问题相同？

引入 ∀ 与 ∃

在一阶逻辑中，我们用有或没有下标的字母 x，y，z 代表正在讨论的某个定义域（domain）的任意对象。定义域是什么取决于问题中的应用。例如，在代数中，字母 x，y，z 通常代表任意数字。在几何学中，它们通常代表平面上的点。在社会学中，他们可能代表任意的人。一阶逻辑非常普遍，适用于各种领域。并且在计算机科学中有很多应用。

给定性质 P 和任意对象 x，具有性质 P 的命题 x 由 Px 表示。现在，假设我们希望说每个对象都有性质 P，或者"所有对象都有性质 P"。这里，我们引入符号"$\forall$"，称为全称量词（universal quantifier）。所有对象 x 都具有性质 P 这个命题被巧妙地符号化为"$\forall x P x$"（读作"对于每个 x，Px"或"对于所有 x，Px"）。

有的 x 具有性质 P 这个命题（"有的"，在至少有一个的意义上使用），或者等价地"存在具有性质 P 的对象 x"呢？这被符号化为"$\exists x P x$"（读作"存在具有性质 P 的 x"。符号"$\exists$"被称为存在量词（existential quantifier）。

顺便说一句，一个奇怪的事实是，在一般英语中，英语单词任何（any）有时意味着"有的"，有时意味着"所有的"。例如，如果你问"这儿有人吗？"（Is anyone here?），你显然不是问是否每个人都在这里，而是是否有人在这里。另一方面，一个人说，"每个人都可以做这件简单的事情"（Anyone can do this simple task），意味着每个人都可以做到，而不是有的人可以做到。

现在让我们使用量词 $\forall$ 和 $\exists$ 以及最常用于命题逻辑的逻辑联结词，即 $\sim$，$\wedge$，$\vee$，$\supset$，$\equiv$。

令 G 是好的性质。那么，"x 是好的"缩写为 Gx。$\forall x G x$ 是说，每个人都是好的。$\exists x G x$ 是说，存在一个 x 是好的，或者"有的人是好的"（记住，有的表示至少有一个）。我们如何符号化"没有人是好的"这个命题呢？一种方法是 $\sim\exists x G x$（不存在一个 x，使得 x 是好的）。另一种方法是 $\forall x(\sim Gx)$（对于每个 x，x 不是好的）。现在让我们将"x 去天堂"缩写为 Hx。我们如何符号化"所有好人都去天堂"呢？这个可以等价地陈述为"对于每个人 x，如果 x 是好的，那么 x 去天堂"，并且相应地符号化为 $\forall x(Gx \supset Hx)$。那么命题"只有好人才去天堂"呢？一种方法是 $\forall x(Hx \supset Gx)$，另一种方法是 $\forall x(\sim Gx \supset \sim Hx)$。还有另一种方法是 $\sim\exists x(Hx \wedge \sim Gx)$。那么"有的好人去天堂"呢？显然，这用 $\exists x(Gx \wedge Hx)$ 表示。

现在让我们考虑一句古老的谚语："上帝帮助那些自己帮助自己的人。"这似乎有一些含糊之处——它是意味着上帝帮助所有自己帮助自己的人，或者意味着上帝只帮助那些自己帮助自己的人，还是意味着上帝帮助且只帮助那些自己帮助自己的人？好吧，让我们把"上帝"缩写为"g"，把 x 帮助 y 缩写为

"*xHy*"。因此，上帝帮助所有自己帮助自己的人将被符号化为 $\forall x\,(xHx \supset gHx)$。上帝只帮助那些自己帮助自己的人这个命题将被符号化为 $\forall x\,(gHx \supset xHx)$。至于上帝帮助且只帮助自己帮助自己的人这个命题，一个表示是 $\forall x\,((xHx \supset gHx) \wedge (gHx \supset xHx))$，或者更简单地说，$\forall x\,(gHx \equiv xHx)$。

下面给出更多的译法。

问题 9. 用 *h* 表示福尔摩斯［Holmes，夏洛克·福尔摩斯（Sherlock Holmes）］并且用 *m* 表示吴里亚蒂（Moriarty）。把"*x* 可以抓住 *y*"缩写为"*xCy*"。给出以下陈述的符号表示：

（a）福尔摩斯可以抓住任何可以抓住莫里亚蒂的人。

（b）福尔摩斯可以抓住任何莫里亚蒂可以抓住的人。

（c）福尔摩斯可以抓住任何可以被莫里亚蒂抓住的人。

（d）如果任何人都可以抓住莫里亚蒂，那么福尔摩斯也可以。

（e）如果每个人都可以抓住莫里亚蒂，那么福尔摩斯也可以。

（f）任何可以抓住福尔摩斯的人都可以抓住莫里亚蒂。

（g）没有人可以抓住福尔摩斯，除非他可以抓住莫里亚蒂。

（h）每个人都可以抓住某个不能抓住莫里亚蒂的人。

（i）任何可以抓住福尔摩斯的人都可以抓住任何福尔摩斯可以抓住的人。

问题 10. 把"*x* 知道 *y*"符号化为"*xKy*"。给出以下陈述的符号表示：

（a）每个人都知道某个人。

（b）有的人知道每个人。

（c）有的人被每个人知道。

（d）每个人 *x* 都知道某个不知道 *x* 的人。

（e）存在某个人 *x* 知道任何知道 *x* 的人。

问题 11. 把"*x* 可以做到"缩写为 *Dx*，把"伯纳德"（Bernard）缩写为"*b*"。把"*x* 与 *y* 相同"缩写为"*x = y*"。给出以下陈述的符号表示：

（a）如果任何人都可以做到，那么伯纳德也可以做到。

（b）伯纳德是唯一可以做到的人。

问题 12. 我们考虑算术中的某些例子。这里，"数"表示自然数，即 0 或某个正整数。"x 小于 y" 的一般缩写是 "$x < y$"，"x 大于 y" 的缩写是 "$x > y$"。给出以下陈述的符号表示：

（a）对于每个数，存在一个更大的数。

（b）除 0 以外的每个数都比某个数大。

（c）0 是唯一具有不存在比它小的数这个性质的数。

（d）不使用等号 =，但使用 < 或 > 表示 x 等于 y 的性质，以及 x 不等于 y 的性质。

∀ 与 ∃ 的相互依赖性

问题 13. 我们再次考虑对象的性质 P，将命题 x 具有性质 P 符号化为 Px，将所有对象 x 具有性质 P 这个性质表示为 $\forall x Px$。但是，有可能符号化所有 x 都有性质 P 却不使用全称量词 ∀，而是使用存在量词 ∃ 以及命题逻辑的一些联结词吗？怎么做？因此，∀ 可以从 ∃ 和命题联结词中定义。怎么做？

关系符号

考虑两个对象之间的关系 R。x 和 y 有 R 关系这个命题可以符号化为 Rx, y，或有时用 xRy 表示。现在考虑三个参数的关系 R，即三个对象 x, y 和 z 之间的关系（例如 $x + y = z$）。x, y, z 之间有关系 R 这个命题可以符号化为 Rx, y, z。类似地，对于 n（$n \geqslant 3$）个参数的关系 R 也可以表示出来。因此，$Rx_1, x_2, ..., x_n$ 表示 $x_1, x_2, ..., x_n$ 之间有关系 R。一个参数的关系被称为性质（property）。

一阶逻辑的公式

对于一阶逻辑 [也称为量化理论（quantification theory）]，我们将使用以下符号：

（a）命题逻辑的符号而不是命题变元。

（b）$\forall$（读作"所有的"），$\exists$（读作"有的"）。

（c）一个符号的可数序列称为个体变元（individual variable）。

（d）一个符号的可数序列称为个体参数（individual parameter）。

（e）对于任意正整数 n，一个符号的集合称为 n 元谓词（n-ary predicate）或 n 度谓词（predicate of degree n）。

因此，变元（variable）这个术语应表示个体变元（不要与命题逻辑中的命题变元混淆）。我们将使用有或没有下标的小写字母 x, y, z 来表示任意变元。使用有或没有下标的字母 a, b, c 来表示个体参数（因此称为"参数"）。使用有或没有下标的大写字母 P, Q, R 来表示谓词，其上的度可以结合语境确定。对于（个体）变元和参数，我们将统一使用术语"个体符号"（individual symbols）。

原子公式

一个原子公式（atomic formula），表示被 n 个个体符号所跟随的 n 度谓词。

公式

从原子公式开始，我们用命题逻辑的形成规则构建所有公式（一阶逻辑）的集合，并且根据规则，对于任意公式 F 和任意变元 x，表达式 $\forall xF$ 和 $\exists xF$ 都是公式。因此，规则如下：

（1）每个原子公式都是公式。

（2）对于任何一对公式 F 和 G，表达式 $\sim F$,$(F \wedge G)$,$(F \vee G)$,$(F \supset G)$ 和 $(F \equiv G)$ 都是公式。

（3）对于任意一个公式 F 和变元 x，表达式 $\forall xF$［称为 F 关于 x 的全称量化（universal quantification）］和 $\exists xF$［称为 F 关于 x 的存在量化（existential quantification）］都是公式。

除了由上述三条规则所得到的结果，没有其他表达式是公式。

公式的度

一个公式度是指符号 ~，∧，∨，⊃，≡，∀ 和 ∃ 在其中出现的次数。

变元的自由出现与约束出现

我们现在必须处理一些人（包括作者）认为的一阶逻辑中最烦人的问题！

在定义个体变元的自由出现和约束出现这个重要的概念之前，我们先来看一些例子。

在自然数的算术中，考虑以下等式：

$$x = 5y$$

现在，这个等式既不为真也不为假，但当我们对变元 x 和 y 赋值时，它就变为真的或假的。例如，如果我们将 x 取为 15 而 y 取为 3，那么我们就得到一个真值。如果我们将 x 取为 12 而 y 取为 9，那么我们就会得到一个明显的错误。现在重要的是，上述等式的真假取决于 x 值的选择和 y 值的选择。这反映了一个事实，x 和 y 都在等式中自由出现。

现在考虑以下内容：

$$\exists x \, (y = 5x)$$

上述公式的真假取决于 y，而不取决于 x 的任何选择。实际上，我们可以重述上述内容甚至让 x 不出现，即 "y 可以被 5 整除"。这表明，y 在上述表达式中有一个自由出现，但 x 没有；那么我们说 x 在该等式中是约束的。

假设 x 在公式 F 中出现。如果在 F 的前面放上 $\forall x$ 或 $\exists x$，那么所有在 $\forall x F$ 或 $\exists x F$ 中出现的 x 都会被约束。因此，所有在 $\forall x F$ 和 $\exists x F$ 中出现的 x 都是约束出现的。以下是确定自由和约束的明确规则：

（1）在一个原子公式中，变元的所有出现都是自由的。

（2）$\sim F$ 中一个变元 x 的自由出现和在 F 中一样。$(F \wedge G)$ 中 x 的自由出现是 F 和 G 中 x 的那些自由出现。同样，也可以用 $\vee$，$\supset$ 和 $\equiv$ 代替 $\wedge$。

（3）在 $\forall x F$ 中，变元 x 的所有出现都是约束的（不是自由的），但对于任何变元 y 则与 x 不同，在 $\forall x F$ 中，y 的自由出现就是 F 自身中 y 的那些自由出现。同样，可以用 $\exists$ 代替 $\forall$。

在同一个公式中，变元可能同时有自由出现和约束出现。例如，$Px \supset \forall x Qx$（x 在 P 后面的出现是自由的，而在 Q 后面的出现是约束的）。

如果一个公式中没有出现自由变元，则称为闭公式（closed formula），否则称为开公式（open formula）。闭公式也称为句子（sentence）。

替换

对于任意公式 F、变元 x 和参数 a，F_a^x 表示用 a 替换 x 在 F 中的每个自由出现的结果。此替换运算符合以下条件：

（1）如果 F 是原子的，那么 F_a^x 是用 a 替换 x 在 F 中的每个出现的结果。

（2）对于任意一对公式 F 和 G，$(F \wedge G)_a^x = F_a^x \wedge G_a^x$。类似地，可以用 $\vee$，$\supset$ 和 $\equiv$ 代替 $\wedge$。$(\sim F)_a^x = \sim (F_a^x)$。

（3）$[\forall x F]_a^x = \forall x F$ 和 $[\exists x F]_a^x = \exists x F$，但对于任何不同于 x 的变元 y，$[\forall x F]_a^y = \forall x [F]_a^y$ 且 $[\exists x F]_a^y = \exists x [F]_a^y$。

以下表示法很方便。我们令 $\varphi(x)$ 是 x 作为自由变元的任意公式。那么对于任何参数 a，$\varphi(x)$ 是指用 a 代替 x 在 $\varphi(x)$ 中的所有自由出现的结果。因此，$\varphi(a)$ 是 $[\varphi(x)]_a^x$。即使 x 在 $\varphi(x)$ 中没有自由出现，我们也可以用符号 $\varphi(x)$（表示 φ 是一个可能有自由变元 x 的公式），我们仍然会有 $\varphi(a) = [\varphi(x)]_a^x$，因为根据定义，在这种情况下，用 a 替换 x 在 $\varphi(x)$ 中的每次自由出现不会有任何影响，只会再次产生 $\varphi(x)$。

注意：由于在数学中短语"当且仅当"（if and only if）频繁出现，因此数学家保罗·哈尔莫斯（Paul Halmos）建议使用缩写"iff"代替。我们将在本书其余部分采用他的用法。

解释与赋值

纯公式（pure formula）是不含参数的公式。现在，我们将讨论纯闭公式（即没有参数且没有出现自由变元的公式）。

U 公式

在定义解释的概念时，我们必须做的第一件事是选择一个称为定义域的非空集 U。在不失一般性的情况下，我们可以假设 U 中的元素是符号，但与目前讨论的所有一阶逻辑的符号都不同。在所选的定义域中，唯一重要的是其元素的数量。如果 U 中的元素不是符号，而是诸如数字之类的语言外的实体，我们可以为 U 中每个元素指派一个符号来命名它，并要明白 U 中不同元素有不同的名称，然后 U 与其名称的集合大小相同。但为了简化问题，我们假设 U 的元素本身就是符号。请注意，我们在此并不假设所讨论的只是有穷或可数多个符号。

现在我们希望在 U 中定义有常元的公式的概念——更简单地说，就是一个 U 公式。通过原子 U 公式，我们可以表示由某个 n 度谓词后面跟 n 个符号所组成的表达式，每个符号是变元或 U 中的元素。因此，原子 U 公式是形如 $Pe_1, \ldots, e_n$ 的表达式，其中 P 是 n 度谓词，每个 e_i 是一个变元或 U 中的一个符号。因此，原子 U 公式就像一个原子公式，除了它有代替参数的 U 中的元素。如果原子公式 $Pe_1, \ldots, e_n$ 是封闭的，那么当然每个 e_i 都是 U 中的符号（因为原子公式中变元的所有出现都是自由的，因此如果其中没有自由变元，则根本没有变元）。

我们所说的命题逻辑中的解释现在将被称为命题解释（propositional interpretation）。在一阶逻辑中，首先通过选择非空定义域 U 来确定解释 I，然

后指派给每个 n 度谓词 P 一个 U 中元素的 n 元关系。我们令 $I(P)$ 为在 I 下被指派给 P 的关系。根据以下规则，在解释 I 下，每个封闭的 U 公式（包括所有未出现 U 中常元的纯闭公式）都变为真的或假的。

（1）对任意 n 元谓词 P 以及 U 中的元素 $u_1, ..., u_n$，原子 U 公式 $Pu_1, ..., u_n$ 为真（在 I 下）当且仅当 n 个元素 $u_1, ..., u_n$ 在 I 下表示被指派给 P 的关系。

（2）与命题逻辑一样，$\sim F$ 为真（在 I 下）当且仅当 F 不为真。$(F \wedge G)$ 为真当且仅当 F 和 G 都为真。$(F \vee G)$ 为真当且仅当 F 和 G 中至少有一个为真。$(F \supset G)$ 为真当且仅当 F 不为真或 G 为真。$(F \equiv G)$ 为真当且仅当 F 和 G 都为真或者 F 和 G 都为假。

（3）$\forall x \varphi(x)$ 为真当且仅当对 U 中的任意元素 u，$\varphi(u)$ 为真。$\exists x \varphi(x)$ 为真当且仅对 U 中至少一个元素 u，$\varphi(u)$ 为真。

这总结了纯闭公式的谓词解释的真值定义。

对于具有自由变元或参数的公式 F，F 的定义域 U 中的解释 I 表示对 F 的谓词的解释，以及对 F 中每个自由变元和每个参数指派 U 中的一个元素。然后，如果 F' 在 I 下为真，F 在 I 下也为真，其中 F' 是在 I 下将 F 的每个自由变元和参数用指派给它的 U 中元素替换的结果。

这总结了在定义域 U 中的一个解释下，有或没有自由变元或参数的公式的真值定义。

在一阶逻辑中，如果一个公式在定义域 U 中的任意解释下都为真，则称它为在定义域 U 中是有效的，一个公式在 U 中是可满足的当且仅当它在 U 中至少一个解释下为真。如果一个公式在任意非空定义域中是有效的，则称它为有效的，如果它在至少一个非空定义域中是可满足的，则称它为可满足的。如果存在至少一个定义域使得该集合中的所有公式在该定义域的至少一个解释下为真，则称这个公式集合是同时可满足的。

如果一个纯闭公式 X 在定义域 U_1 中是可满足的，那么它在任何更大的定

义域 U_2 中也是可满足的，即在任何使得 U_1 是 U_2 的真子集的定义域 U_2 中是可满足的。这在后面可以看到。

令 I_1 是 X 在定义域 U_1 中的一个解释，X 在其下为真。我们希望构造 U_2 的解释 I_2，使得 X 在其下为真。

令 r 是 U_1 中的任意元素。对于 U_2 中的任意元素 e，定义 e' 如下：如果 e 在 U_1 中，那么令 e' 为 e。如果 e 在 U_2 中但不在 U_1 中，取 e' 为 U_1 中的元素 r。对于任意 U_2 公式 F，令 F' 是用 e' 代替 U_2 中每个元素 e 的结果。现在我们准备在 U_2 中定义解释 I_2：对于 X 中的任意 n 度谓词 P，$I_2(P)$ 是 U_2 中元素的所有 n 元组（$e_1, ..., e_n$）的集合，使得 $Pe_1', ..., e_n'$ 在 I_1 下为真。通过度的完全的数学归纳可以证明，对于任意 U_2 公式 F，公式 F 在 I_2 下为真当且仅当 F' 在 I_1 下为真（练习在下面）。特别地，X 在 I_2 下为真当且仅当 X 在 I_1 下为真，但既然 X 在 I_1 下为真，则 X 在 I_2 下为真。

练习. 进行归纳。

问题 14. 假设定义域 U_1 是 U_2 的真子集。反过来，如果一个纯闭公式在 U_2 中是可满足的，那么它在 U_1 中必然是可满足的，这不为真。作为反例，写出一个纯闭公式，该公式在任意有两个元素的定义域中都是可满足的，但在任意仅有一个元素的定义域中是不可满足的。

问题 15. 写出一个在可数定义域中可满足但在任何有穷定义域中都不可满足的纯闭公式。

问题 16. 你能找到一个在不可数定义域中可满足但在可数定义域中不可满足的公式吗？

重言式

如果一阶逻辑的公式 X 可以通过用一阶逻辑的公式替换命题逻辑的公式 Y 的命题变元，而从 Y 中获得，则 X 被称为 Y 的实例。例如，$\forall x Qx \lor \sim \exists y Py$ 是命

题公式 $p \vee \sim q$ 的一个实例（它可以通过用 $\forall x Q x$ 替换 p 和用 $\sim \exists y P y$ 替换 q 得到）。现在，如果一阶公式 X 是命题逻辑的重言式的一个实例，则一阶公式 X 被称为重言式。例如，$\forall x Q x \vee \sim \forall x Q x$ 是重言式，因为它是命题重言式 $p \vee \sim p$ 的一个实例。即使一个人不知道符号 $\forall$ 的意思，但知道 $\vee$ 和 $\sim$ 的含义，那么他就会知道 $\forall x Q x \vee \sim \forall x Q x$ 一定为真，因为对任意命题，它或它的否定一定为真。另一个重言式是（$\forall x P x \wedge \forall x Q x$）$\supset \forall x P x$，因为它是（$p \wedge q$）$\supset p$ 的一个实例。但是，公式（$\forall x P x \wedge \forall x Q x$）$\supset \forall x$（$P x \wedge Q x$）虽然是有效的，但不是重言式！它是有效的，因为如果每个元素都有性质 P 并且每个元素都有性质 Q，那么每个元素都有性质 P 和 Q。但是该公式不是任意命题逻辑的重言式的实例。为了实现公式的有效性，一定要知道符号 $\forall$ 的含义。例如，如果重新解释 $\forall$ 为 "存在" 而不是 "所有的"，则公式不会总为真（如果某个元素有性质 P 且另一个元素有性质 Q，则不会得出某个元素同时有性质 P 和 Q）。所有的重言式当然都是有效的，但它们只构成了一阶逻辑有效式的一部分。

一阶逻辑的公理系统

　　书中有一些一阶逻辑的公理系统。它们中的一些通过为量词增加公理和推理规则，将完备的命题逻辑的公理系统扩展成一阶逻辑的公理系统。其他公理系统只是将所有重言式作为公理，而不是把公理作为命题的部分。这是完全合理的，因为人们可以通过真值表有效地判断一个公式是否为重言式。这正是我们下面要讲的。（在后面的章节中，你将会看到，对于命题部分，有公理将更加方便，例如第 7 章的那些公理。）

　　下面是一阶逻辑的公理系统，我们将其命名为 $\mathcal{S}_1$（下标 1 提醒我们，这是一阶逻辑的证明系统）：

公理

　　第 1 组：所有重言式。

第 2 组：

（a）所有句子 $\forall x \varphi(x) \supset \varphi(a)$。

（b）所有句子 $\varphi(a) \supset \exists x \varphi(x)$。

推理规则

I. 分离规则　$\dfrac{X,\ X \supset Y}{Y}$

II.（a）$\dfrac{\varphi(a) \supset X}{\exists x \varphi(x) \supset X}$　　（b）$\dfrac{X \supset \varphi(a)}{X \supset \forall x \varphi(x)}$

其中，X 是封闭的，a 是不在 X 或 $\varphi(x)$ 中出现的参数。

问题 17. 证明一阶逻辑的公理系统 $\mathcal{S}_1$ 是正确的。

因此，该系统是正确的。令人惊奇的是，这个系统也是完全的，即所有有效的公式在它之中都是可证明的！这是一阶逻辑的重要结果，实际上归功于库尔特·哥德尔，以及被熟知的哥德尔完全性定理（Gödel's Completeness Theorem）。1930 年，哥德尔证明了这个定理是与上述系统密切相关的系统，并将此作为他在维也纳大学的博士论文。仅仅一年之后，他就证明了他更为著名的不完全性定理（适用于任何足以描述自然数算术的形式公理系统）。这个不完全性定理是我们将在本书第四部分讨论的主题。

我们将给出的完全性的证明比哥德尔的原始证明简单很多。通过使用一阶表列对它进行了简化，这是下一章的主题。

问题答案

1. 由于他们都对岛的性质说了同样的话，当然他们都属于同一类型。因为他们诚实地说他们都是同一类型，所以他们都属于类型 T。

2. 同样，他们都说了一样的话，所以他们都是同一类型。因此，每个人说的都是假的，所以他们都属于类型 F。

3. 和前两个问题一样，他们都属于同一类型，因为他们都说了关于岛的同样的话。假设他们都是类型 F。因为他们总是说谎，所以他们的陈述是假的，因此所有类型 T 的人都吸烟是假的。但唯一可能错的是，如果至少存在一个类型 T 的居民不吸烟，这与所有居民都是类型 F 的假设相矛盾。因此，这种假设不可能为真，因为所有居民都一定是同一类型，他们一定都属于类型 T。然后，由于他们的陈述为真，所以他们都吸烟。因此，答案是所有居民都属于类型 T，并且所有居民都吸烟。

4. 同样，他们都属于同一类型。如果他们属于类型 T，他们就不会说有些属于类型 F 且吸烟，因为这意味着有些是类型 F。因此他们不能是类型 T；他们都是类型 F。进一步得出他们的陈述是假的，这表明并非有些属于类型 F 且吸烟。因此他们都是类型 F 且没人吸烟。

5. 我们已知所有居民的类型相同。假设他们都是类型 F，那么每个人的陈述都是假的，这意味着居民说他吸烟但不是所有人都吸烟。显然每个居民都吸烟，但并非所有人都吸烟是不可能的。因此，他们都是类型 F 的假设得出了矛盾。所以，他们都是类型 T。因此，每个居民的陈述都为真，这意味着对于每一个人，要么他不吸烟，要么全部居民都吸烟。因此他们都不吸烟或全部吸烟，而且无法分辨出是哪一个。因此，可以推断出所有居民都是类型 T，并且全部吸烟或全部不吸烟。

6. 同样，我们已知所有居民都属于同一类型。每个居民都声称，如果有任何居民吸烟，那么他也吸烟。在这里，"任何"一词表示"有的"。因此每个人都声称，如果至少有一个居民吸烟，那么他也吸烟。如果陈述是假的，那就意味着一些居民吸烟，但说话者不吸烟，这表示（因为每个居民都这么说）一些居民吸烟，但每个说话者都不吸烟，这是一个明显的矛盾。因此所有的陈述都为真，所以在上一个问题中，所有居民都是类型 T。因此，如同上一个问题，他们要么都不吸烟，要么全部吸烟，而且无法分辨出是哪一个。

7. 同样，我们已知所有居民的类型相同。他们不可能都是类型 T，因为如果他们的陈述为真，那么他们中的一些人吸烟，但每个人都不吸烟，这是荒谬的。因此，他们都是类型 F。由于他们的陈述是假的，因此对于每个居民 x 来说，要么一些居民吸烟是假的，要么 x 不吸烟是假的；换句话说，要么他们中没人吸烟，要么 x 吸烟。也可能他们都不吸烟。如果该替代方案不成立，则每个 x 都吸烟，这意味着他们全部吸烟。因此，所有都是类型 F，并且要么全部吸烟，要么全部不吸烟，而且无法分辨出是哪一个。

8. 我没有告诉你，但如果我有，你应该得出的结论是，我一定要么说谎，要么弄错了，因为所有居民不可能分别做出这两个陈述。原因如下：

假设每个人 x 说：

（1）我们中有些人吸烟。

（2）我不吸烟。

我们已知所有居民的类型相同。假设他们是类型 T。那么他们的陈述都为真。然后通过（1），他们中一些人吸烟。并且通过（2），每个 x 都不吸烟。这显然是一个矛盾。

假设他们是类型 F，那么他们的陈述都是假的。由于（1）是假的，所以他们都不吸烟。然而每个 x 都说假话，他，即 x，不吸烟，这意味着每个 x 都吸烟。这也是一个矛盾。因此，并非所有居民都做出陈述（1）和（2）。

注意：这个问题连同前面的问题提供了一个有趣的例子，说明属于类型 F 的居民可以断言两个陈述的合取，但不能分别断言每个陈述。这就是最后两个问题解决方案不同的原因。

9.（a）$\forall x\,(xCm \supset hCx)$

（b）$\forall x\,(mCx \supset hCx)$

（c）和（b）一样

（d）$\exists x\,(xCm) \supset hCm$

（e）　$\forall x\,(xCm)\supset hCm$

（f）　$\forall x\,(xCh\supset xCm)$

（g）　和（f）一样

（h）　$\forall x\exists y\,(xCy\wedge\sim yCm)$

（i）　$\forall x\,(xCh\supset\forall y\,(hCy\supset xCy))$

　　　　或者 $\forall x\forall y\,((xCh\wedge hCy)\supset xCy)$

10.（a）　$\forall x\exists y\,(xKy)$

（b）　$\exists x\forall y\,(xKy)$

（c）　$\exists x\forall y\,(yKx)$

（d）　$\forall x\exists y\,(xKy\wedge\sim yKx)$

（e）　$\exists x\forall y\,(yKx\supset xKy)$

11.（a）　$\exists xDx\supset Db$

　　　　或者 $\forall x\,(Dx\supset Db)$

（b）　$Db\wedge\forall x\,(Dx\supset(x=b))$

　　　　或者 $\forall x\,(Dx\equiv(x=b))$

12.（a）　$\forall x\exists y\,(y>x)$

（b）　$\forall x\,(\sim(x=0)\supset\exists y\,(x>y))$

（c）　$\sim\exists y\,(y<0)\wedge\forall x\,(\sim\exists y\,(y<x)\supset(x=0))$

　　　　或者 $\forall x\,(\sim\exists y\,(y<x)\equiv(x=0))$

（d）　x 等于 y 可以表示为 $\sim(x<y)\wedge\sim(y<x)$

　　　　x 不等于 y 可以表示为 $(x<y)\vee(y<x)$

13. 说每个 x 都有性质 P 等价于说不存在没有性质 P 的 x。因此，
$\forall xPx$ 相当于 $\sim\exists x\sim Px$。另外，存在具有性质 P 的 x 等价于并非每
个 x 都不具有性质 P。因此，$\exists xPx$ 等价于 $\sim\forall x\sim Px$。

14. 令 F 为以下两个公式的合取：

F_1：$\forall x\exists yRxy$

F_2：$\sim\exists xRxx$

　　　　因此，$F=\forall x\exists yRxy\wedge\sim\exists xRxx$。现在取两个不同对象 a 和 b 的

定义域 $\{a, b\}$。将 Rxy 解释为 $x \neq y$（x 不等于 y）。在这个解释下，F_1 成立，因为如果 $x = a$，则存在某个 y，即 b，使得 $a \neq y$；如果 $x = b$，则存在某个 y，即 a，使得 $b \neq y$。因此，对于定义域中的每个 x，存在某个 y，使得 Rxy。因此，$\forall x \exists y Rxy$ 为真，因此 F_1 成立。此外，F_2 成立，因为 $\sim a \neq a$ 且 $\sim b \neq b$，这是 $\sim Raa$ 和 $\sim Rbb$ 在这个解释下的含义。对定义域中的所有 x，$\sim Rxx$。因此，$\sim \exists x Rxx$ 成立。因此，F_1 和 F_2 都成立，因此它们的合取 F 也在同样的定义域中成立。因此，F 在有两个元素的定义域 $\{a, b\}$ 中是可满足的。

现在，为了表明 F 在仅有一个元素的定义域中是不可满足的，令 D 为至少有一个元素 e 的任意定义域。假设 F 在 D 上是可满足的。无论我们如何解释 R，F_1 和 F_2 在这个解释下都为真。因为 F_1 为真，那么 Rey 对 D 中至少一个元素 y 为真。由 F_2 知，这个 y 不是 e 本身！因此 y 和 e 不同，因此 D 包含至少两个不同元素 e 和 y。因此 F 在只有一个元素的定义域中是不可满足的。

15. 让 F_1，F_2 和 F_3 为以下公式（F_1 和 F_2 与上一个问题中的相同）：

F_1：$\forall x \exists y Rxy$

F_2：$\sim \exists x Rxx$

F_3：$\forall x \forall y \forall z ((Rxy \wedge Ryz) \supset Rxz)$

假设 F 为 $F_1 \wedge F_2 \wedge F_3$ 的合取。F 在所有自然数的可数定义域中是可满足的，将 Rxy 表示为 $x < y$（x 小于 y）。

（1）当然，对于任意数 x，存在数 y，使得 x 小于 y。从而 F_1 成立。

（2）没有数字小于自身；因此 F_2 成立。

（3）如果 x 小于 y，并且 y 小于 z，则当然 x 小于 z，因此 F_3 成立。

接下来我们证明如果 D 是任意非空定义域，在其中 F 是可满足的，那么 D 一定包含无穷多个元素。令 R 为 D 中元素的任意关系，其中 F 为真。由于 D 是非空的，因此它至少包含一个元素 e_1。通过 F_1，元素 e_1 和某个元素 e_2 有关系 R。根据 F_2，该元素 e_2

一定不同于 e_1。接下来，Re_2e_3 对某个元素 e_3 成立（根据 F_1），e_3 一定与 e_2 不同（再次根据 F_2）。此外，由于 Re_1e_2 和 Re_2e_3 成立，因此 Re_1e_3 成立（根据 F_3），因此 e_3 与 e_1 不同。现在，我们有三个不同的元素 e_1，e_2 和 e_3。我们对某个元素 e_4 有 Re_3e_4，和上面类似，它一定与 e_1，e_2 和 e_3 不同。然后，对某个新元素 e_5，Re_4e_5 成立，依此类推。因此，我们得到一个不同元素的无穷序列 e_1，e_2，…，e_n，…。

16. 这个问题的答案是否定的！你找不到这样的公式，因为根本没有！这个重要的实质是利奥波德·楼文汉姆（Leopold Löwenheim）的著名定理，即如果一个公式是可满足的，那么它在可数定义域中是可满足的。后来，索拉尔夫·斯科伦（Thoralf Skolem）在现在被熟知的楼文汉姆－斯科伦定理（Löwenheim-Skolem Theorem）中对此进行了改进，即对于任意公式的可数集 S，如果 S 是同时可满足的，那么它在可数定义域中是同时可满足的。因此，没有公式，甚至没有公式的可数集，可以使得解释的定义域是不可数的。这是一阶逻辑的主要结果之一，将在下一章中得到证明。

17. 以下是本章介绍的一阶逻辑公理系统是正确的证明。

首先证明公理。

第 1 组：所有重言式。

第 2 组：

（a）所有句子 $\forall x\varphi(x) \supset \varphi(a)$。

（b）所有句子 $\varphi(a) \supset \exists x\varphi(x)$。

（1）显然所有的重言式都是有效的。

（2a）说 $\forall x\varphi(x) \supset \varphi(a)$ 是有效的，就是说，对于非空定义域 U 中的任意解释 I，将 U 中任意的元素 e 指派给参数 a，句子 $\forall x\varphi(x) \supset \varphi(e)$ 都为真。显然是这样。

（2b）考虑在某个定义域 U 中对 $\varphi(x)$ 的谓词和参数（不包括参数 a）的任意解释 I。我们要证明，无论给参数 a 指派 U 中的

什么元素 e，句子 $\varphi(e) \supset \exists x \varphi(x)$ 都为真（在 I 下）。那么，如果 $\varphi(e)$ 为假，那么 $\varphi(e) \supset \exists x \varphi(x)$ 是空洞地真的。另一方面，如果 $\varphi(e)$ 为真，那么 $\exists x \varphi(x)$ 也为真，因此 $\varphi(e) \supset \exists x \varphi(x)$ 也为真。

下面证明推理规则。

I. 分离规则 $\dfrac{X,\ X \supset Y}{Y}$

II.（a）$\dfrac{\varphi(a) \supset X}{\exists x \varphi(x) \supset X}$ （b）$\dfrac{X \supset \varphi(a)}{X \supset \forall x \varphi(x)}$

其中，X 是封闭的，a 是不在 X 或 $\varphi(x)$ 中出现的参数。

当然，规则 I（分离规则）是正确的（即保持有效性）。

下面证明规则 II。

（a）假设 $\varphi(a) \supset X$ 是有效的，并且 a 在 X 或 $\varphi(x)$ 中不出现。那么在定义域 U 中的任何解释 I 下，对于 U 的任意元素 e，句子 $\varphi(e) \supset X$ 为真（在 I 下）。我们要证明 $\exists x \varphi(x) \supset X$ 为真（在 I 下）。假设 $\exists x \varphi(x)$ 为真。那么对于 U 的某个元素 e，句子 $\varphi(e)$ 为真，并且由于 $\varphi(e) \supset X$ 为真，那么 X 一定为真，因此 $\exists x \varphi(x) \supset X$ 为真（在 I 下）。当然，如果 $\exists x \varphi(x)$ 为假，那么在这种情况下，$\exists x \varphi(x) \supset X$ 也为真（在 I 下）。

（b）假设 $X \supset \varphi(a)$ 是有效的。我们要证明 $X \supset \forall x \varphi(x)$ 是有效的。考虑定义域 U 中的任意解释 I。根据 $X \supset \varphi(a)$ 是有效的的含义，对于 U 中任意的元素 e，句子 $X \supset \varphi(e)$ 在 I 下为真。要证明 $X \supset \forall x \varphi(x)$ 在 I 下为真，假设 X 为真。由于 $X \supset \varphi(e)$ 对于 U 中的任意元素 e 都为真，并且 X 为真，$\varphi(e)$ 对于 U 中的每个元素 e 都为真。因此，$\forall x \varphi(x)$ 在 I 下为真。因此，$X \supset \forall x \varphi(x)$ 在 I 下为真。当然，如果 X 在 I 下为假，那么 $X \supset \forall x \varphi(x)$ 在 I 下也一定为真，因为虚假陈述总是蕴涵任意陈述。

第 9 章

一阶逻辑的主要论题

一阶表列

这里定义的表列有重要的作用，并且可能比一阶逻辑的公理系统具有更重大的意义。实际上，公理系统的完全性可以从一阶表列的完全性定理中巧妙地推出来。

一阶表列使用命题逻辑的八个表列规则以及即将给出的量词的四个规则。但首先我们来看一些例子。

假设我们想要证明公式 $\exists xPx \supset \sim\forall x\sim(Px \lor Qx)$。与命题逻辑一样，我们以 F 作为表列开头，F 后面是我们想要证明的公式：

(1) $F \exists xPx \supset \sim\forall x\sim(Px \lor Qx)$

如下所示，我们使用命题逻辑中的规则来扩展表列。（正如一些命题逻辑的证明，在这里，为了帮助读者理解，我们在每行的右边加上推出这一行所依据的行数。）

(2) $T \exists xPx$ 由 (1)

(3) $F\sim\forall x\sim(Px \lor Qx)$ 由 (1)

(4) $T \forall x\sim(Px \lor Qx)$ 由 (3)

现在没有可应用的命题逻辑规则，因此我们转而研究量词。根据（2），至少存在一个 x 满足 Px；我们令参数 a 为这个 x，在证明中添加以下行：

（5）$T\ Pa$　　　　　　　　　　　　　由（2）

接下来我们看一下（4），它表示无论选择什么样的 x，都不满足 Px 或 Qx。特别地，并非 Pa 或并非 Qa，所以我们补充：

（6）$T \sim(Pa \lor Qa)$　　　　　　　　由（4）

在这一点上，（5）和（6）导致了命题逻辑中的不一致，我们可以先停在这里，或者只使用命题逻辑的规则来封闭表列：

（7）$F\ Pa \lor Qa$　　　　　　　　　由（6）
（8）$F\ Pa$　　　　　　　　　　　　由（7）
　　　　　　　　　　　　　　　　　　　　
［第（8）行与第（5）行矛盾）］

后面为了节省不必要的工作，每当我们得到一个包含命题逻辑不一致的枝时，就可以在其下面加一条线并将其视为封闭，因为我们知道使用命题逻辑的表列规则可以封闭它。让我们考虑另一个例子。证明公式（$\forall Px \land \exists x (Px \supset Qx)$）$\supset \exists x Qx$。

（1）$F\ (\forall x Px \land \exists x(Px \supset Qx)) \supset \exists x Qx$
（2）$T\ \forall x Px \land \exists x(Px \supset Qx)$　　　　由（1）
（3）$F\ \exists x Qx$　　　　　　　　　　　　　由（1）
（4）$T\ \forall x Px$　　　　　　　　　　　　　由（2）
（5）$T\ \exists x(Px \supset Qx)$　　　　　　　由（2）
（6）$T\ Pa \supset Qa$　　　　　　　　　　　由（5）
（7）$T\ Pa$　　　　　　　　　　　　　　　由（4）
（8）$F\ Qa$　　　　　　　　　　　　　　　由（3）

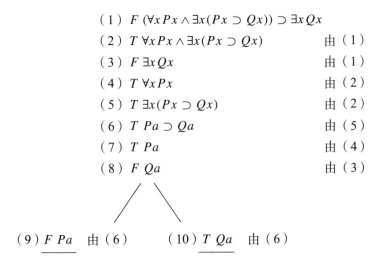

（9）$F\ Pa$　由（6）　　　（10）$T\ Qa$　由（6）

说明：通过命题逻辑的表列规则得到（2）、（3）、（4）和（5）。（5）表示 $Px \supset Qx$ 至少对一个 x 成立，因此我们令 a 为这样的 x，从而得到（6）。（4）表示 Px 对任意都 x 成立，因此，特别地，Pa 成立，这就得到了（7）。（3）表示并非存在 x 使得 Qx 成立，特别地，Qa 为假，这就得到了（8）。然后，（6）分出公式（9）和（10），进而表列封闭，因为这两个枝都存在矛盾。

量词的表列规则

我们有四个量词规则，分别为 $T \forall x \varphi(x)$，$T \exists x \varphi(x)$，$F \forall x \varphi(x)$，$F \exists x \varphi(x)$。这些规则都不涉及枝。

　　　　规则 $T \forall$：从 $T \forall x \varphi(x)$ 我们可以直接推出 $T \varphi(a)$，其中 a 是任意参数。

　　　　规则 $T \exists$：从 $T \exists x \varphi(x)$ 我们可以推出 $T \varphi(a)$，如果 a 没有在表列中出现。

以下是上面附文"如果 a 没有在表列中出现"的原因：假设在这个证明中，我们证明某个 x 具有某种性质 P。那么我们可以说，"令 a 为这样的 x"。现在假设我们后面会证明存在一个 x 的其他性质 Q。我们不能合理地说，"令 a 为这样的 x"，因为我们已经承诺符号"a"是具有性质 P 的某个 x 的名称，我们不知道有任何 x 同时具有性质 P 和性质 Q！因此，我们必须用一个新的符号 b 并说"令 b 为具有性质 Q 的 x"。

　　　　规则 $F \forall$：（这类似于规则 $T \exists$）：从 $F \forall x \varphi(x)$ 我们可以直接推出 $F \varphi(a)$，如果 a 对于该表列是新的。

这里，$F \forall x \varphi(x)$ 表示 $\varphi(x)$ 对于任意 x 都成立为假，这等价于至少存在一个 x 使得 $\varphi(x)$ 为假。我们令 a 为这样的 x 并写成 $F \varphi(a)$，但同样，a 对于该表列一定是新的，原因与规则 $T \exists$ 相同。

规则 $F\exists$：从 $F\exists x\varphi(x)$ 我们可以推出对于任意参数 a（不需要限制），$F\varphi(a)$ 成立。

这里，$F\exists x\varphi(x)$ 表示并非对于任意 x，$\varphi(x)$ 都为真，或者换句话说，对于任意 x，$\varphi(x)$ 为假，因此无论 a 是什么，$F\varphi(a)$ 成立。

现在，让我们以图解形式回想一下四个规则：

$$\text{规则 } T\forall \quad \frac{T\ \forall x\varphi(x)}{T\ \varphi(a)} \qquad\qquad \text{规则 } F\exists \quad \frac{F\ \exists x\varphi(x)}{F\ \varphi(a)}$$
$$（a\text{ 是任意参数}） \qquad\qquad （a\text{ 是任意参数}）$$

$$\text{规则 } T\exists \quad \frac{T\ \exists x\varphi(x)}{T\ \varphi(a)} \qquad\qquad \text{规则 } F\forall \quad \frac{F\ \forall x\varphi(x)}{F\ \varphi(a)}$$
$$（a\text{ 一定是新的}） \qquad\qquad （a\text{ 一定是新的}）$$

规则 $T\forall$ 和 $F\exists$ 统称为全称规则［尽管存在符号 $\exists$ 和公式 $F\exists x\varphi(x)$ 断言全称的事实，即对于任意元素 a，$\varphi(a)$ 成立为假］。规则 $T\exists$ 和 $F\forall$ 被称为存在规则［公式 $F\forall x\varphi(x)$ 断言存在的事实，即存在至少一个元素 a，$\varphi(a)$ 为假］。

对于不加标记公式，量化规则如下：

$$\text{规则 } \forall \quad \frac{\forall x\varphi(x)}{\varphi(a)} \qquad\qquad \text{规则 } {\sim}\exists \quad \frac{{\sim}\exists x\varphi(x)}{{\sim}\varphi(a)}$$
$$（a\text{ 是任意参数}） \qquad\qquad （a\text{ 是任意参数}）$$

$$\text{规则 } \exists \quad \frac{\exists x\varphi(x)}{\varphi(a)} \qquad\qquad \text{规则 } {\sim}\forall \quad \frac{{\sim}\forall x\varphi(x)}{{\sim}\varphi(a)}$$
$$（a\text{ 一定是新的}） \qquad\qquad （a\text{ 一定是新的}）$$

统一记法

我们记得统一记法 α，β。我们继续像在命题逻辑中做的那样使用它们，除了"公式"现在意味着一阶逻辑的闭公式（如果公式没有自由变元，那么它是封闭的；但它可能包含参数）。我们现在添加两个范畴 γ 和 δ，如下所示：

对于标记公式，γ（读作"伽马"）应为全称类型的任意公式，即 $T\forall x \varphi(x)$ 或 $F\exists x \varphi(x)$，并且 $\gamma(a)$ 分别表示 $T\varphi(a)$，$F\varphi(a)$。δ（读作"德尔塔"）应为存在类型的任意公式，即 $T\exists x \varphi(x)$ 或 $F\forall x \varphi(x)$，并且 $\delta(a)$ 分别表示 $T\varphi(a)$，$F\varphi(a)$。现在，我们的全称规则 $T\forall$ 和 $F\exists$ 归入以下规则 C，存在规则 $T\exists$ 和 $F\forall$ 归入以下规则 D：

$$\text{规则 C} \quad \frac{\gamma}{\gamma(a)} \qquad\qquad \text{规则 D} \quad \frac{\delta}{\delta(a)}$$
$$（a \text{ 是新的}）$$

回顾命题的规则：

$$\text{规则 A} \quad \frac{\alpha}{\alpha_1} \quad \frac{\alpha}{\alpha_2} \qquad\qquad \text{规则 B} \quad \begin{array}{c} \beta \\ \diagdown \\ \beta_1 \quad \beta_2 \end{array}$$

因此，使用我们的统一记法，一阶逻辑的十二个表列规则被缩简为四个。

对于不加标记公式，我们用 γ 表示形如 $\forall x \varphi(x)$ 或 $\sim\exists x \varphi(x)$ 的任意公式，并且 $\gamma(a)$ 分别表示 $\varphi(a)$ 或 $\sim\varphi(a)$。我们用 δ 表示形如 $\exists x \varphi(x)$ 或 $\sim\forall x \varphi(x)$ 的任意公式，并且通过 $\delta(a)$，我们分别表示 $\varphi(a)$，$\sim\varphi(a)$。

现在我们看另一个表列，即证明下面这个公式：

$$\forall x \forall y(Px \supset Py) \supset (\forall x Px \vee \forall x \sim Px)$$

（1）$F\ \forall x \forall y(Px \supset Py) \supset (\forall x Px \vee \forall x \sim Px)$

（2）$T\ \forall x \forall y(Px \supset Py)$ 　　　　　　　由（1）

（3）$F\ (\forall x Px \vee \forall x \sim Px)$ 　　　　　　由（1）

（4）$F\ \forall x Px$ 　　　　　　　　　　　　　由（3）

（5）$F\ \forall x \sim Px$ 　　　　　　　　　　　由（3）

（6）$F\ Pa$ 　　　　　　　　　　　　　　　由（4）

（7）$F\ \sim Pb$ 　　　　　　　　　　　　　由（5）

（8）$T\ Pb$ 　　　　　　　　　　　　　　　由（7）

（9）$T\ \forall y(Pb \supset Py)$ 　　　　　　　　由（2）

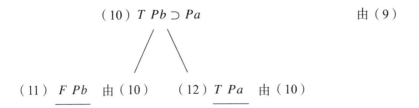

（10）*T Pb* ⊃ *Pa*　　　　　　　　　　　　由（9）

（11）　*F Pb*　由（10）　　（12）*T Pa*　由（10）

讨论：在（7）中，按照规则 D，我不能再次使用参数 *a*，所以不得不使用一个新的参数 *b*。现在，在（9）中，我如何知道最好使用参数 *b* 而不是 *a* 或其他参数呢？我知道是因为在做表列之前，我已经在脑海中非正式地完成了一个证明，然后相应地做了这个表列。

命题逻辑的表列是纯粹日常的事物。使用规则的顺序没有本质区别。如果某个顺序导致封闭，那么任何其他顺序也是如此。但是，对于一阶表列，情况则完全不同。首先，在构造命题逻辑的表列时，如果不重复任何公式，则表列一定以有穷数量的步骤终止，而在一阶表列中，该过程可以无限继续，因为当我们使用全称公式 *γ* 时，我们可以在表列中加入 *γ*（*a*），*γ*（*b*），...，我们可以使用的参数数量没有限度。但是，如果一个人没有按照正确的顺序做事，那么表列可能会永远进行下去而不封闭，即使表列会在不同的顺序下封闭。你可能想知道是否存在某个系统程序，一旦遵循它，如果可能封闭则可以保证封闭。实际上存在，我们将在下一部分中讨论一个。遵循该程序纯粹是机械的——编程一个计算机就很容易做到。然而，用智慧和独创性构造的表列通常比使用纯机械程序构造的表列快得多。我们稍后会回到这里。

同时，这里有一些可能有用的策略要点：在构造一阶表列的任意步骤时，在使用 *γ* 和 *δ* 之前使用所有未使用的 *α* 和 *β* 是明智的。然后使用任意可用的 *δ*（但不超过一次，正如我已经建议的那样）。对于 *γ*，在引入新的参数之前，使用树上已有的任意参数。

在下面的练习中，我们记得形如 *X*≡*Y* 的公式被进行如下处理：

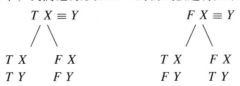

另外，在证明形如 $X \equiv Y$ 的公式时，使用两个表列减少了混乱，一个以 TX 开始，接着是 FY，另一个以 FX 开始，接着是 TY。

练习 1. 使用一阶表列证明以下公式：

（a）$\forall x\,(\,\forall y\,Py \supset Px\,)$

（b）$\forall x\,(\,Px \supset \exists x\,Px\,)$

（c）$\sim\exists y\,Py \supset \forall y\,(\,\exists x\,Px \supset Py\,)$

（d）$\exists x\,Px \supset \exists y\,Py$

（e）$(\,\forall x\,Px \wedge \forall x\,Qx\,) \equiv \forall x\,(\,Px \wedge Qx\,)$

（f）$(\,\forall x\,Px \vee \forall x\,Qx\,) \supset \forall x\,(\,Px \vee Qx\,)$

（g）$\exists x\,(\,Px \vee Qx\,) \equiv (\,\exists x\,Px \vee \exists x\,Qx\,)$

（h）$\exists x\,(\,Px \wedge Qx\,) \supset (\,\exists x\,Px \wedge \exists x\,Qx\,)$

问题 1. 上述练习中（f）的逆否公式，即公式 $\forall x\,(\,Px \vee Qx\,) \supset (\,\forall x Px \vee \forall x Qx\,)$ 不是有效的。为什么？此外，上述练习中（h）的逆否公式不是有效的。为什么？

练习 2. 在使用表列方法证明的这组公式中，C 是任意闭公式［并且对于任意参数 a，公式 $C\,(\,a\,)$ 仅仅是 C］。

（a）$\forall x\,(\,Px \vee C\,) \equiv (\,\forall x\,Px \vee C\,)$

（b）$\exists x\,(\,Px \wedge C\,) \equiv (\,\exists x\,Px \wedge C\,)$

（c）$\exists x C \equiv C$

（d）$\forall x C \equiv C$

（e）$\exists x\,(\,C \supset Px\,) \equiv (\,C \supset \exists x\,Px\,)$

（f）$\exists x\,(\,Px \supset C\,) \equiv (\,\forall x\,Px \supset C\,)$

（g）$\forall x\,(\,C \supset Px\,) \equiv (\,C \supset \forall x\,Px\,)$

（h）$\forall x\,(\,Px \supset C\,) \equiv (\,\exists x\,Px \supset C\,)$

（i）$\forall x\,(\,Px \equiv C\,) \supset (\,\forall x\,Px \vee \forall x\,\sim Px\,)$

表列的完全性

在证明一阶逻辑的表列方法是完全的之前，即对于任意有效的闭公式 X，存在一个关于 FX 的封闭表列，我们一定要确保该方法是正确的，即如果存在一个关于 FX 的封闭表列，那么 X 确实是有效的。同样，我们一定要证明如果 FX 是可满足的，那么 FX 的任意表列都不是封闭的。也就是要证明，如果表列的枝 θ 是可满足的，那么由规则 A、规则 C 或规则 D 得到的 θ 的任意扩张都是可满足的，并且如果 θ 通过规则 B 被分成两个枝 θ_1，θ_2，那么枝 θ_1，θ_2 中至少有一个是可满足的。

因此，我们一定要验证对于任意可满足的公式 S，以下事实成立：

F_1：对于 S 中的任意 α，集合 $S \cup \{\alpha_1\}$ 和 $S \cup \{\alpha_2\}$ 都是可满足的。

F_2：对于 S 中的任意 β，$S \cup \{\beta_1\}$ 或 $S \cup \{\beta_2\}$ 都是可满足的。

F_3：对于 S 中的任意 γ，集合 $S \cup \{\gamma(a)\}$ 是可满足的，其中 a 是任意参数。

F_4：对于 S 中的任意 δ，集合 $S \cup \{\delta(a)\}$ 是可满足的，其中 a 是不在 S 的任意元素中的参数。

事实 F_1，F_2，F_3 是显然的。为真但不太明显的是 F_4。实际上，观察以下更强有力的事实是有用的：我们说，如果 S 的所有元素在 I 下都为真，则闭公式的集合 S 的解释 I 满足 S。如果参数 a 不出现在 S 的任何元素中，我们说 a 对于 S 是新的。现在考虑句子的集合 S 和另一个句子的集合 S'，S 是 S' 的子集。考虑 S' 在相同的定义域 U 上的解释 I'。如果对 S 的（某些公式）任意谓词和参数，它在 I 下的值与它在 I' 下的值相同，我们说 I' 扩张了 I，或者是 I 的扩张。（当然，其在 I 下的值是指在 I 下指派给它的 U 的元素或关系。）以下是比 F_4 更明确的陈述：

$F_4{}^*$：如果 I 满足 S，那么对于 S 中的任意 δ 和对 S 来说任意新的参数 a，集合 $S \cup \{\delta(a)\}$ 通过 I 的某个扩张被满足。

问题 2. 证明 $F_4{}^*$。

辛迪卡集

对于一阶逻辑，我们假设有许多参数可用。如果满足以下条件，我们将有标记的句子集 S（句子是闭公式）定义为一阶逻辑的辛迪卡集：

H_0：没有公式及其共轭在 S 中（正如在命题逻辑中）。

H_1：对于 S 中的任意 α，α_1 和 α_2 都在 S 中（正如在命题逻辑中）。

H_2：对于 S 中的任意 β，β_1 或 β_2 在 S 中（正如在命题逻辑中）。

H_3：对于 S 中的任意 γ，对于任意参数 a，公式 $\gamma(a)$ 在 S 中。

H_4：对于 S 中的任意 δ，存在至少一个参数 a，使得公式 $\delta(a)$ 在 S 中。

一阶逻辑的辛迪卡引理：一阶逻辑的任意辛迪卡集在可数域中都是可满足的。

上述引理的证明并不比命题逻辑中的难。

问题 3. 证明一阶逻辑的辛迪卡引理。提示：证明任意辛迪卡集在参数的可数域中都是可满足的。

注意：我们有时会考虑参数的有穷域 D 和闭公式的集合 S，S 中的所有参数都在 D 中。如上所述，我们将这样的集合定义为定义域 D 的辛迪卡集，仅在 H_3 中将"每个参数"替换为"D 中的每个参数"。对于无穷域的辛迪卡引理的证明简单修改后就可以证明有穷域 D 的任意辛迪卡集在该有穷域 D 中是可满足的。

现在我们来看一阶表列的完全性证明。这比命题逻辑更为卓越。在命题逻辑中，公式的表列一定在有限步内停止，并且在完成时，任意开枝上的公式集都是辛迪卡集（即命题逻辑的辛迪卡集）。但是，一阶逻辑的表列可以无限地进行下去而不封闭，在这种情况下，至少存在一个无限的枝 θ（由柯尼希引理），但 θ 上公式的集合不一定是辛迪卡集！可能是枝 θ 上的某些公式应该使用某条规则而未能使用。现在的重点是，设计某个系统程序，保证如果表列无限进行下去，那么对于任意开枝，枝上的公式集将是一个辛迪卡集！本书中有许多这样的程序，这是我所使用的一个。

对于开枝 θ 上的任意非原子公式 X，定义 X 在 θ 上是被满足的，如果：

（1）X 是 α，α_1 和 α_2 都在 θ 上；或

（2）X 是 β，β_1 或 β_2 在 θ 上；或

（3）X 是某个 γ，对于任意参数 a，句子 $\gamma(a)$ 在 θ 上；或

（4）对于至少一个参数 a，X 是某个 δ 并且 $\delta(a)$ 在 θ 上。

要说无穷开枝 θ 上的任意一点是被满足的，就是说 θ 上的点的集合是辛迪卡集。

生成表列的系统程序

下面是一个系统程序，以确保如果表列是无穷的，那么对于任意开枝 θ，θ 上的所有公式都是被满足的。在生成表列的这个程序中，在构造的每个步骤上，某些点已经被使用。（作为一种实用的簿记装置，使用后我们可以立即在公式右侧放一个复选标记。）通过在公式原点放上我们正在检测其可满足性的公式来开始表列。第一步完成。现在假设我们已经完成了第 n 步。下一步被确定如下：如果手头的表列封闭，我们就停止。如果没有，我们尽可能在树中选择一个未使用的点 X（如果我们希望程序完全确定，则是最左边的点）。然后我们让每个开枝 θ 穿过 X（在表列构造的任意给定点上只存在有穷多个这样的

枝）并按如下方式进行：

（1a）如果 X 是 α，β 或 δ，则分别使用规则 A，B 或 D。

（1b）如果 X 是某个 γ（这是一种微妙的情况！），我们取第一个参数 a（在某个事先安排的参数顺序中），公式 $X(a)$ 尚未在 θ 上出现，我们把 θ 扩张到 θ，$X(a)$，X；也就是说，我们首先将新的公式 $X(a)$ 作为 θ 的终点，得到 θ，$X(a)$；但是我们通过添加它作为枝 θ，$X(a)$ 的终点来重复 γ 公式 X。

（2）将（1a）或（1b）应用于 X 之后，我们声明 X 已被使用。

在这个程序中，我们系统地逐渐减少树，完成所有 α，β 和 δ 公式。对于 γ 公式，当我们在枝 θ 上使用 γ 的出现来加入实例 $\gamma(a)$ 时，重复出现 γ 的目的是，我们一定迟早到达枝 θ，$\gamma(a)$，γ 并且通过我们的系统程序的规则强制使用 γ 的重复出现，从中我们与另一个实例 $\gamma(b)$ 结合并再次重复 γ，反过来我们再次使用，等等。通过这种方式，我们也实现了所有的 γ。因此，如果表列无限制地进行下去而不封闭，则在任意开枝上，所有元素都被满足，因此构成辛迪卡集，其在参数的可数域中是同时可满足的。

对于系统的表列，我们的意思是由上述程序构造的表列。因此，我们看到这是一个没有封闭的系统表列，那么实际上原点在一个可数域内是可满足的。因此，如果原点不是可满足的，则任意系统表列一定封闭。现在如果 X 是有效的闭公式，那么 FX 是不可满足的，因此 FX 的任意系统表列一定封闭，因此 X 是通过表列方法可证的。另外，如果不加标记公式 X 是可满足的，则加标记公式 TX 也是可满足的；因此，TX 的任意表列都无法封闭，因此 TX 的任意系统表列都会永远进行下去，具有无穷枝（根据柯尼希引理），并且枝的元素集在可数域中是可满足的。因此，TX 在可数域中是可满足的，X 也是。

因此我们一举两得，证明了：

表列完全性定理：任意有效的一阶逻辑公式都是通过表列方法可证的。

楼文汉姆定理：任意可满足的一阶逻辑公式在可数域中都是可满足的。

注意

读者不必担心我们明显添加了一个新的表列规则，即在枝上公式的重复出现。这只是系统表列的一种簿记装置，使得我们继续在 γ 下的任意开枝上使用每个 γ 公式以及系统中的任意参数。很容易想象在表列的任意地方［在 $\gamma(a)$ 旁边］为我们自己写下备注，从特定的 γ 推断出一个特定的 $\gamma(a)$，即在将系统程序的规则应用于我们推断的 $\gamma(a)$ 之前，这个备注提醒我们再次使用相同的 γ。当然，我们也可以从一开始就在表列规则中重复添加一个公式，因为这样做没有任何坏处。

如前所述，一般来说，系统表列通常比用智慧构造的表列长得多。虽然可以对计算机进行编程来构造系统表列，但智慧的人通常可以构造更有效且更短的有效公式的证明。正如逻辑学家保罗·罗森布洛姆（Paul Rosenbloom）对类似问题所说的那样，"这证明了大脑有时有用"。如果读者已经完成了一些表列练习，那么不太可能它们中的任意一个都是系统的。用系统表列重新做一些习题，并将它们的长度与非系统表列进行比较，这是一个很好的练习。

其他书中还有另外的系统程序，其中一些程序能比我给出的程序更快地得出结果，但那些方法更难证明。可能会有很多的改进。这样的研究本身就是一个主题，被称为"定理机器证明"（mechanical theorem proving）。

有穷域中的可满足性

可能存在这样的情况：在表列的构造中，到某一步，表列没有封闭，但是存在开枝，其点集是枝上出现的参数的有穷域的辛迪卡集。在这种情况下，没有必要继续进行下去，因为我们知道枝上的点集（这包括原点）在该有穷域中是可满足的。

例如，考虑公式 $\forall x(Px \lor Qx) \supset (\forall xPx \lor \forall xQx)$。该公式是无效的，因此加标记公式 $F \forall x(Px \lor Qx) \supset (\forall xPx \lor \forall xQx)$ 是可满足的。以下表列表明，

实际上，上面的加标记公式在二元素的定义域中是可满足的。

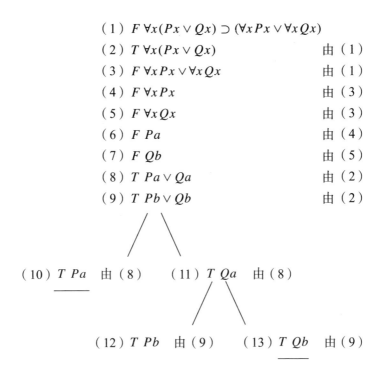

$$(1)\ F\ \forall x(Px \lor Qx) \supset (\forall x Px \lor \forall x Qx)$$

$$(2)\ T\ \forall x(Px \lor Qx) \qquad\qquad 由（1）$$

$$(3)\ F\ \forall x Px \lor \forall x Qx \qquad\qquad 由（1）$$

$$(4)\ F\ \forall x Px \qquad\qquad 由（3）$$

$$(5)\ F\ \forall x Qx \qquad\qquad 由（3）$$

$$(6)\ F\ Pa \qquad\qquad 由（4）$$

$$(7)\ F\ Qb \qquad\qquad 由（5）$$

$$(8)\ T\ Pa \lor Qa \qquad\qquad 由（2）$$

$$(9)\ T\ Pb \lor Qb \qquad\qquad 由（2）$$

$$(10)\ T\ Pa\ \ 由（8）\qquad (11)\ T\ Qa\ \ 由（8）$$

$$(12)\ T\ Pb\ \ 由（9）\qquad (13)\ T\ Qb\ \ 由（9）$$

以公式（12）结尾的开枝上的公式集是针对二元素定义域 $\{a,\ b\}$ 的辛迪卡集。因此，我们将 Pb 和 Qa 解释为真，并且将 Pa 和 Qb 解释为假，或者同样地，我们将 P 解释为其唯一元素为 b 的集合且 Q 为唯一元素为 a 的集合。

讨论：因此，我们看到一阶表列可以被使用，不仅可以证明某些公式是不可满足的，或者等价地，某些公式是有效的，而且如果某些公式恰好在有穷域中是可满足的，那么它们就是可满足的。真正神秘的类包括那些在有穷域中既非不可满足也非可满足的公式。如果我们为这样的公式构造一个表列，它将永远进行下去，并且在任意步，它都不会封闭，也不会表现为有穷的辛迪卡集。

楼文汉姆-斯科伦定理与紧致性定理

我们已经说过，楼文汉姆定理被斯科伦扩展到这样的结果，即对于任意可数的一阶逻辑句子集 S，如果 S 是可满足的，那么它在可数域中是可满足的。

存在一阶逻辑的紧致性定理，即对于任意可数的一阶句子集合 S，如果 S 的任意有穷子集都可满足的，那么整个集合 S（同时）是可满足的。以下定理结合了这两个结果并可以推出这两个结果：

定理 L.S.C.（楼文汉姆，斯科伦，紧致性）：如果 S 是不包含参数的一阶逻辑的一个闭公式的集合，并且 S 的所有有穷子集都是可满足的，那么整个 S 集合在可数域中也是可满足的。

当然，楼文汉姆-斯科伦定理可以从上面的定理中推出，因为如果集合 S 是可满足的，那么它的所有有穷子集（实际上是它的所有子集）显然都是可满足的。

有几种方法可以证明上述定理。一种方法是使用表列。

已知一个不包含参数的闭公式的可数集合 S，使得 S 的所有有穷子集都是可满足的。与在命题逻辑中的情况一样，我们将 S 的元素排成某个可数序列 $X_1, X_2, ..., X_n, ...$。我们从原点以 X_1 开始表列。这样就完成了第一步，并且在任意第 n 步，正如已经解释的那样，我们系统地进行，并且在每个开枝的末尾加上 X_{n+1}。由于 S 的任意有穷子集都是可满足的，因此，在任意步，表列都不会封闭。因此，它有一个无穷开枝 θ，θ 上的公式集是辛迪卡集（因为构造是系统的），并且包含 S 的所有元素。因此，S 在参数的可数域中是可满足的。

布尔赋值与一阶赋值

我们回想一下有效的一阶公式和重言式之间的区别。以下内容与此密切相关。我们考虑所有句子的集合——没有参数的闭公式。赋值 v 表示我们为每个句子 X 指派一个真值 t 或 f。我们用 $v(X)$ 表示在 v 下指派给 X 的值（t 或 f）。我们说，X 在 v 下为真当且仅 $v(X) = t$，并且 X 在 v 下为假当且仅当 $v(X) = f$。如果对于所有句子 X 和 Y，以下四个条件成立，则称赋值 v 为布尔赋值（Boolean valuation）：

B_1：~X 在 v 下为真当且仅当 x 在 v 下为假。

B_2：$X \wedge Y$ 在 v 下为真当且仅当 X 和 Y 在 v 下都为真。

B_3：$X \vee Y$ 在 v 下为真当且仅当 X 和 Y 中至少一个在 v 下为真。

B_4：$X \supset Y$ 在 v 下为真当且仅当 X 在 v 下为假或 Y 在 v 下为真。

布尔赋值也可称为关于逻辑联结词的赋值。

我们称 v 为一阶赋值（First-Order valuation）当且仅当 v 是布尔赋值，并且考虑量词，在对于任意公式 $\varphi(x)$ 以及 x 为唯一自由变元的意义上，以下两个条件成立：

$\forall x \varphi(x)$ 在 v 下为真当且仅当对于任意参数 a，句子 $\varphi(a)$ 在 v 下为真。

$\exists x \varphi(x)$ 在 v 下为真当且仅当对于至少一个参数 a，句子 $\varphi(a)$ 在 v 下为真。

说 X 是一个重言式，就是说，X 在所有布尔赋值下都为真。

说 X 是有效的（在参数的定义域 D 中），就是说，在所有一阶赋值下 X 都为真。

一阶赋值与参数的定义域 D 中的解释密切相关。我们说这个解释 I 与 v 一致，或者 v 与 I 一致，如果对于任意句子 X，X 在 I 下为真当且仅当 X 在 v 下为真。给定任意解释 I，有且只有一个赋值 v 与 I 一致，即给且只给那些在 I 下为真的句子指派 t。另外，对于任意赋值 v，有且只有一个解释 I 与 v 一致，即对于任意 n 元谓词 P，将 $I(P)$ 作为所有 n 元组（a_1, ..., a_n）的集合，使得 Pa_1, ..., a_n 在 v 下为真。（可以视 n 元关系为 n 元组的集合。）

如果句子 X 在所有满足 S 的布尔赋值下为真，我们则说 X 被集合 S 重言蕴涵（tautologically implied）。对于任意是有穷集 {X_1, ..., X_n} 的 S，等价于 $X_1 \wedge ... \wedge X_n \supset X$ 是重言式。如果 X 在满足 S 的所有一阶赋值中为真，则说 X 被 S 有效蕴涵（validly implied）。

正则定理

现在我们转到一阶逻辑的基本结论，它提供了最后一章的公理系统完全性的非常简洁的证明以及相关公理系统的证明。

我们现在来看不加标记公式。我们首先一定要来定义正则公式（regular formula）的概念，其中有两种类型。类型 C 的正则公式表示形如 $\gamma \supset \gamma(a)$ 的公式。类型 D 的正则公式表示形如 $\delta \supset \delta(a)$ 的公式，其中 a 是不在 δ 中出现的参数。我们将使用字母 Q 来表示正则公式；因此，Q 表示 γ 或 δ，$Q(a)$ 则分别表示 $\gamma(a)$ 或 $\delta(a)$。我们用正则序列（regular sequence）表示有穷（可能是空的）序列 $Q_1 \supset Q_l(a_1)$, ..., $Q_n \supset Q_n(a_n)$。其中的每一项都是正则的，而且对任意 $i < n$，如果 Q_{i+1} 是 δ，那么 a_{i+1} 不会出现在任何前面的项 $Q_1 \supset Q_1(a_1)$, ..., $Q_i \supset Q_i(a_i)$ 中。我们用正则集（regular set）R 表示公式的有穷集，其元素可以按正则序列排列。或者，正则集可以被刻画为根据以下规则构造的任意有穷集：

R_0：空集 $\varnothing$ 是正则的。

R_1：如果 R 是正则的，那么 $R \cup \{\gamma \supset \gamma(a)\}$ 也是。

R_2：如果 R 是正则的，那么 $R \cup \{\delta \supset \delta(a)\}$ 也是，其中 a 不在 δ 或 R 的任意元素中出现。

如果对于任意 δ，句子 $\delta \supset \delta(a)$ 是正则集 R 的元素，我们把参数 a 称为 R 的临界参数（critical parameter）。我们的第一个目标是证明如果 X 被正则集 R 有效蕴涵，并且没有 R 的临界参数出现在 X 中，则 X 是有效的。之后我们将证明一个重要的结论，即任意有效的句子 X 被某个正则集 R 重言蕴涵——实际上是没有 R 的临界参数在 X 中出现。

问题 4.（a）证明如果集合 S 是可满足的并且 X 是有效的，则 $S \cup \{X\}$ 是可满足的。(很显然，对吧？)

(b)证明如果 S 是可满足的并且 $S \cup \{X\}$ 是不可满足的，则对于任意句子 Y，集合 $S \cup \{X \supset Y\}$ 是可满足的。

问题 5. 假设 S 是（同时）可满足的句子的有穷集。证明：

(a)对于任意参数 a，集合 $S \cup \{\gamma \supset \gamma(a)\}$ 是可满足的。

(b)对于任意既不出现在 δ 中也不出现在集合 S 的任何元素中的参数 a，集合 $S \cup \{\delta \supset \delta(a)\}$ 是可满足的。(提示：考虑两种可能的情况：$S \cup \{\delta\}$ 是可满足的，$S \cup \{\delta\}$ 是不可满足的。)

(c)如果 S 是可满足的并且 R 是正则集，没有 R 的临界参数在 S 中出现，则 $R \cup S$ 是可满足的。

(d)任意正则集都是可满足的。

(e)如果 X 被一个正则集 R 有效蕴涵，并且没有 R 的临界参数在 X 中出现，则 X 是有效的。

(f)如果 $(\gamma \supset \gamma(a)) \supset X$ 是有效的，则 X 也是有效的。

(g)如果 $\delta \supset \delta(a)$ 是正则的并且有效蕴涵 X，并且没有 $\delta \supset \delta(a)$ 的临界参数在 X 中出现，那么 X 是有效的。

讨论： 关于上述问题中的(d)，正则集 R 不仅是可满足的，而且具有在可满足性和有效性之间的更强的性质：首先考虑其参数为 $a_1, \ldots, a_n$ 的单个句子 $\varphi(a_1, \ldots, a_n)$。如果对于某个定义域 U 中公式的谓词的任意解释 I，存在 U 中元素 $e_1, \ldots, e_n$ 使得 $\varphi(e_1, \ldots, e_n)$ 在 I 下为真，我们称这个句子是强可满足的（strongly satisfiable）。[注意：这个条件等价于，假设 $x_1, \ldots, x_n$ 是不出现在句子 $\varphi(a_1, \ldots, a_n)$ 中的变元，而 $\varphi(x_1, \ldots, x_n)$ 是用 $x_1, \ldots, x_n$ 分别替换参数 $a_1, \ldots, a_n$ 的结果。那么 $\varphi(a_1, \ldots, a_n)$ 是强可满足的，当且仅当句子 $\exists x_1 \exists x_2 \ldots \exists x_n \varphi(x_1, \ldots, x_n)$ 是有效的。]现在考虑句子集 S。如果对于 S 中公式的谓词的任意解释 I，存在 S 中公式的参数的赋值，使得 S 的所有元素为真，我们将称 S 是强可满足的。那么，正则集 R 不仅是可满足的，也是强可满足的——实际上，它有一个更强的性质，即对 R 中谓词的任意解释和 R

的非临界参数的赋值的任意选择，存在一个 R 中的临界参数的赋值选择使得 R 中所有元素为真。我们把这个证明留给读者作为练习。

现在得到的主要结果如下：

定理 R（正则定理）：任意有效的一阶逻辑句子 X 都被某个正则集 R 重言蕴涵，使得没有 R 的临界参数出现在 X 中。

我们将通过从 $\sim X$ 的封闭表列 $\mathcal{T}$ 中找到这样的集合 R 来证明这个定理。该方法非常简单！只需取 R 为所有公式 $Q \supset Q(a)$ 的集合，其中 $Q(a)$ 根据规则 C 或规则 D 从 Q 推断出来！我们将此集称为 $\mathcal{T}$ 相关的正则集（associated regular set）。

问题 6. 证明集合 R 是起作用的。（提示：构造另一个以 $\sim X$ 开头和 R 中的元素以正则序列排列的表列 $\mathcal{T}_1$。只使用规则 A 和 B 证明 $\mathcal{T}_1$ 可以封闭。）

让我们来看一个例子。假设 X 为句子 $\forall x\,(Px \supset Qx) \supset (\exists x Px \supset \exists x Qx)$。下面是句子 $\sim X$ 的封闭表列（仅用于改变步骤，我们在此表列中使用不加标记公式）：

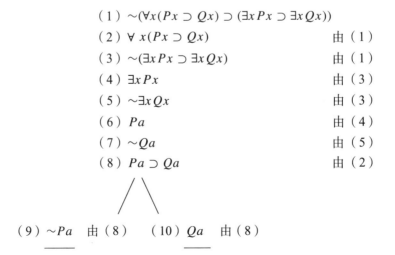

（1）$\sim(\forall x(Px \supset Qx) \supset (\exists x Px \supset \exists x Qx))$
（2）$\forall x(Px \supset Qx)$ 由（1）
（3）$\sim(\exists x Px \supset \exists x Qx)$ 由（1）
（4）$\exists x Px$ 由（3）
（5）$\sim \exists x Qx$ 由（3）
（6）Pa 由（4）
（7）$\sim Qa$ 由（5）
（8）$Pa \supset Qa$ 由（2）

（9）$\sim Pa$ 由（8）   （10）Qa 由（8）

我们从（4）根据规则 D 推出（6），从（5）根据规则 C 推出（7），从（2）根据规则 C 推出（8）。因此，我们的正则集是 $\{(4) \supset (6), (5) \supset (7), (2) \supset (8)\}$，即 $\{\exists xPx \supset Pa,~ \sim\exists xQx \supset \sim Qa,~ \forall x\,(Px \supset Qx) \supset (Pa \supset Qa)\}$。为了更清楚地看到 X 被 R 重言蕴涵，我们使用以下缩写：

$$p = Pa$$
$$q = Qa$$
$$r = \exists xPx$$
$$s = \exists xQx$$
$$m = \forall x\,(Px \supset Qx)$$

那么 R 就是集合 $\{r \supset p,~ \sim s \supset \sim q,~ m \supset (p \supset q)\}$。然后，我们可以看到 X 被 R 重言蕴涵，换句话说：

$$[(r \supset p) \wedge (\sim s \supset \sim q) \wedge (m \supset (p \supset q))] \supset (m \supset (r \supset s))$$

是重言式。

我们可以看到这一点，使用真值表，或者更简单地，仅使用规则 A 和 B 的表列。

以这种方式获得了一些非常奇妙的重言式。对于读者来说，使用一些在早期练习中证明过的有效的公式，并找到那些重言蕴涵它们的正则集应该是很有趣的。

公理系统 $\mathcal{S}_1$ 的完全性

我们回顾上一章中一阶逻辑的公理系统 $\mathcal{S}_1$：

公理

第 1 组：所有重言式。

第 2 组：（a）所有句子 $\forall x\varphi\,(x) \supset \varphi\,(a)$。

（b）所有句子 $\varphi\,(a) \supset \exists x\varphi\,(x)$。

推理规则

I. 分离规则 $\dfrac{X,\ X \supset Y}{Y}$

II. （a）$\dfrac{\varphi(a) \supset X}{\exists x \varphi(x) \supset X}$　　　　（b）$\dfrac{X \supset \varphi(a)}{X \supset \forall x \varphi(x)}$

其中，X 是封闭的，a 是不在 X 或 $\varphi(x)$ 中出现的参数。

我们已经证明系统 $\mathcal{S}_1$ 是正确的（所有可证的都是有效的）。我们现在希望证明系统是完的（所有有效的句子都是可证的）。

正如我们将看到的那样，正则定理提供了一个关于 $\mathcal{S}_1$ 完全性的简洁的证明。

首先，考虑一阶逻辑的任意公理系统 $\mathcal{A}$。如果所有的重言式在 $\mathcal{A}$ 中都是可证的，我们就会说 $\mathcal{A}$ 是重言封闭的（tautologically closed），并且对于任意在 $\mathcal{A}$ 中可证的公式的有穷集 S，任意被 S 重言蕴涵的公式 X 在 $\mathcal{A}$ 中也是可证的。

定理 1：如果 $\mathcal{A}$ 是重言封闭的并遵守下面的条件（A_1）和（A_2），那么 $\mathcal{A}$ 就是完全的。

（A_1）如果（$\gamma \supset \gamma(a)$）$\supset X$ 在 $\mathcal{A}$ 中是可证的，那么 X 在 $\mathcal{A}$ 中也是可证的。

（A_2）如果（$\delta \supset \delta(a)$）$\supset X$ 在 $\mathcal{A}$ 中是可证的，并且 a 在 δ 或 X 中都不出现，那么 X 在 $\mathcal{A}$ 中是可证的。

这个定理很容易从正则定理得到。

问题 7. 证明上述定理。

接下来，关于系统 $\mathcal{S}_1$ 的以下引理将是有用的。

引理：（a）对于任意 γ，句子 $\gamma \supset \gamma(a)$ 在 $\mathcal{S}_1$ 中是可证的。（b）对于任意 δ，如果 $\delta(a) \supset X$ 在 $\mathcal{S}_1$ 中是可证的，并且 a 不在 δ 或 X 中出现，则 $\delta \supset X$ 在 $\mathcal{S}_1$ 中是可证的。

问题 8. 首先证明上述引理。然后通过证明 $\mathcal{S}_1$ 满足定理 1 的条件来证明 $\mathcal{S}_1$ 的完全性。

注意：定理 1 自身实际上提供了另一个完全的公理系统，即可以将所有重言式作为公理，并且推理规则是分离规则和以下这两个规则：

R_1: $\dfrac{(\gamma \supset \gamma(a)) \supset X}{X}$

R_2: $\dfrac{(\delta \supset \delta(a)) \supset X}{X}$，$a$ 在 δ 或 X 中都不出现

问题答案

1.（a）（f）的逆否公式是 $\forall x\,(Px \vee Qx) \supset (\forall x Px \vee \forall x Qx)$。为了证明这个逆否公式不是有效的，只要指出在至少一个解释下它为假就足够了。考虑所有（自然）数的集合，将 P 解释为所有偶数的集合，将 Q 解释为所有奇数的集合。那么 $\forall x\,(Px \vee Qx)$ 为真（每个数都是偶数或奇数），但 $\forall x Px$ 和 $\forall x Qx$ 都为假（所有数都是偶数为假，所有数都是奇数也为假）。因此，$\forall x Px \vee \forall x Qx$ 为假，并且因为 $\forall x\,(Px \vee Qx)$ 为真，所以整个蕴涵式 $\forall x\,(Px \vee Qx) \supset (\forall x Px \vee \forall x Qx)$ 为假。

（b）（h）的逆否公式是 $(\exists x Px \wedge \exists x Qx) \supset \exists x\,(Px \wedge Qx)$。考虑与（a）中相同的解释。那么 $\exists x\,(Px \wedge Qx)$ 为真（存在一个偶数并且存在一个奇数），但 $\exists x\,(Px \wedge Qx)$ 显然为假（存在一个既是偶数又是奇数的数为假）。所以 $(\exists x Px \wedge \exists x Qx) \supset \exists x\,(Px \wedge Qx)$ 为假。因此该公式不是有效的。

2. 已知 I 是非空定义域 U 中集合 S 的公式的所有谓词和参数的解释，其中，S 的所有公式为真，并且 δ 是 S 的一个元素，a 对于 S 是一个新的参数。由于 a 对于 S 是新的，所以 I 没有将任何 U 中的元素指派给参数 a。由于 δ 在 S 中，因此对于 U 的某个元素 e，δ 为真。由于 a 在 U 中没有被指派任何值，我们现在通过把元素 e 指派给 a 来扩张解释 I。因此 $\delta(a)$ 在 I 的扩张下为真。因此，公式 $S \cup \{\delta(a)\}$ 集合的所有元素在这个扩张下都为真。

3. 令 S 为加标记公式的辛迪卡集。对于任意 n 度谓词 P，我们将 P 解释为参数集合上的关系 $R(a_1, ..., a_n)$，使得 $T P a_1, ..., a_n$ 是 S 的一个元素。我们现在通过对 X 的度进行归纳（即通过对 X 中逻辑联结词和量词的出现次数进行归纳）来证明 S 中的任意 X 在解释下都为真。

   显然，在这个解释下，S 的每个原子元素都为真。现在假设 X 的度为 n，并且度小于 n 的 S 的所有元素都为真。我们要证明 X 为真。

   如果 X 是 α 或 β，则这个证明与命题逻辑的证明相同。假设 X 是某个 γ。那么，对于所有的参数 a，$\gamma(a)$ 在 S 中（由 H_3）。由于每个 $\gamma(a)$ 的度都小于 n，因此（由归纳假设）X 为真。因此 γ 为真。

   如果 X 是某个 δ，则对于某个参数 a，句子 $\delta(a)$ 在 S 中（由 H_4），并且度低于 n 时，X 在该解释下为真。归纳完成。

4. (a) 如果 S 是可满足的，则 S 的所有元素在某个解释 I 下都为真。如果 X 是有效的，那么 X 在所有解释下都为真，因此在 I 下也为真，因此 $S \cup \{X\}$ 的所有元素在 I 下都为真。

   （b）假设 S 是可满足的而 $S \cup \{X\}$ 不是。那么存在某个解释 I，在其中，S 的所有元素都为真，但 X 不为真（因为 X 是不可满足的）。由于 X 在 I 下为假，那么对于任意句子 Y，句子 $X \supset Y$ 在 I 下为真，所以 $S \cup \{X \supset Y\}$ 的所有元素在 I 下都为真。

5.已知 S 是同时可满足的句子的有穷集。

（a）由于 S 是可满足的并且 $\gamma \supset \gamma(a)$ 是有效的，因此，根据问题 4（a），$S\{\gamma \supset \gamma(a)\}$ 是可满足的。

（b）由于 S 是可满足的，那么如果 $S \cup \{\delta\}$ 是不可满足的，那么根据问题 4（b），$S \cup \{\delta \supset \delta(a)\}$ 是可满足的。另一方面，如果 $S \cup \{\delta\}$ 是可满足的，那么根据 F_4，$S \cup \{\delta\} \cup \{\delta(a)\}$ 也是可满足的（a 对于 $S \cup \{\delta\}$ 是新的），$S \cup \{\delta\} \cup \{\delta(a)\}$ 是集合 $S \cup \{\delta, \delta(a)\}$。由于 $S \cup \{\delta, \delta(a)\}$ 的所有元素在某个解释下都为真，所以 $S \cup \{\delta \supset \delta(a)\}$ 的所有元素在同样的解释下都为真。

（c）假设 S 是可满足的，R 是正则的并且没有 R 的临界参数出现在 S 的任意元素中，则让 R 是某个正则序列（r_1，r_2，… r_n）。如果我们先后连接 r_1，r_2，… r_n 到 S，那么我们在任何步都不会破坏可满足性［根据（a）和（b）］。因此，得到的集合 $R \cup S$ 是可满足的。

（d）将 S 设为空集，从（c）可得。

（e）假设 X 被某个正则集 R 有效蕴涵，并且没有 R 的临界参数出现在 X 中。如果 X 是无效的，则 $\sim X$ 将是可满足的，因此 $R \cup \sim X$ 将是可满足的［根据（c）］。因此，R 不会有效蕴涵 X，与 R 确实有效蕴涵 X 的给定条件相反。因此 $\sim X$ 不能是可满足的，这表示 X 是有效的。

（f）如果 $(\gamma \supset \gamma(a)) \supset X$ 是有效的，那么 X 一定是有效的，因为 $\gamma \supset \gamma(a)$ 自身是有效的。

（g）取 R 为正则集 $\{\delta \supset \delta(a)\}$，从（e）可得。

6.在构造 $\mathcal{I}_1$ 时，我们用 FX 和 R 的元素开始表列，然后构造 $\mathcal{I}_1$，但是我们在枝 θ 上得到某个 Q，而不是直接从 Q 中推出 $Q(a)$，就像在 $\mathcal{I}$ 上，我们将 θ 分为两个枝 $(\theta, \sim Q)$ 和 $(\theta, Q(a))$，我们可以根据规则 B 来这样做，因为 $Q \supset Q(a)$ 在枝 θ 上高于 Q。

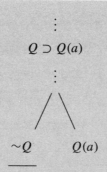

$$Q \supset Q(a)$$

$$\vdots$$

$$\sim Q \qquad Q(a)$$

———

　　左枝封闭，因为 Q 和 $\sim Q$ 都在它上面，所以我们实际上已经从 Q 到 $Q(a)$，而没有使用规则 C 或规则 D。因此 $\mathcal{J}_1$ 仅使用了规则 A 和规则 B。

7. 假设 X 是有效的。根据正则定理，X 在某个正则集 R 中被重言蕴涵，没有 R 的临界参数在 X 中出现。将 R 的元素以反正则序列排列，即以序列 $(r_1, ..., r_n)$ 排列，使得序列 $(r_n, ..., r_1)$ 是一个正则序列。因此，对于任意 $i \leqslant n$，r_i 形如 $Q_i \supset Q_i(a_i)$，并且如果 Q_i 是一个 δ，则临界参数 a_i 不在序列的任何后面的项中出现。由于 X 被 R 重言蕴涵，因此公式 $(r_1 \wedge ... \wedge r_n) \supset X$ 是一个重言式，因此公式 $(r_1 \supset (r_2 \wedge ... \wedge r_n) \supset X)$ 也是重言式，被上面的公式重言蕴涵，因此在 α 中是可证的。因此 $(r_2 \wedge ... \wedge r_n) \supset X$ 在 α 中是可证的［根据 A_1 或 A_2 可证明，因为在 $(r_2 \wedge ... \wedge r_n) \supset X$ 中没有出现 r_1 的临界参数］。如果 $n > 2$，则类似地，$(r_2 \supset (r_3 \wedge ... \wedge r_n) \supset X)$，那么 $(r_3 \wedge ... \wedge r_n) \supset X$ 在 α 中是可证的。通过这种方式，我们先后消除 $r_1, ..., r_n$ 并得到 X 的一个证明。

8. 首先证明引理：

　　（a）要证明 $\gamma \supset \gamma(a)$ 在 $\mathcal{S}_1$ 中是可证的，我们注意到 γ 形如 $\forall x \varphi(x)$ 或 $\sim \exists x \varphi(x)$。如果是前者，那么 $\gamma \supset \gamma(a)$ 是句子 $\forall x \varphi(x) \supset \varphi(a)$，这是 $\mathcal{S}_1$ 的一个公理。如果是后者，那么 $\gamma \supset \gamma(a)$ 就是句子 $\sim \exists x \varphi(x) \supset \sim \varphi(a)$，它被公理 $\varphi(a) \supset \exists x \varphi(x)$ 重言蕴涵，因此在 $\mathcal{S}_1$ 中是可证的。

（b）假设$\delta(a) \supset X$在$\mathcal{S}_1$中是可证的，并且a不在δ或X中出现。如果δ形如$\exists x \varphi(x)$，那么$\delta(a) \supset X$是句子$\varphi(a) \supset X$，因为它在$\mathcal{S}_1$中是可证的，因此根据规则II（a），$\exists x \varphi(x) \supset X$也是可证的。现在假设$\delta$形如$\sim \forall x \varphi(x)$。那么$\delta(a) \supset X$是句子$\sim \varphi(a) \supset X$，因为它在$\mathcal{S}_1$中是可证的，因此$\sim X \supset \varphi(a)$在$\mathcal{S}_1$中也是可证的，它被前面的句子重言蕴涵。那么根据规则II（b），取X为$\sim X$，公式$\sim X \supset \forall x \varphi(x)$在$\mathcal{S}_1$中是可证的，因此$\sim \forall x \varphi(x) \supset X$在$\mathcal{S}_1$中也是可证的，它被$\sim X \supset \forall x \varphi(x)$重言蕴涵。因此，$\sim \forall x \varphi(x) \supset X$在$\mathcal{S}_1$中是可证的，这就是句子$\delta \supset X$。

这证明了引理。现在我们一定要证明$\mathcal{S}_1$满足定理1的假设。

由于所有的重言式在$\mathcal{S}_1$中都是可证的，并且分离规则是$\mathcal{S}_1$的一个规则，因此当然$\mathcal{S}_1$在重言蕴涵下是封闭的。这表明定理1的假设条件(A_1)和(A_2)对$\mathcal{S}_1$成立。

对于(A_1)，假设$(\gamma \supset \gamma(a)) \supset X$在$\mathcal{S}_1$中是可证的。此外，$\gamma \supset \gamma(a)$在$\mathcal{S}_1$中是可证的（根据引理）。因此$X$在$\mathcal{S}_1$中是可证的（根据分离规则）。

对于(A_2)，假设$(\delta \supset \delta(a)) \supset X$在$\mathcal{S}_1$中是可证的，并且$a$在$\delta$或$X$中都不出现。两个公式$\sim \delta \supset X$和$\delta(a) \supset X$都被$(\delta \supset \delta(a)) \supset X$重言蕴涵（读者可以自己验证），因此它们在$\mathcal{S}_1$中都是可证的。由于$\delta(a) \supset X$是可证的，并且$a$在$\delta$或$X$中不出现，因此$\delta \supset X$是可证的［根据引理（b）］。因此，$\delta \supset X$和$\sim \delta \supset X$都是可证的，因为$X$被这两个公式重言蕴涵，所以$X$也是可证的。

第四部分

不完全性现象

第 10 章
不完全性的一般概述

在 20 世纪的前三分之一个世纪里，存在着两个数学系统，它们是如此广泛，以至人们普遍认为每个数学命题都可以在这两个系统中被证明或被否定。但很快，伟大的逻辑学家库尔特·哥德尔发表了一篇震惊整个数学世界的论文（Gödel，1931）。这篇论文说明，并非所有的数学命题都可以在两个系统中被证明或否定。这个著名的结果很快就以哥德尔不完全性定理（Gödel's Incompleteness Theorem，有时简称为哥德尔定理）为世界所知。哥德尔的论文以如下令人吃惊的话开篇：

> 数学朝着更精确的方向发展，这导致数学中的大部分内容被形式化了，因此证明可以通过一些机械化的规则来执行。迄今为止最全面的形式系统，一个是怀特海和罗素的《数学原理》，另一个是策梅洛-弗兰克尔的公理集合论系统。这两个系统都非常广泛，以至今天数学中使用的所有证明方法都可以在它们之中形式化，即可以被归约为公理和推理规则。因此，似乎合理的推测是，这些公理和推理规则足以判定所有可以在系统中形式化的数学问题。在接下来的内容中，我们会发现事实并非如此，相反，在这两个系统中，存在着普通整数理论中相对简单的问题，这些问题

不能基于公理来判定。

哥德尔继续解释说，他将要证明的定理并不依赖于所考虑的两个系统的特殊性质，而是适用于一个广泛的数学系统门类。

我将在这里考虑使用一阶逻辑的系统。这一章的结果将是非常一般性的，具有如下形式："如果一个系统具有某某特性，那么就会得出某某。"在下一章中，我们将考虑一个众所周知的真实系统，它确实具有诸如此类的特性。但在此之前，我想用无愧于"小哥德尔定理"[逻辑学家亨克·巴伦德雷特（Henk Barendregt）起的名字]称号的定理来说明哥德尔证明背后的基本思想。

哥德尔机器

我们来考虑一台计算机器，它可以打印出由以下五个符号组成的不同表达式：$\sim P\,N\,(\,)$。

我们称表达式 X 为可打印的（printable），如果它能被机器打印出来。我们假设这台机器是经过编程的，任何机器可打印的表达式迟早都会被打印出来。

一个表达式 X 的范式（norm）是表达式 $X(X)$，例如，$P\sim$ 的范式是 $P\sim(P\sim)$。句子的意思是指具有下列四种形式之一的任意表达式（其中，X 是任意表达式）：

（1）$P(X)$

（2）$\sim P(X)$

（3）$PN(X)$

（4）$\sim PN(X)$

非正式地说，P 代表"可打印的"，$\sim$ 代表"并非"，N 代表"范式"。我们定义 $P(X)$ 为真当且仅当 X 是可打印的，$\sim P(X)$ 为真当且仅当 X 是不可打印的，$PN(X)$ 为真当且仅当 X 的范式是可打印的，$\sim PN(X)$ 为真当且仅当

X 的范式是不可打印的。[我们把"$\sim PN(X)$"读作"不可打印的 X 的范式"，或者用更好的语汇来说是，"X 的范式是不可打印的"。]

我们现在已经给出了一个关于句子为真的意思的完全精确的定义。我们现在假设机器也是完全准确的：机器打印出来的所有句子都为真。它从不打印任何假句子。因此，例如，如果机器打印 $P(X)$，那么 X 确实是可打印的，因此机器迟早会打印 X。

反过来呢？如果 X 是可打印的，是否可得到 $P(X)$ 也是可打印的？不一定。如果 X 是可打印的，那么 $P(X)$ 当然为真，但这不意味着 $P(X)$ 一定是可打印的。我们被告知，所有可打印的句子都为真，但我们没有被告知所有真句子都是可打印的！事实上，存在真句子，但它不可打印！

问题 1. 展示一个机器不能打印的真句子。（提示：构造一个句子，它断言自己的不可打印性，也就是说，一个句子 X，它为真当且仅当它不可打印。）

我必须提醒的是，我们的论证现在开始将变得有一点复杂。的确，在前几章中，为了真正理解所有的材料以及它们是如何结合在一起的，再通读一遍整章的内容可能是有用的。但在接下来的内容中，对一些单独的定义、证明和问题解决方案，当你首次面对它们的时候，相比前面的章节，你可能要花更多的时间，而且也要重读整章……有时甚至要重读好几章，以便更清楚地看到后面几章的结果如何取决于前面几章的结果。从数理逻辑学家的观点来看，从现在开始一直到本书结尾，其实是一个（基于许多关键定义的）建立在很多相互关联的（且著名的）结果之上的长长的论证。但是，如果你用这种方式来处理这些材料，当你完成时，你会对现代数理逻辑的基础有一个非常非常好的理解。

一些基本的一般结果

我们首先来考虑一种非常基本的系统，在其中，某些表达式被称为代号（designators）[哥德尔称其为类名（class-names）]，某些表达式被称为句子，某些句子被归类为真句子（true sentences），其余的句子被归类为假句子（false sentences）。在下面的内容中，数这个词将表示的是自然数（0 或正整数）。

每个代号 H 都指定一个（自然）数集，或是这个自然数集的名称。如果某一数集有某个代号命名，则称这个数集是可命名的（nameable）。对于每个代号 H 和每个数 n，指派一个表示为 $H(n)$ 的句子，该句子为真当且仅当 n 属于由 H 命名的集合。我们有时用 $H(n)$ 表示应用 H 到 n 的结果。

注意：在用一阶逻辑语言表示的系统中（我们很快会来考虑），"代号"是只有一个自由变元的公式。如何定义 $H(n)$ 将在以后考虑。有两种众所周知的方法可以做到这一点，但是现在我们希望我们的结果是相当一般的，所以我们还不会具体说明 $H(n)$ 是如何产生的。

哥德尔编码

跟随哥德尔，给每个表达式指派一个数被称为该表达式的哥德尔编码（Gödel number）。不同的表达式有不同的哥德尔编码。如果 n 是一个句子的哥德尔编码，我们就会说 n 是一个句子编码（sentence number），我们用 S_n 来表示这个句子。如果 n 是一个代号的哥德尔编码，我们就称 n 为一个代号编码（designator number），我们用 H_n 表示其哥德尔编码为 n 的代号。句子 $H_n(n)$（把 H_n 应用到其自己的哥德尔编码上）被称为 H_n 的对角化（diagonalization）。

每个数 n 被指派一个表示 n^* 的（句子）编码，使得如果 n 是一个代号编码，则 n^* 是 H_n 的对角化 $H_n(n)$ 的哥德尔编码。

两个句子 X 和 Y 被称为语义等价的（semantically equivalent），如果它们或者都为真或者都为假。

我们所考虑的系统遵循以下两个条件：

C_1：对每个代号 H 指派一个代号 K，称之为 H 的对角数（diagonalizer），使得对任意代号编码 n，句子 $K(n)$ 与 $H(n^*)$ 是语义等价的。

C_2：对每个代号 H 指派一个代号 H'，称之为 H 的否定（negation），使得对任意数 n，句子 $H'(n)$ 为真当且仅当 $H(n)$ 为假。

注意：在用一阶逻辑语言表示的系统中，代号 H 是一个只有一个自由变元 x 的公式 $F(x)$，那么 H' 则是 $\sim F(x)$。

仅仅由这两个条件，我们就可以得出一些令人吃惊的结论（至少我希望读者们会感到惊讶！），即：

定理 T［塔尔斯基定理（Tarski's Theorem）的微型版］：真句子的哥德尔编码的集合是不可命名的。

要证明定理 T，我们定义句子 S_n 为数集 A 的哥德尔句子（Gödel sentence），如果 S_n 为真当且仅当 $n \in A$ 成立。那么 A 的一个哥德尔句子是真句子当且仅当其哥德尔编码在 A 中，即集合 A 的哥德尔句子是所有的句子 S_n（每一个都对应其句子编码 n），使得或者 $n \in A$ 且 S_n 为真，或者 $n \notin A$ 且 S_n 为假。（注意，每个句子或者为真或者为假。只有代号对某些自然数为真，对其他自然数为假。）

引理 1：对任意可命名的集合 A，存在 A 的一个哥德尔句子。

以下定义将对证明引理 1 和定理 T 有所帮助：对任意数集 A，我们定义 $A^{\#}$ 为所有满足 $n^* \in A$ 的 n 组成的集合。而且，对任意表达式 A 的集合，我们定义 A_0 为 A 中表达式的哥德尔编码的集合。从现在起，我们将使用符号 $\tilde{A}$ 来表达集合 A 的补（complement）。例如，我们会一直使用符号 T_0 来表示我们所考虑的系统中所有真句子的哥德尔编码的集合。这样，$\tilde{T_0}$ 就表示所有不是真句子的哥德尔编码的自然数的集合。

问题 2. 通过以下三步来证明定理 T（后面会看到，这些问题的解答中所使用的方法同样很重要）。

（1）证明如果 A 是可命名的，则 $A^{\#}$ 也是。（提示：证明如果 A 被代号 H 命名，那么 $A^{\#}$ 则由 H 的对角数命名。）

（2）现在证明引理 1。［提示：证明如果 k 是表示 $A^{\#}$ 代号的哥德尔编码，那么

H_k（k）就是 A 的一个哥德尔句子。]

（3）现在证明定理 T。（提示：证明 $\tilde{T_0}$ 没有哥德尔句子。）

走进哥德尔的证明

我们继续考虑目前描述的系统，它满足条件 C_1 和 C_2。现在我们假设系统还包含一个公理和规则集，可以用它们来证明不同的句子。我们进一步假设公理和规则是正确的（只有真句子是可证的）。现在假设公理系统是这样的：可证句子的哥德尔编码的集合是可命名的。假设 P 是可证句子的集合，P_0 是它们的哥德尔编码的集合。因为 P_0 是可命名的，而 T_0 不是（根据定理 T），那么两个集合并不一致。因此，集合 P 和集合 T 并不一致，这意味着，某个句子 X 或者在 P 中但不在 T 中，或者在 T 中但不在 P 中；换言之，X 或者是可证的但不为真，或者为真但不可证。第一个选项被已知条件只有真句子是可证的给排除了。因此，X 一定是为真但是从公理不可证的句子。

还可以说的是：因为 P_0 是可命名的，则它的补 $\tilde{P_0}$ 也是（也就是说，如果 H 命名 P_0，则 H' 命名其补）。集合 $\tilde{P_0}$ 的任何哥德尔句子都是一个为真但从公理不可证的（为什么？）句子。因此，H' 的对角数的对角化就是这样一个句子（为什么？）

句法不完全性定理

我们刚刚考虑的不完全性证明在一个重要方面偏离了哥德尔的真正的证明，即它包含了真（truth）的概念，因此它应被称为语义的（semantical）。哥德尔的原始证明没有涉及真的概念或解释，只涉及了形式可证明性的概念，因此应该被归类为句法的（syntactical）。我们现在要更密切地跟随他。

我们来考虑一种系统，和之前的一样，有某些表达式被称作句子，其他表达式我们称之为公式而不是代号。再一次，对每个公式 F 和每个（自然）数 n 指派一个句子，我们将其表示为 F（n）。同时，每个句子 X 被指派一个句子 $\sim X$，称为 X 的否定，每个公式 F 被指派一个公式 F，使得对任意数 n，句子 F（n）

是 $F(n)$ 的否定 $\sim F(n)$。（在一阶逻辑的语言下应用这样的系统时，"公式"是只有一个自由变元的一阶公式，F' 就是 $\sim F$。）

我们现在没有真句子的概念，但是我们有定义良好的句子集 P，称为可证的句子。一个句子 X 被称为可反驳的（refutable），如果其否定 $\sim X$ 是可证的。我们设 R 是所有可反驳句子的集合。我们称一个句子 X 是可判定的（decidable），如果它或它的否定是可证的，换句话说，X 是可判定的，如果它或者是可证的或者是可反驳的；X 是不可判定的（undecidable），如果它不可证也不可反驳。一个系统被称为是完全的（complete），如果每个句子或者是可证的或者是可反驳的；反之，一个系统是不完全的（incomplete）。我们称一个系统是一致的（consistent），如果没有句子既可证又可反驳，称一个系统是不一致的（inconsistent），如果存在某个句子既可证又可反驳。

再一次，每个表达式都被赋值一个哥德尔编码，如果 n 是一个句子的哥德尔编码，则 n 被称为一个句子编码（sentence number），我们假设 S_n 是哥德尔编码为 n 的句子。如果 n 是一个公式的哥德尔编码，令 F_n 是那个公式，我们称 n 是一个公式编码（formula number）。

对任意表达式的集合 W，设 W_0 是 W 元素的哥德尔编码的集合。我们设 W^* 是所有满足 $n^* \in W_0$ 的数 n 组成的集合。因此 $W^* = W_0^{\#}$。

集合 P^* 和 R^* 在接下来的内容中扮演着重要的角色。

问题 3. 证明如果 n 是一个公式编码，那么 $n \in W^*$ 当且仅当 $F_n(n) \in W$。[因此，对任意公式编码 n，$n \in P^*$ 当且仅当 $F_n(n)$ 是可证的，$n \in R^*$ 当且仅当 $F_n(n)$ 是可反驳的。]

我们说公式 F 表示所有使得 $F(n)$ 可证的数 n 的集合。因此，说 F 表示数集 A，就是说，对所有的数 n，句子 $F(n)$ 是可证的当且仅当 $n \in A$。

定理 G_0（哥德尔定理的先导）：如果 P^* 是可表示的并且系统是一致的，那么存在句子是不可判定的。

问题 4. 证明定理 G_0。

一个变体：在我的书《形式系统的理论》（Smullyan，1961）中，我陈述并证明了定理 G_0 的如下变体。

> **定理 S_0**：如果 $R*$ 是可表示的并且系统是一致的，那么存在句子是不可判定的。

问题 5. 证明定理 S_0。

讨论：我们从表达 $P*$ 所得的句子本质上是哥德尔句子，它断言了自己的不可证性。它可以被认为是说"我不可证"。反过来，我们通过表达 $R*$ 得到的句子可以看成是说"我是可反驳的"。这个句子被逻辑学家 R. G. 杰里斯洛（R. G. Jerislow，1973）独立地重新发现了，并被他用来完成一些用哥德尔句子做不到的事情。

问题 6. 我们已经看到，在一个一致的系统中，如果 F 表示 $P*$，那么 $F(f')$ 是不可判定的，其中 f' 是 F' 的哥德尔编码。现在，假设 F 代表 $P*$。如果 f 是 F 的哥德尔编码，$F(f)$ 是不可判定的吗？

走进罗瑟的证明

在哥德尔的证明中，哥德尔的确构造了一个表示 $P*$ 的公式，但是为了证明它在他处理的系统中代表 $P*$，他必须给出一个比一致性更强的假设（事实上是一个完全合理的假设）。这个假设就是今天所知的 ω- 一致性，我们将在下一节中对它做出解释。1936 年，逻辑学家 J. 巴克利·罗瑟给出了另一个不完全性的证明，这个证明不需要哥德尔的 ω- 一致性假设，只要求系统是一致的。现在我们来解释一下罗瑟证明背后的基本思路。

基本思想是得到一个不可判定句，而不是（像哥德尔那样）表示 $P*$，只

需表示出某个与 *R** 不相交的 *P** 的某个上集就足够了（即表示某个集合 *A*，使得 *P** 是 *A* 的子集，且 *A* 的元素与 *R** 都不相同）。表示出 *R** 的某个与 *P** 不相交的上集也是足够的，正如罗瑟实际所做的那样。

定理 R_0（罗瑟定理的先导）：如果某个与 *P** 不相交的 *R** 的上集是可表示的，或者如果某个与 *R** 不相交的 *P** 的上集是可表示的，那么存在句子是不可判定的。

问题 7.

（a）证明定理 R_0。

（b）为什么定理 R_0 是定理 G_0 和 S_0 的增强版？也就是说，为什么定理 G_0 和 S_0 可由定理 R_0 得出？

可分离性

给定两个不相交的数集 *A* 和 *B*，我们说一个公式 *F* 弱分离（weakly separate）*A* 和 *B*，如果 *F* 表示某个与 *B* 不相交的 *A* 的上集。我们说 *F* 强分离（strongly separates）*A* 和 *B*，如果 *F* 表示 *A* 的某个上集，*F'* 表示 *B* 的某个上集——换言之，如果 *F*（*n*）对 *A* 中的每一个 *n* 都是可证的，*F'*（*n*）对于 *B* 中的每一个 *n* 都是可证的。称 *A* 与 *B* 是弱（强）可分离的，如果存在某个公式 *F* 弱（强）分离 *A* 和 *B*。

重述一下定理 R_0，如果 *P** 与 *R** 是弱可分离的，或者如果 *R** 与 *P** 是弱可分离的，那么存在句子是不可判定的。

问题 8. 如果有的话，下列哪个陈述为真？

（a）如果 *A* 与 *B* 是弱可分离的且系统是一致的，那么 *A* 与 *B* 是强可分离的。

（b）如果 *A* 与 *B* 是强可分离的且系统是一致的，那么 *A* 与 *B* 是弱可分离的。

从上面问题的答案及定理 R_0，我们有：

定理 R_1（以罗瑟命名）：如果 $R*$ 与 $P*$ 是强可分离的，或者如果 $P*$ 与 $R*$ 是强可分离的，并且如果系统是一致的，那么存在句子是不可判定的。

罗瑟所做的就是把 $R*$ 和 $P*$ 强分离。他是如何做到的，稍后会解释。

欧米伽一致性

想象一下，我们都是不朽的，但有一种疾病，一旦一个人感染上，就会永远沉睡。还有一种解药，如果服用，你会苏醒一段有限的时间，之后你就会重返深度睡眠，再也没有任何解药。解药的效果如下。如果你今天（第一天）服用，你会醒来两天，然后再睡过去。如果是在明天（第二天）服用，你会醒来四天，然后再睡过去。对任意正整数 n，如果你是从现在算起的第 n 天服用解药，你会清醒 2^n 天。现在，假设你所爱的人得了这种病，由你来决定什么时候给他解药。你当然希望他尽可能多清醒几天。每一天你都会想，"我今天不应该给他解药。如果我等到明天再给他解药，他会在这多待两倍的时间！"因此，在任何一天给他解药都是不理智的，然而永远不给他解药肯定也是不理智的！

这种情况很可能被总结为一个欧米伽不一致的例子，粗略地说，它是这样的：考虑一个用来证明关于自然数的各种事实的系统。假设该系统可证明存在一个数具有某个性质，但是对每个特定的数 n，可以证明 n 没有这个性质。这样的系统就被称为欧米伽不一致的（omega inconsistent，或者与之等价的 ω- 不一致的）。（注意，ω 是小写的希腊字母，与之相对应的大写希腊字母是 Ω。如文中所示，我们这里用的是"ω"，但希腊字母 ω 和 Ω 都读作"欧米伽"。）

情况可被分析如下。再一次想象我们都是不朽的，想象宇宙中有无穷多个银行——银行 1，银行 2，...，银行 n，... 给你一张支票，上面写着，"在某个银行可提取"。你去银行 1，他们不能兑现，然后你去银行 2，银行 3，如此等等，但是他们都不能兑现。在任何时候，甚至在你尝试过 100 万家银行之后，你都不能证明这张支票是坏的，因为有可能你将来拜访的银行可以把它兑现。

ω- 一致性的幽默示例是由已故数学家保罗·哈尔莫斯给出的。他定义了一个欧米伽不一致的母亲，因为她对她的孩子说"你不能做这个，你不能做那个，你不能做……"。当她的孩子问："就没有任何事是我能做的吗？"母亲回答说，"有，有你能做的，但不是这个，也不是那个，也不是……"

下一节将给出欧米伽一致性的精确定义。

一阶系统

我们现在考虑一个基于一阶逻辑的系统。也就是说，我们选取某个一阶逻辑的完整的公理系统，并对其添加一些关于自然数的公理。我们假设系统对分离规则封闭，即，如果 X 和 $X \supset Y$ 都是可证的，那么 Y 也是。由此可以很容易地得出，对于任意有穷句子集 S 和任意句子 X，如果 X 是 S 的一个一阶后承（即在使 S 的所有元素都为真的所有的解释下，X 为真），则如果 S 的所有元素都是可证的，X 也是。

在这个系统中，每个自然数 n 都有一个对应的表达式 $\bar{n}$，作为数 n 的名字（name）。这些名字 $\bar{0}$, $\bar{1}$, ..., $\bar{n}$, ...，被称为数字（numeral）。对于任意一个以 x 为唯一自由变元的公式 $F(x)$，对任意数 n，$F(\bar{n})$ 表示用数字 $\bar{n}$ 替换 $F(x)$ 中所有自由出现的 x 的结果。我们之前写的 $F(n)$ 现在写成 $F(\bar{n})$。

如果 $F(\bar{n})$ 是可证的，那么 $\exists x F(x)$ 当然也可证，因为句子 $F(\bar{n}) \supset \exists x F(x)$ 是有效的。现在，我们称系统是欧米伽不一致的（或 ω- 不一致的），如果存在一个公式 $F(x)$，使得 $\exists x F(x)$ 是可证的，那么所有无穷多的句子 $\sim F(\bar{0})$, $\sim F(\bar{1})$, ..., $\sim F(\bar{n})$, ... 是可证的。现在，显然，在自然数域内的任何解释下，至少有一组无穷多的句子 $\exists x F(x)$, $\sim F(\bar{0})$, $\sim F(\bar{1})$, ..., $\sim F(\bar{n})$, ... 一定为假［因为如果 $\exists x F(x)$ 为真，则至少必须有一个 n 使得 $F(\bar{n})$ 为真，在这种情况下 $\sim F(\bar{n})$ 为假］。然而，我们不能从这组公式中得出一个正式的矛盾，也就是说，不能从那个集合推出某个句子和它的否定。原因是我们不能从一个无穷集通过仅仅有穷长的证明得到一个正式的不一致。事实上，存在 ω- 不一致的一致系统。

一个系统被称作欧米伽一致的（omega consistent，或 ω- 一致的），如果它不是欧米伽 /ω- 不一致的。因此，说一个系统是 ω- 一致的，就是说，对于每一个公式 $F(x)$，如果 $\exists x F(x)$ 是可证的，那么一定至少有一个数 n，使得 $F(\bar{n})$ 是不可反驳的。

当讨论 ω- 一致性时，为了避免可能的混淆，我们之前所说的一致性又被称为简单一致性（simple consistency）。

问题 9. 我们已经注意到，一个 ω- 不一致的系统可以是简单一致的。一个 ω- 一致的系统必然是简单一致的吗？

可表达性与可定义性

根据定义，$F(x)$ 表达一个数集 A 是说，对所有的数 n，句子 $F(\bar{n})$ 是可证的当且仅当 $n \in A$。

我们现在说 $F(x)$ 定义 A 意味着对每个数 n，以下两个条件成立：

D_1：如果 $n \in A$，那么 $F(\bar{n})$ 是可证的。
D_2：如果 $n \notin A$，那么 $F(\bar{n})$ 是可反驳的。

我们说 A 是（在系统中）可定义的，如果某个公式 $F(x)$ 定义 A。
我们说 $F(x)$ 完全表达 A，如果 $F(x)$ 表达 A 且 $\sim F(x)$ 表达 A 的补 $\tilde{A}$。

问题 10. 如果有的话，下面哪个或哪些陈述是正确的？
（1）如果 F 完全表达 A，那么 F 定义 A。
（2）如果 F 定义 A，那么 F 完全表达 A。
（3）如果 F 定义 A 并且系统是简单一致的，那么 F 完全表达 A。

现在考虑只有 x 和 y 为自由变元的公式 $F(x, y)$，设 x 被指定为公式 $F(x, y)$ 中的第一个自由变元，y 被指定为公式中的第二个自由变元。（在实践中，个体变元在无穷序列 $v_1, v_2\dots, v_n, \dots$ 之中，当我们说 x 被指定为第一个变元且 y 为第二个变元时，我们的意思是，对某个 i 和 j，$i<j$，且 $x=v_i$，$y=v_j$。）对于任意数 n 和 m，$F(\bar{n}, \bar{m})$ 表示用数字 $\bar{n}$ 替换所有 x 的自由出现，$\bar{m}$ 替换所有 y 的自由出现的结果。

我们说公式 $F(x, y)$ 定义了一个二元关系 $R(x, y)$，如果对所有的数 n 和 m，如果 $R(n, m)$ 成立，则 $F(\bar{n}, \bar{m})$ 是可证的，如果 $R(n, m)$ 不成立，则 $F(\bar{n}, \bar{m})$ 是可反驳的。[类似地，我们会说一个 n 元关系 $R(x_1, \dots, x_n)$ 在系统 S 中是可定义的，如果存在一个公式 $F(x_1, \dots, x_n)$ 定义 R，使得对所有的数 $a_1, \dots, a_n$，如果 $R(a_1, \dots, a_n)$ 成立，则公式 $F(\bar{a}_1, \dots, \bar{a}_n)$ 是可证的，如果 $R(a_1, \dots, a_n)$ 不成立，则公式 $F(\bar{a}_1, \dots, \bar{a}_n)$ 是可反驳的。]

对于任意二元关系 $R(x, y)$，R 的定义域是指所有使得对至少一个数 m，$R(n, m)$ 成立的那些数 n 组成的集合。R 的值域（range）是指所有使得对至少一个数 n，$R(n, m)$ 成立的那些数 m 组成的集合。

系统中的可枚举性

我们说公式 $F(x, y)$ 枚举（enumerate）系统中的一个数集 A，如果对每个数 n：

（1）如果 $n \in A$，那么 $F(\bar{n}, \bar{m})$ 对至少一个 m 是可证的。
（2）如果 $n \notin A$，那么 $F(\bar{n}, \bar{m})$ 对每个 m 都是可反驳的。

我们说，A 在系统中是可枚举的，如果存在某个公式 $F(x, y)$ 枚举 A。

公式 $F(x_1, \dots, x_n)$ 被称为数字可判定的（numeralwise decidable），如果对所有的数 $a_1, \dots, a_n$，句子 $F(\bar{a}_1, \dots, \bar{a}_n)$ 是可判定的。

问题 11. 假设 $F(x, y)$ 枚举某个集合 A。公式 $F(x, y)$ 是数字可判定的吗？

问题 12. 证明任何可定义关系 $R(x, y)$ 的定义域在系统中都是可枚举的。更具体地，如果公式 $F(x, y)$ 定义了关系 $R(x, y)$，那么 $F(x, y)$ 枚举 $R(x, y)$ 的定义域。

下面是一个关键的引理：

引理 2：（a）如果 A 在系统 S 中是可枚举的并且 S 是欧米伽一致的，那么 A 在 S 中是可表示的。

（b）更具体地说，假设 $F(x, y)$ 枚举 A。那么对于任何数 n：

（1）如果 $n \in A$，那么 $\exists y F(\bar{n}, y)$ 是可证的。

（2）如果 $\exists y F(\bar{n}, y)$ 是可证的且如果系统是欧米伽一致的，那么 $n \in A$。

（3）因此，如果系统是欧米伽一致的，那么公式 $\exists y F(x, y)$ 表达 A。

问题 13. 证明引理 2。

哥德尔证明的本质

定理 G_1（以哥德尔命名）：假设公式 $A(x, y)$ 枚举集合 P^* 并且 p 是公式 $\forall y \sim A(x, y)$ 的哥德尔编码，G 是公式 $\forall y \sim A(x, y)$ 的对角化 $\forall y \sim A(\bar{p}, y)$，那么：

（a）如果系统是简单一致的，那么 G 是不可证的。

（b）如果系统是欧米伽一致的，那么 G 是不可反驳的 —— 因此是不可判定的。

问题 14. 证明定理 G_1。

由定理 G_1 当然可以推出如果 P^* 在系统中是可枚举的，该系统是欧米伽一致的，那么就存在一个不可判定的句子。这一比较弱的事实可以用之前证明的结果更迅速地证得。

问题 15. 怎么证明?

欧米伽不完全性

一个 P^* 是由公式 $A(x, y)$ 来枚举的简单一致的系统, 有一个比不完全性更令人好奇的性质, 即存在一个公式 $H(y)$, 使得所有无穷多的句子 $H(\bar{0})$, $H(\bar{1})$, ..., $H(\bar{n})$, ... 是可证的, 然而全称句子 $\forall y H(y)$ 是不可证的! 这种情况被称为 ω- 不完全性 (ω-incompleteness, 或欧米伽不完全性)。

这样的公式 $H(y)$ 是 $\sim A(\bar{p}, y)$, 其中 p 是 $\forall y \sim A(x, y)$ 的哥德尔编码, 我们已经看到 $\forall y H(y)$ —— 即 $\forall y \sim A(\bar{p}, y)$ —— 是不可证的 (假设简单的一致性)。$\forall y H(y)$ 是 $F_p(\bar{p})$, 因为它是不可证的, 所以它在任何阶段都不可证, 因此所有的句子 $\sim A(\bar{p}, \bar{0})$, $\sim A(\bar{p}, \bar{1})$, ..., $\sim A(\bar{p}, \bar{n})$, ... 都是可证的。因此 $H(\bar{0})$, $H(\bar{1})$, ..., $H(\bar{n})$, ... 都是可证的, 但是 $\forall y H(y)$ 是不可证的。

我可能会说, 大多数数学家都听说过哥德尔定理, 并且知道不可判定句的存在, 尽管很少有人知道这个证明。但是他们中的很多人 —— 至少是我交谈过的那些人 —— 从未听说过那些系统是 ω- 不完全的这一事实, 他们发现这件事时非常惊讶!

∃- 不完全性

ω- 不完全系统还有一个同样令人惊讶的性质, 我喜欢称它为 ∃- 不完全性, 也就是说, 存在一个公式 $F(x)$, 使得 $\exists x F(x)$ 是可证的, 但没有一个句子 $F(\bar{0})$, $F(\bar{1})$, ..., $F(\bar{n})$, ... 是可证的。

为了理解它, 我们首先注意, 对任意公式 $\varphi(x)$, 句子 $\exists x (\varphi(x) \supset \forall y \varphi(y))$ 是有效的 (读者可自行用真值表验证), 因此是可证的。假设这个系统是 ω- 不完全的, 我们取 $\varphi(y)$ 为公式 $H(y)$, 使得 $\forall y H(y)$ 是不可证的, 而 $H(\bar{n})$ 对于每一个 n 都是可证的, 我们现在取 $F(x)$ 为公式 $H(x) \supset \forall y H(y)$。句子 $\exists x (H(x) \supset \forall y H(y))$ 是有效的, 因此是可证的。然而, 没有 n, 使得 $H(\bar{n}) \supset \forall y H(y)$ 是可证的。这是因为 $H(\bar{n})$ 是可证的, 所以如果 $H(\bar{n})$

⊃ $\forall y H(y)$ 是可证的，那么根据分离规则可推出 $\forall y H(y)$ 是可证的，但并非如此。因此，$\exists x F(x)$ 是可证的，然而没有 n，使得 $F(\bar{n})$ 是可证的。

罗瑟构造

在与哥德尔和罗瑟的证明有关的系统中，集合 P^* 和 R^* 是可枚举的，而且存在一个公式，我们写作 "$x \leqslant y$"（为了更容易的可读性，没使用 $\leqslant x, y$），它满足下面的条件 L_1 和 L_2。（不正式地说，对任意数 n 和 m，句子 $\bar{n} \leqslant \bar{m}$ 表示 "n 小于或等于 m" 这个命题。）

L_1：对任意公式 $F(x)$ 和数 n，如果 $F(\bar{0})$，$F(\bar{1})$，...，$F(\bar{n})$ 都是可证的，则 $\forall y(y \leqslant \bar{n} \supset F(y))$ 也是可证的。

L_2：对于每个 n，句子 $\forall y(y \leqslant \bar{n} \vee \bar{n} \leqslant y)$ 是可证的。

给定两个公式 $F_1(y)$ 和 $F_2(y)$，考虑公式 $\forall y(y \leqslant \bar{n} \supset F_1(y))$ 和 $\forall y(\bar{n} \leqslant y \supset F_2(y))$。后面这两个公式和公式 $\forall y(y \leqslant \bar{n} \vee \bar{n} \leqslant y)$ 一起，逻辑蕴涵公式 $\forall y(F_1(y) \vee F_2(y))$，读者可以用真值表来验证。因此，由 L_2，我们有：

L'_2：如果公式 $\forall y(y \leqslant \bar{n} \supset F_1(y))$ 和 $\forall y(\bar{n} \leqslant y \supset F_2(y))$ 都是可证的，则 $\forall y(F_1(y) \vee F_2(y))$ 也是可证的。

我们说一个系统遵循罗瑟条件（Rosser conditions），如果 P^* 和 R^* 都是可枚举的，且条件 L_1 和 L_2 都成立。

我们的目标是证明：

定理 R（以罗瑟命名）：对任意遵循罗瑟条件的系统，如果该系统是简单一致的，那么该系统存在一个不可判定的句子。

集合的分离引理：对于任意满足条件 L_1 和 L_2 的系统 $\mathcal{S}$，任意不相交的数集 A 和 B：

（a）如果 A 和 B 在系统中是可枚举的，那么系统中的 B 与 A 是强可分离的。

（b）更具体地说，如果 $F_1(x, y)$ 是一个枚举 A 的公式，$F_2(x, y)$ 是一个枚举 B 的公式，那么 B 通过公式 $\forall y[F_1(x, y) \supset \exists z(z \leqslant y \wedge F_2(x, z))]$ 与 A 分离。

问题 16. 证明集合的分离引理。

问题 17. 证明定理 R。

我们已经定义了公式 $F(x, y)$ 在一个系统 $\mathcal{S}$ 中枚举一个集合 A 的意思。在后面的一些章节中，我们会需要以下定义和结果。

给定一个数关系 $R(x_1, \ldots, x_n)$，我们说一个公式 $F(x_1, \ldots, x_n, y)$（在一个系统 $\mathcal{S}$ 中）枚举关系 $R(x_1, \ldots, x_n)$，如果对于所有的数 $a_1, \ldots, a_n$，关系 $R(a_1, \ldots, a_n)$ 成立，当且仅当存在一个数 b，使得 $F(\bar{a}_1, \ldots, \bar{a}_n, \bar{b})$ 在 $\mathcal{S}$ 中是可证的。

我们说公式 $F(x_1, \ldots, x_n)$（强）分离关系 $R_1(x_1, \ldots, x_n)$ 与关系 $R_2(x_1, \ldots, x_n)$，如果对于所有的数 $a_1, \ldots, a_n$，如果 $R_1(a_1, \ldots, a_n)$ 成立，则 $F(\bar{a}_1, \ldots, \bar{a}_n)$ 在系统 $\mathcal{S}$ 中是可证的，如果 $R_2(a_1, \ldots, a_n)$ 成立，则 $F(\bar{a}_1, \ldots, \bar{a}_n)$ 在系统 $\mathcal{S}$ 中是可反驳的。

我们说关系 $R_1(x_1, \ldots, x_n)$ 与关系 $R_2(x_1, \ldots, x_n)$ 不相交，如果不存在数 $a_1, \ldots, a_n$，使得 $R_1(a_1, \ldots, a_n)$ 和 $R_2(a_1, \ldots, a_n)$ 同时成立。

关系的分离引理：对于满足条件 L_1 和 L_2 的任何系统 $\mathcal{S}$，以及任何不相交关系 $R_1(x_1, \ldots, x_n)$ 和 $R_2(x_1, \ldots, x_n)$。如果公式 $F_1(x_1, \ldots, x_n, y)$ 枚举 $R_1(x_1, \ldots, x_n)$，公式 $F_2(x_1, \ldots, x_n, y)$ 枚举 $R_2(x_1, \ldots, x_n)$，则 R_2 通过如下公式与 R_1 强分离：

$$\forall y[F_1(x_1, \ldots, x_n, y) \supset \exists z(z \leq y \wedge F_2(x_1, \ldots, x_n, z))]$$

上面的证明与对集合的分离引理的证明类似（只是要用"$x_1, \ldots, x_n$"代替"x"），读者可以自行验证。

练习. 对任意关系 $R_1(x_1, \ldots, x_n)$ 和 $R_2(x_1, \ldots, x_n)$，$R_1 - R_2$ 的意思是 $R_1(x_1, \ldots, x_n) \wedge {\sim} R_2(x_1, \ldots, x_n)$。显然 $R_1 - R_2$ 与 $R_2 - R_1$ 不相交。现在，假设系统 $\mathcal{S}$ 满足条件 L_1 和 L_2，R_1 和 R_2 是分别被 $F_1(x_1, \ldots, x_n, y)$ 和 $F_2(x_1, \ldots, x_n, y)$ 枚举的 n 元关系，它们不是必然不相交的。证明 $R_2 - R_1$ 与 $R_1 - R_2$ 通过以下公式强分离：

$$\forall y[F_1(x_1, \ldots, x_n, y) \supset \exists z(z \leq y \wedge F_2(x_1, \ldots, x_n, z))]$$

注意：分离引理仅仅是这一结果的特例，因为如果 R_1 与 R_2 不相交，则 $R_1 - R_2 = R_1$ 且 $R_2 - R_1 = R_2$。

讨论

我想对哥德尔和罗瑟的不可判定的句子做些比较。但首先，让我们考虑枚举一个集合 A 的公式 $F(x, y)$。这样，一个数 n 在 A 中，当且仅当对某个数 m，$F(\bar{n}, \bar{m})$ 是可证的，我愿意把这样一个数 m 称为 n 在 A 中的一个见证［witness，相对于公式 $F(x, y)$］。现在，在假设欧米伽一致性的哥德尔证明中，存在一个枚举集合 P^* 的公式，相对这个公式，哥德尔的不可判定的句子可以被认为是说，"没有见证表明我是可证的"，或者更简单地，"我是不可证的"。

与此相对，在罗瑟只假设了简单一致性的证明中，存在一个公式强分离 R^* 与 P^*，相对这一公式，罗瑟的不可判定的句子可以认为是说："对任何我是可证的见证，存在一个更小的数是我是可反驳的见证"。

这句话真的很奇怪，我曾经问过罗瑟，他是怎么想到这么奇怪的句子的。令我惊讶的是，他回答说，"我并没有打算消除哥德尔的欧米伽一致性假设的必要性。只是我尝试了各种不同的方法来代替哥德尔句子，当我想到这句话的时候，我突然意识到我可以用它来做这件事！"

我觉得这很有趣，希望大家能更好地了解它。这让我想起了我听说过的一个关于哥德尔证明的传言，那就是哥德尔最初并没有打算证明系统的不完全性。相反，他开始想证明的是它们的不一致！他认为他可以在系统中重建说谎者悖论（"这个句子为假"），但经过一段时间的努力，他形式化了，不是真，而是可证性，进而证明了不完全性，而不是不一致性。

问题答案

1. 对于任何表达式 X，句子 $\sim PN(X)$ 为真当且仅当 X 的范式是不可打印的。我们现在取 X 为表达式 $\sim PN$，因此，句子 $\sim PN(\sim PN)$ 为真当且仅当 $\sim PN$ 的范式是不可打印的，但 $\sim PN$ 的范式正是句子 $\sim PN(\sim PN)$！因此，句子 $\sim PN(\sim PN)$ 为真当且仅当它不可打印，这意味着它或者为真且不可打印，或者不为真但可打印。由已知条件，只有真句子可打印，后一种选择被排除了。因此，句子 $\sim PN(\sim PN)$ 为真，但是机器不能打印它。

2. 三个部分的解答：

（a）如果 H 指代 A，那么 H 的对角数必须指代 $A^{\#}$，因为假设 H 指代 A 且 K 是 H 的对角数。那么对于任意数 n，句子 $K(n)$ 为真当且仅当 $H(n^*)$ 为真，这种情况当且仅当 $n^* \in A$，$n^* \in A$ 为真当且仅当 $n \in A^{\#}$。因此 $K(n)$ 为真当且仅当 $n \in A^{\#}$，所以 K 命名 $A^{\#}$。

（b）至于引理的证明，假设 A 是可命名的。则如我们所知，$A^{\#}$ 是可命名的。令 k 是一个指代 $A^{\#}$ 的代号的哥德尔编码。这样，对于所有的数 n，句子 $H_k(n)$ 为真当且仅当 $n \in A^{\#}$。具体地，取 n 为 k，我们知道 $H_k(k)$ 为真当且仅当 $k \in A^{\#}$，这为真当且仅当 $k^* \in A$。因此，$H_k(k)$ 为真当且仅当其哥德尔编码 k^* 在 A 中，这意味着 $H_k(k)$ 是 A 的一个哥德尔句子。

（c）至于定理 T 的证明，设 T 是真句子的集合，T_0 是 T 的元素的哥德尔编码的集合。我们将展示 T_0 是不可命名的。

考虑 T_0 的补 $\widetilde{T_0}$（即所有不在 T_0 中的数组成的集合），显然不能

有 $\tilde{T}_0$ 的哥德尔句子，因为这样一个句子要为真当且仅当其哥德尔编码不在 T_0 中，这意味着该句子要为真当且仅当其哥德尔编码不是一个真句子的哥德尔编码，这很奇怪。因此 $\tilde{T}_0$ 没有哥德尔句子，既然每一个可命名的集合有一个哥德尔句子，那么 $\tilde{T}_0$ 是不可命名的。因此 T_0 是不可命名的（因为如果某个 H 命名 T_0，则 H' 将命名 $\tilde{T}_0$）。

3. 假设 n 是一个公式编码。则 n^* 是 $F_n(n)$ 的哥德尔编码。因此 $n^* \in W^*$ 当且仅当 $F_n(n)$ 的哥德尔编码在 W_0 中，这为真当且仅当 $F_n(n) \in W$。

4. 假设系统是一致的，且 F 是表示 P^* 的公式。设 F_b 是 F 的否定 F'。由于 F 表达 P^*，因此 $F(b)$ 是可证的当且仅当 $b \in P^*$，$b \in P^*$ 当且仅当 $F_b(b) \in P$（因为 b 是一个公式编号）。而这为真当且仅当 $F_b(b)$ 是可证的，这为真当且仅当 $F'(b)$ 是可证的（因为 F' 是 F_b），这为真当且仅当 $\sim F(b)$ 是可证的。因此，$F(b)$ 是可证的当且仅当其否定 $\sim F(b)$ 是可证的。这意味着 $F(b)$ 和 $\sim F(b)$ 或者都可证，或者都不可证。系统一致的事实排除了前一种选择。因此，后一种选择必须成立：$F(b)$ 既不可证也不可驳，因此是不可判定的。

5. 这个证明，如果有的话，比定理 G_0 的证明要简单得多。假设系统是一致的，F 表达 R^*。设 f 是 F 的哥德尔编码。则 $F(f)$ 是可证的当且仅当 $f \in R^*$，这为真当且仅当 $F_f(f) \in R$（由问题 3），这为真当且仅当 $F(f) \in R$（因为 F 和 F_f 是同一个公式），这为真当且仅当 $F(f)$ 是可反驳的。因此，$F(f)$ 是可证的当且仅当 $F(f)$ 是可反驳的，这意味着或者 $F(f)$ 既可证也可反驳，或者这两者都不可。再一次，根据一致性假设，$F(f)$ 不能既可证又可反驳，因此它两者都不是，因此是不可判定的。

6. 是的，确实如此，以下是关于怎么理解它的。$F(f)$ 是可反驳的当且仅当 $F'(f)$ 是可证的，这为真当且仅当 $f \in P^*$（因为 F' 表达 P^*）。这为真当且仅当 $F_f(f)$ 是可证的，这为真当且仅当 $F(f)$ 是可证的。（因为 f 是 F 的哥德尔编码，因此 F_f 是 F。）因此，F_f 是

可反驳的当且仅当 $F(f)$ 是可证的，再一次，根据一致性假设，$F(f)$ 是不可判定的。

7. 两部分的解答：

（a）首先，我们证明如果 F 是一个表达某个与 $P*$ 不相交的 $R*$ 上集的公式，则 $F(f)$ 是不可判定的，其中 f 是 F 的哥德尔编码。

设 A 是与 $P*$ 不相交的 $R*$ 的上集，它由 F 所表达。由于 F 表达 A，则 $F(n)$ 是可证的当且仅当 $n \in A$。同样，$F(f)$ 是可证的当且仅当 $f \in P*$。因此 $f \in P*$ 当且仅当 $f \in A$。于是，因为 A 与 $P*$ 不相交，f 既不在 $P*$ 中也不在 A 中。因为 f 不在 A 中，所以它也不在 A 的子集 $R*$ 中，因此 f 既不在 $P*$ 中也不在 $R*$ 中，这意味着 $F(f)$ 既不可证也不可反驳。

接下来，假设 F 表达与 $R*$ 不相交的 $P*$ 的某个上集 A，则 A 的补集 $\hat{A}$ 是与 $P*$ 不相交的 $R*$ 的一个上集，用 F' 表示，所以，正如我们所见，$F'(f)$ 是不可判定的，其中 f 是 F' 的哥德尔编码。

（b）如果定理 G_0 的假设成立，那么定理 R_0 的假设也成立，因为假设定理 G_0 的假设成立，也就是说，$P*$ 是可表示的且系统是一致的。根据一致性假设，$P*$ 一定与 $R*$ 不相交（因为如果存在数 n 同时在 $P*$ 和 $R*$ 中，则 $F_n(n)$ 会是既可证又可反驳的，与一致性假设相冲突）。同时，$P*$ 也是其自身的上集，因此如果 $P*$ 是可表示的，那么 $P*$ 的某个上集（即 $P*$ 本身）与 $R*$ 不相交，因此定理 R_0 的假设成立。因此定理 G_0 只是定理 R_0 的一个特例。与此类似，可证明定理 S_0 只是定理 R_0 的一个特例。

8. (b) 为真。假设 F 强分离 A 和 B。则 F 表达 A 的某个上集 A_1，F' 表达 B 的某个上集 B_1。假设系统是一致的。那么 A_1 必须与 B_1 分离，因为如果某个数 n 同时在 A_1 和 B_1 中，那么 $F(n)$ 是可证的（既然 $n \in A_1$），且 $F'(n)$ 是可证的（既然 $n \in B_1$），这与一致性假设相矛盾。因此 A_1 与 B_1 是不相交的。因为 A_1 与 B_1 不相交，而 B 是 B_1 的子集，则有 A_1 与 B 不相交。那么 F 表达与 B 不相交的 A 的上集

A_1，这意味着 F 弱分离 A 与 B。

9. 当然是这样。如果一个系统不是简单一致的，即如果某个语句 X 和它的否定 $\sim X$ 都是可证的，那么所有的句子都是可证的，因为对于任何一个句子 Y，句子 $X \supset (\sim X \supset Y)$ 是重言式，因此也是可证的，所以如果 X 和 $\sim X$ 都是可证的，应用两次分离规则可得，Y 是可证的。因此，如果一个系统是简单不一致的，所有句子都是可证的，使得系统是一般地 ω- 不一致的。由于简单不一致意味着 ω- 不一致，那么 ω- 一致意味着简单一致。

10. （1）显然为真。（2）不是必然为真。（3）必然为真，因为假设 F 定义 A，系统是简单一致的，则对于任意数 n：

（a）如果 $n \in A$，则 $F(\bar{n})$ 是可证的。

（b）如果 $n \notin A$，则 $F(\bar{n})$ 是可反驳的。

我们现在来证明（a）和（b）的反向也是成立的。

（a）′假设 $F(\bar{n})$ 是可证的。如果 n 不在 A 中，则 $F(\bar{n})$ 是可反驳的，因为该系统是不一致的。因为我们假设了一致性，所以 $n \in A$。

（b）′假设 $F(\bar{n})$ 是可反驳的。如果 n 在 A 中，则 $F(\bar{n})$ 是可证的，且该系统是不一致的。因此，根据一致性假设，$n \notin A$。

11. 不必然是。

12. 这很明显，假设 $F(x, y)$ 定义了 $R(x, y)$ 的关系且 A 是 R 的定义域。那么对于任意数 n：

（a）如果 $n \in A$，则对某个 m，$R(n, m)$ 成立，因此 $F(\bar{n}, \bar{m})$ 是可证的。

（b）假设 $n \notin A$，则对每个 m，都有 $R(n, m)$ 不成立，因此 $F(\bar{n}, \bar{m})$ 是可反驳的。

由（a）和（b），$F(x, y)$ 可枚举 A。

13. 假设 $F(x, y)$ 枚举 A。

（1）假设 $n \in A$。则对某个 m，$F(\bar{n}, \bar{m})$ 是可证的。因此

$\exists y F\left(\bar{n}, y\right)$ 是可证的。

（2）假设 $\exists y F\left(\bar{n}, y\right)$ 是可证的。如果 n 不在 A 中，则 $F\left(\bar{n}, \bar{m}\right)$ 对每个 m 都是可反驳的。结合 $\exists y F\left(\bar{n}, y\right)$ 的可证性，则有系统是欧米伽不一致的！因此如果系统是欧米伽一致的，则不可能 n 不在 A 中。因此，n 一定在 A 中。

（3）由（1）和（2）可得。

14. 首先回忆一下在一阶逻辑中，对任意公式 $H\left(y\right)$，句子 $\exists y H\left(y\right)$ 与 $\sim\forall y\sim H\left(y\right)$ 是可证等价的，因此 $\exists y H\left(y\right)$ 是可证的当且仅当 $\sim\forall y\sim H\left(y\right)$ 是可证的。

现在，假定定理 G_1 的假设成立，句子 G 是 $F_p\left(\bar{p}\right)$，即 $\forall y\sim A\left(\bar{p}, y\right)$。

（a）假设 $F_p\left(\bar{p}\right)$ 是可证的。$p\in P^*$，因为 $A\left(x, y\right)$ 枚举 P^*，则 $A\left(\bar{p}, \bar{m}\right)$ 对某个 m 是可证的。因此 $\exists y A\left(\bar{p}, y\right)$ 是可证的，因此 $\sim\forall y\sim A\left(\bar{p}, y\right)$ 也是可证的，而这正是句子 $\sim F_p\left(\bar{p}\right)$。因此，如果 G [即 $F_p\left(\bar{p}\right)$] 是可证的，那么 $\sim G$ 也是，该系统是简单不一致的。因此，如果该系统是简单一致的，则 G 是不可证的。

（b）假设系统是欧米伽一致的，那么它也是简单一致的（由问题 9），因此，根据（a），句子 $F_p\left(\bar{p}\right)$ 是不可证的，因此 $p\notin P^*$。因此 [既然 $A\left(x, y\right)$ 枚举 P^*]，对任意 m，$A\left(\bar{p}, \bar{m}\right)$ 是可反驳的，所以由欧米伽一致性假设，句子 $\exists y A\left(\bar{p}, y\right)$ 是不可证的。因此 $\sim\forall y\sim A\left(\bar{p}, y\right)$ 是不可证的，因此 $\forall y\sim A\left(\bar{p}, y\right)$（句子 G）是不可反驳的。

15. 这实际上从引理 2 和定理 G_0 直接可得：假设 P^* 是可枚举的，系统是欧米伽一致的。由引理 2，集合 P^* 是可表示的，由于系统还是简单一致的，由定理 G_0，存在一个不可判定的句子。

我们可以进一步补充，如果系统是欧米伽一致的且 $A\left(x, y\right)$ 是枚举 P^* 的公式，则 $\exists y A\left(x, y\right)$ 表达 P^*（再一次根据引理 2），因此，与之逻辑等价的公式 $\sim\forall y\sim A\left(x, y\right)$ 也是如此。这样，$\forall y\sim A\left(x, y\right)$ 是一个其否定表达 P^* 的公式。那么，根据问题 6，

如果 p 是公式 $\forall y \sim A(x, y)$ 的哥德尔编码，则句子 $\forall y \sim A(\bar{p}, y)$ 是不可判定的且这个句子是句子 G。因此 G 的不可判定性是引理 2 和问题 6 的简单后承。

16. 已知 $F_1(x, y)$ 枚举 A，$F_2(x, y)$ 枚举 B，B 与 A 不相交。我们将展示 B 通过公式 $H(x)$[也就是 $\forall y[F_1(x, y) \supset \exists z(z \leq y \wedge F_2(x, z))]$] 与 A 强分离。

（a）假设 $n \in B$，则 $n \notin A$（因为 A 与 B 不相交）。既然 $n \in B$，则对某个 k 有 $F_2(\bar{n}, \bar{k})$。因此如下公式是可证的，因为它是 $F_2(\bar{n}, \bar{k})$ 的一个逻辑后承。

（1）$\forall y[\bar{k} \leq y \supset \exists z(z \leq y \wedge F_2(\bar{n}, z))]$

接下来，因为 $n \notin A$，则对任意数 m，句子 $F_1(\bar{n}, \bar{m})$ 是可反驳的，因此所有的句子 $\sim F_1(\bar{n}, \bar{0}), \ldots, \sim F_1(\bar{n}, \bar{k})$ 都是可证的。因此，由条件 L_1，如下公式是可证的：

（2）$\forall y[y \leq \bar{k} \supset \sim F_1(\bar{n}, y)]$

由（2）和（1）及条件 L'_2，我们有：

$\forall y[\sim F_1(\bar{n}, y) \vee \exists z(z \leq y \wedge F_2(\bar{n}, z))]$

作为推论，我们可得到其逻辑等价式：

$\forall y[F_1(\bar{n}, y) \supset \exists z(z \leq y \wedge F_2(\bar{n}, z))]$

即句子 $H(\bar{n})$。因此，如果 $n \in B$，则 $H(\bar{n})$ 是可证的。

（b）接下来我们需要指出，如果 $n \in A$，则 $H(\bar{n})$ 是可反驳的。

假设 $n \in A$，则 $n \notin B$。既然 $n \in A$，则对某个 k，句子 $F(\bar{n}, \bar{k})$ 是可证的。既然 $n \notin B$，$F_2(\bar{n}, \bar{0}), \ldots, F_2(\bar{n}, \bar{k})$ 都是可反驳的。因此，由条件 L_1，句子 $\forall z(z \leq \bar{k} \supset \sim F_2(\bar{n}, z))$ 是可证的。因为 $F_1(\bar{n}, \bar{k})$ 也是可证的，所以有：

（1）$F_1(\bar{n}, \bar{k}) \wedge \forall z(z \leq \bar{k} \supset \sim F_2(\bar{n}, z))$

这与以下公式逻辑等价：

（2）$\sim[F_1(\bar{n}, \bar{k}) \supset \exists z(z \leq \bar{k} \wedge F_2(\bar{n}, z))]$

要理解这一点，根据命题逻辑，（1）逻辑等价于

$$\sim[F_1\,(\bar{n},\,\bar{k})\supset\sim\forall z\,(z\leqslant\bar{k}\supset\sim F_2\,(\bar{n},\,z))\,]$$

这反过来也等价于（2），因为 $\sim\forall z\,(z\leqslant\bar{k}\supset\sim F_2\,(\bar{n},\,z))$ 逻辑等价于 $\exists\sim(z\leqslant\bar{k}\wedge\sim F_2\,(\bar{n},\,z))$，这逻辑等价于 $\exists z\,(z\leqslant\bar{k}\wedge\sim\sim F_2\,(\bar{n},\,z))$，这逻辑等价于 $\exists z\,(z\leqslant\bar{k}\wedge F_2\,(\bar{n},\,z))$。

现在，（2）逻辑蕴涵：

（3）$\sim\forall y[F_1\,(\bar{n},\,y)\supset\exists z\,(z\leqslant y\wedge F_2\,(\bar{n},\,z))\,]$

[既然对任意公式 $\varphi\,(y)$，句子 $\forall y\,\varphi\,(y)\supset\varphi\,(\bar{n})$ 是有效的，因此 $\sim\varphi\,(\bar{n})\supset\sim\forall y\,\varphi\,(y)$ 也是如此，而且，具体到这里，当 $\varphi\,(y)$ 是公式 $F_1\,(\bar{n},\,y)\supset\exists z\,(z\leqslant y\wedge F_2\,(\bar{n},\,z))$ 时也成立。]

现在，（3）是句子 $\sim H\,(n)$，因此 $H\,(n)$ 对于 $n\in A$ 是可反驳的。

17. 已知 P^* 和 R^* 在系统中是可枚举的。假设该系统是简单一致的，集合 P^* 和 R^* 是不相交的（为什么？），因此，由分离引理，集合 R^* 与 P^* 强分离。这样，由定理 R_1，存在一个系统中不可判定的句子。

进一步，假定 $A\,(x,\,y)$ 是枚举 P^* 的公式，$B\,(x,\,y)$ 是枚举 R^* 的公式。根据分离引理，公式 $\forall y(A\,(x,\,y)\supset\exists z\,(z\leqslant y\wedge B\,(x,\,z)))$ 强分离 R^* 与 P^*，而在简单一致性的假设下，它弱分离 R^* 与 P^*。（如问题 8 的解答所示），因此，根据问题 7 的解答，它的对角化：

$$\forall y(A\,(\bar{p},\,y)\supset\exists z\,(z\leqslant y\wedge B\,(\bar{p},\,z)))$$

[其中，p 是如下公式的哥德尔编码：

$$\forall y\,(A\,(x,\,y)\supset\exists z\,(z\leqslant y\wedge B\,(x,\,z)))]$$

是系统中不可判定的句子。

第 11 章

初等算术

预备知识

初等算术——又被数理逻辑学家称作一阶算术——使用以下 15 个符号：

$$0 \ '( ) + \times \sim \wedge \vee \supset \forall \exists \ v = \leqslant$$

初等算术的证明系统基于前面章节中命题逻辑和一阶逻辑系统中形式化了的逻辑推理而建立，但进一步包括了上面的符号所构建的公式，这些符号能够表达算术真理（当然也能表达谬误和猜想）。这样的算术证明系统总是会在通常的命题逻辑和一阶逻辑的推理的一般公理和规则基础上附加上一个算术公理集，这些算术公理在它们的创造者眼中是正确的和完全的。

在这一章中，我们不打算介绍任何算术公理。如果想了解算术公理，那需要等到第 13 章，在那里，一个算术公理集将被加入我们的初等算术中来构建一个系统，这个系统被我们称为皮亚诺算术（Peano Arithmetic），以朱塞佩·皮亚诺（Giuseppe Peano）的名字来命名，皮亚诺在 19 世纪晚期构建了第一个关于自然数的证明系统。但我希望你们在这一章中会对只定义一阶算术公式的真就能得到的结果的深度印象深刻。阿尔弗雷德·塔尔斯基（Alfred Tarski）在他著名的论文（1933）中首次明确了高阶形式系统公式中真的定义，其中包含了一个关于初等算术的非常重要的结果，本章的主要目标就是证明它。这里给出的真的定义仅仅用于解释自然数域下的初等算术，但数学家和逻辑学家已经设计出方法使得仅仅基于自然数的真来定义和证明我们所知道的关于正整数的极大集、有理数，甚至实数的所有东西（超出了很多数学方向）。此外，学者们发现，这些证明通常可以在一阶算术系统中进行，尽管有时用高阶系统更方便，因为在高阶系统中，数学家可以对谓词或谓词的谓词等进行量化。

现在，当我们开始转向初等算术的语法时，让我们首先来学习对任何关于数学的形式系统来说都是最基础的部分，即项和公式。

表达式 $0, 0', 0'', 0''', \ldots$ 被称为皮亚诺数字（Peano numerals），是在初等算术和皮亚诺算术中自然数 $0, 1, 2, 3, \ldots$ 的名字。这样，自然数 n 的名称由符号 0 和 n 个撇组成。符号"'"（撇）被认为是代表后继（n 的后继是 $n+1$）。对于任意（自然）数 n，我们设 $\bar{n}$ 是"指代 n 的皮亚诺数字"的缩写。例如，如果你在初等算术公式中看到 $\bar{4}$，它其实是表达式 $0''''$ 的缩写。注意，尽管函数 $f(n) = \bar{n}$ 也可以被看作从自然数到一阶算术表达式集合的函数（它是在我们称为皮亚诺数字的表达式的子集上的函数）。

重要的题外话：在本章中，我们将使用自然数（$0, 1, 2, \ldots$）的几种表示，即：

（1）我们常用的十进制记数法：$0, 1, 2, 3, 4, \ldots$；

（2）刚刚定义的皮亚诺数字，在本章中，它将是这几种表示中唯一一种在一阶算术和皮亚诺算术中使用的（自然数）表示。

（3）一种记法，但只适用于正整数，这对我们的元理论工作非常有帮助，我们称之为二元记法（dyadic notation），这种记法中的每个数都被称为二元数字（dyadic numeral）；这种记法类似于二进制记法（binary notation，我们将不使用），但它不像二进制表示法那样只使用数字 0 和 1，而是使用（仅仅）1 和 2 组成的字符串。

（4）从我们将要使用的所有初等算术表达式的特殊哥德尔编号中派生出来

的一种符号，但也可以看作关于自然数的另一种（易于理解的）记法。

当我们在本章单独使用"数"这个词时，我们指的是自然数。但更具体地说，当我们使用"数"或"自然数"这样的词时，我们是在抽象地考虑自然数，也就是说，它们独立于任何我们用来表达它们的符号或词。因此，在十进制记法中，以 5 表示的抽象数（abstract number）是每个人在思考大多数人一只手上有多少根手指时会想到的概念（concept），所以一个抽象数是一个人可能正在思考的数词的含义（meaning），这样它就独立于人们思考时所用的语言及把数字记下来恰巧使用的所有可能的任何一种记法。因此，关于数的事实 2+3 = 5 有相同的含义，无关它是用什么语言口头表达的，无关它是用什么记法写下来的。在初等（一阶）算术和皮亚诺算术中，我们可以用公式 $0'' + 0''' = 0'''''$ 来表示这个事实，其中用于表示自然数的记法是皮亚诺数字〔我们显然可以像在逻辑系统中那样，在逻辑系统之外使用这些符号，就像人们曾经通过在棍子上刻上记号来计算东西一样，虽然你可会发现皮亚诺数字一旦涉及的数字很大，就很难理解了，这就是世界上大多数情况下都采用十进制记法的原因之一；但请记住，即使是十进制记法，当我们想要使用的数字非常大或非常小的时候，我们也不得不使用所谓的"科学记法"（scientific notation），例如，从地球到冥王星的距离是 $5.906×10^9$ 千米，质子的质量是 $1.65×10^{-24}$ 克〕。

也许一个更好的描述"抽象数 5"的含义的方式是称之为"概念数 5"，因为把 5 叫作"抽象的"让人感觉它好像是不真实的。但事实是，抽象 / 概念数 n 就是数 n，就是当你用数字或符号表示数字时，你总是会想到的含义。抽象数 5 是真实的数 5，用于表示它的词和符号只是用来交流的人造物。（对幼儿来说，必须先掌握了 5 的概念，之后才能学会对其施予一个词或者一个符号。）

上面的每一个我们将用于表示自然数的记法单独来看都很容易理解，但我们将在我们的元理论工作中一直直接使用这几种不同的数字表示法，而且有时在相同的情境下同时使用多种！ —— 这将是本章所涉及的艰苦工作的一部分。抱歉讲了这么长的哲学题外话，但它可能对后面的内容有所帮助。

现在回到一阶（初等）算术，和往常一样，符号 + 和 × 代表加和乘。一个表达式后面加一撇表示加 1 的运算，即后继运算（successor operation）。符号 = 代表等于，符号 ≤ 代表小于等于。

我们需要无穷多个称为变元的表达式，粗略地说，这些表达式表示不确定的自然数。然而，我们希望仅仅应用有限的字母表，因此我们会使用（v），（vv），（vvv）等表达式来表示变元。因此，所谓变元，我们指的是用一对括号括起来的一串字符 v。我们将使用字母 x, y, z 表示不确定的变元。

注意，我们在这里没有提到在我们关于一阶逻辑章节中介绍的表列证明系统和公理证明系统中使用的参数。实际上，引入这些参数的两个原因是，一阶逻辑的表列系统使用参数更容易理解，而且把它们包括在一阶逻辑的公理系统中不仅不会使一阶逻辑的公理系统难以理解，而且，这对于第 8 章和第 9 章的元理论是非常重要的，使得我们使用的表列证明系统和公理证明系统之间的比较更容易描述。但我们现在要关注的是一阶算术的公理系统，而在传统意义上的公理系统中并不使用参数，它们的作用被自由变元的使用取代了，而自由变元也是我们讲到算术系统时非常重要的数学术语。无须多言，如果我们从皮亚诺算术的证明系统中剔除数学公理（很快将在第 13 章中介绍）且要求所有的项都是自由变元，很容易证明，我们将有一个无参数的系统，其证明与前面介绍的一阶逻辑公理系统相同，但是现在就是用自由变元代替了参数。因此，第 8 章和第 9 章关于一阶逻辑的所有结果也将适用于我们的初等算术和皮亚诺算术系统。

初等 / 一阶算术的项

一个表达式被称为项，如果它由如下规则得到：

　　（1）每个皮亚诺数字 $\bar{n}$ 是一个项，每个变元 x 是一个项。

　　（2）如果 t_1, t_2 是项，则（$t_1 + t_2$），（$t_1 \times t_2$），t_1' 也是。

常项（constant term）是指没有变元出现的项。注意，这意味着除了用于加法、乘法和后继的算术运算符之外，在常项中唯一出现的其他符号串只有皮亚诺数字。

指代

每个常项根据以下规则指代一个唯一的自然数：

（1）数字符号 $\bar{n}$ 表示数字 n [例如 $\bar{5}$，它是皮亚诺数字 $0''''$ 的缩写，指代用十进制表示为 5 的（抽象的）自然数]。

（2）如果项 t_1 指代 n，项 t_2 指代 m，则项（$t_1 + t_2$）指代 $n + m$，（$t_1 \times t_2$）指代 n 乘以 m，t'_1 指代 $n + 1$。

公式

原子公式是形如 $t_1 = t_2$ 或 $t_1 \leq t_2$ 的表达式，其中 t_1，t_2 是项。如果 t_1，t_2 都是常项，则这样的公式就叫作原子句子（atomic sentence）。从原子公式开始，公式的类按照与第9章相同的方式建立起来，也就是说，对于任意公式 F 和 G，任意变元 x，表达式 $\sim F$，（$F \wedge G$），（$F \vee G$），（$F \supset G$），$\forall x F$，$\exists x F$ 都是公式。

公式中的变元的自由和约束出现的概念与第9章相同。同样，用项代替变元的自由出现的概念类似于第9章，只是用项代替了参数。在第9章，我们设 $\varphi(x)$ 是一个可能包含变元 x 的公式，而对任意项 t，$\varphi(t)$ 是把 $\varphi(x)$ 中 x 的所有自由出现用 t 进行替换的结果。当然，如果 x 没有出现在公式 $\varphi(x)$ 中，或者仅仅是约束出现，那替换的结果仍旧是 $\varphi(x)$。我们设 v_1，v_2，v_3，... 分别是（v），（vv），（vvv），... 的缩写，我们说，变元 v_n 先于（precede）变元 v_m，如果 $n < m$。如果我们令 $\varphi(x, y)$ 是一个可能包含变元 x 和 y 的公式，其中，在我们的变元序列中 x 先于 y，则对任意数字 m 和 n，$\varphi(\bar{m}, \bar{n})$ 表示我们用 $\bar{m}$ 替换了 x 的所有自由出现和 $\bar{n}$ 替换了 y 的所有自由出现的结果。对于有两个以上自由变元的公式依此类推。

真

在这里定义真的概念时，我们只考虑自然数域上的解释。

一个句子（即一个没有自由变元的公式）为真当且仅当它根据以下规则所得：

（1）一个原子句子 $t_1 = t_2$（其中 t_1 和 t_2 是常项）为真当且仅当 t_1 和 t_2 指代相同的自然数。一个原子句子 $t_1 \leqslant t_2$ 为真当且仅当由 t_1 所指代的数小于或等于由 t_2 所指代的数。

（2）如命题逻辑中一样，$\sim X$ 为真当且仅当 X 不为真；$X \wedge Y$ 为真当且仅当 X 和 Y 都为真；$X \vee Y$ 为真当且仅当或者 X 为真或者 Y 为真；$X \supset Y$ 为真当且仅当 X 不为真或者 Y 为真。

（3）$\forall x \varphi(x)$ 为真当且仅当对每个 n，$\varphi(\bar{n})$ 为真；$\exists x \varphi(x)$ 为真当且仅当至少有一个 n，使得 $\varphi(\bar{n})$ 为真。

算术集与关系

公式 $\varphi(x)$ 表达了所有使得 $\varphi(\bar{n})$ 为真的数字 n 的集合。这样，对任何数集 A，$\varphi(x)$ 表达 A 是说，对所有数 n，句子 $\varphi(\bar{n})$ 为真，当且仅当 $n \in A$。对于二元关系 R，我们说一个公式 $\varphi(x, y)$ 表达 R，如果对所有数 n 和 m，句子 $\varphi(\bar{n}, \bar{m})$ 为真当且仅当 $R(n, m)$。$n > 2$ 时的 n 元关系与此类似。

关于数的集合或关系被某个公式所表示，这个数或集合就被称为算术的（arithmetic）。[注意，当"算术"被用在这个特定的形容词意义上时，重音在第三个音节上（a-rith -me'-tic，而不是 a-$rith'$-me-tic），在世界各地的小学学习中，这个词的使用总是把重音放在第二个音节上，如在"我的二年级算术（arithmetic）课"上用作形容词时就是这样。]

你应该意识到我们将经常讨论的自然数集合和关系（二元或 n 元，自然数对或自然数的 n 元组）也是抽象化和概念化的。当我们讨论所有偶数的集合时，我们考虑的是所有能被 2 整除的概念数字。所以，尽管这些集合和关系在我们的形式系统之外，但是我们非常努力地在形式系统中表达集合和关系这些重要概念的意义。你马上将会在问题 1 中看到我们是如何做的（在该问题中出现的像 $x \ div \ y$ 这样的表达式本身并不是初等算术中的表达式，而是按照使用英语的普通数学中这个单词的缩写）。

问题 1. 证明以下（自然）数对之间的关系以及素数集是算术的：

（a）*x div y*（*x* 整除 *y*，即 *x* 可以平分 *y*，没有余数）。

（b）*x pdiv y*（*x* 真整除 *y*，即 *x* 可以平分 *y*，且 *x* 既不是 1 也不是 *y*）。

（c）$x < y$（*x* 小于 *y*）。

（d）*prm x*（*x* 是素数）。

我们说一个集合或关系用加和乘是可表示的，如果它可以用一个不出现符号 ≤ 的公式来表示。

问题 2. 每一个算术集或关系都能用加和乘表示吗？

库尔特·哥德尔发现，指数关系 $x = y^z$ 是算术的。稍后我们将给出相关事实 $x = 2^y$ 是算术的证明，这个证明对于我们的目标来说足够了，但在练习中，你将得到一个如何证明哥德尔的完整结果的提示。

我们的总体计划是这样的。我们将很快介绍一种被称为哥德尔编码（Gödel numbering）的方法，这种方法将每个初等算术表达式与一个不同的正整数联系起来。而且我们将证明塔尔斯基的著名结论，即真句子的哥德尔编码的集合不是算术的。（你能看出这个结果是与我们想要添加到一阶算术逻辑结构中的算术公理无关的吗？）

如前所述，在下下章（第 13 章），我们将考虑一个著名的算术公理系统，即皮亚诺算术，我们将得到一个非常重要的结果，那就是系统中可证的句子的哥德尔编码的集合是算术的，由此可以得出，某些真句子在该系统中是不可证的（假设只有真句子是可证的）。因此，我们可以得到关于皮亚诺算术哥德尔定理的一个证明。实际上，我们将展示一个公式，它表达了可证的句子的哥德尔编码的集合，据此，我们可以展示一个真但在系统中是不可证的句子。

我们还将考虑基于欧米伽一致性假设的哥德尔的原始证明，以及基于简单一致性这一较弱假设的罗瑟证明。

作为这一切的准备工作，我们需要以下内容：

二元数字

我们正是用前面提到的二元数字来对公式进行编码的，这一点对哥德尔的不完全证明至关重要。我们现在来解释这些数字是什么。记住，二元数字只是另一种表达数的记法，在这种情况下，它只表达正整数 1, 2, 3, ...。

大家对二进制记法很熟悉，在二进制系统中，每一个自然数都由一串由数字 1 和 0 组成的字符串表示。对于数字 d_0, d_1, ..., d_n（所有这些数字都是 1 或 0），二进制数 $d_n d_{n-1} ... d_1 d_0$ 表示数：

$$d_n \times 2^n + d_{n-1} \times 2^{n-1} + ... + d_1 \times 2^1 + d_0 \times 2^0$$

例如，二进制数字 101101 表示：

$$1 \times 2^5 + 0 \times 2^4 + 1 \times 2^3 + 1 \times 2^2 + 0 \times 2^1 + 1 \times 2^0 = 2^5 + 2^3 + 2^2 + 1$$

这是通常的十进制记法下的 $32 + 8 + 4 + 1 = 45$。

在我的著作《形式系统的理论》（Smullyan, 1961）中，我介绍了二进制记法的一种变体，我称之为二元记法，它在某些方面比二进制记法有优势。正如在二进制系统中，任何自然数都可以用一串 1 和 0 唯一地表示一样，任何正整数都可以在二元记法中唯一地表示为一串 1 和 2 组成的字符串。我们称数字 1 和 2 为二元数（dyadic digits）。任何二元数字符串 $d_n d_{n-1} ... d_1 d_0$ 所表示的数的计算与二进制数的计算方法完全相同（只不过现在是用二元数 1 和 2 而不是二进制数 0 和 1）：

$$d_n \times 2^n + d_{n-1} \times 2^{n-1} + ... + d_1 \times 2^1 + d_0 \times 2^0$$

例如，二元数字 1211 表示：

$$1 \times 2^3 + 2 \times 2^2 + 1 \times 2^1 + 1 = 2^3 + 2 \times 2^2 + 2 + 1 = 8 + 8 + 2 + 1 = 19$$

下面是用二元记法写出的前 16 个正整数：

1 2 3 4 5 6 7 8 9 10 11 12 13 14 15 16

1 2 11 12 21 22 111 112 121 122 211 212 221 222 1111 1112

在二元记法中，任何 2 的幂或者由 2 单独组成，或者 2 前面有一串由 1 组成的字符串。长度为 n 的 1 的字符串表示 2^{n-1}（在二进制和二元记法中都是如此）。你能看出十进制数 45 的二元数是 12221 吗？上面我们看到 45 的二进制数是 101101。（两种情况下的 45 都是漂亮的回文数！）一个数字的二元记法通常比这个数字的二进制记法要短一位数，除了对形如 2^{n-1} 的数以外（这里，两种表示法是一样的），但这不是我们感兴趣的这种记法的优点，尽管事实上二元数字的某些关于长度的特性在一个非常重要的证明中是非常有用的。

二元数字的并置

对任意两个正整数 x 和 y，我们用 $x*y$ 表示由二元数字 x 直接跟着二元数字 y 所得的正整数。例如，5*13 = 53，这里的数字 5，13 和 53 是用十进制记法表示的，在二元记法下，它们分别是 21，221 和 21221。当我们把一串符号 Y 直接放在另一串符号 X 后面以产生第三串符号 XY 时，我们说我们并置了 X 和 Y，我们把符号 * 叫作并置运算（concatenation operation）的符号，三个数字之间的并置关系（concatenation relation）写成 $x*y = z$。这样，现在，对我们来说非常重要的正整数之间的并置关系，可以表示如下：如果 x 和 y 是正整数，$x*y$ 将意味着把 x 和 y 放在二元记法中的结果（也就是说，我们接收到它们的记法，可能已经是二元记法，但也可能是十进制记法，就像上面的 5*13），然后把 y 的二元记法直接放在 x 的二元记法后面，形成一个新数的二元记法（以二元记法表示，当然，由于我们一生都习惯对整数使用十进制记法，我们可能想把它转换回十进制记法）。无论如何，等式 $x*y = z$ 是三个概念化的正整数之间的关系，独立于记法，但它显然是最好的，当我们遇到由并置函数 * 运算的数时，就可以用二元记法来考虑这些数字。

我们希望证明关系 $x*y = z$（作为三个正整数 x，y 和 z 之间的关系）是算术关系。事实上，我们需要更强一些的结果，这对于下一章来说是必要的。

$\sum_0$ 关系

我们定义 $\sum_0$ 公式和 $\sum_0$ 关系如下：原子 $\sum_0$ 公式是指任意形如 $c_1 = c_2$ 或 $c_1 \leqslant c_2$ 的公式，其中 c_1 和 c_2 都是常项。我们通过以下的归纳来定义初等算术的 $\sum_0$ 公式的类：

（1）每个原子 $\sum_0$ 公式都是一个 $\sum_0$ 公式。

（2）对任意 $\sum_0$ 公式 F 和 G，公式 $\sim F$，$F \wedge G$，$F \vee G$，以及 $F \supset G$ 是 $\sum_0$ 公式。

（3）对任意 $\sum_0$ 公式 F，任意变元 x，以及任意或者是一个皮亚诺数字或者是区别于 x 的变元 c，表达式 $\forall x (x \leqslant c \supset F)$ 和 $\exists x (x \leqslant c \supset F)$ 都是 $\sum_0$ 公式。

只有由（1），（2）和（3）形成的公式才是 $\sum_0$ 公式。

我们经常将 $\forall x (x \leqslant c \supset F)$ 缩写为 $(\forall x \leqslant c) F$，将 $\exists x (x \leqslant c \supset F)$ 缩写为 $(\exists x \leqslant c) F$。我们把 $(\forall x \leqslant c) F$ 读作"对所有小于等于 c 的 x，F 成立"。类似地，我们把 $(\exists x \leqslant c) F$ 读作"对某个小于等于 c 的 x，F 成立"。

量词 $(\forall x \leqslant c)$ 和 $(\exists x \leqslant c)$ 被称为有界量词（bounded quantifier）。因此 $\sum_0$ 公式是所有量词都有界的初等算术的一个公式。一个集合或关系被称为 $\sum_0$ 集合或关系（或就是 "$\sum_0$"），如果它由 $\sum_0$ 公式所表示。$\sum_0$ 关系和集合也称为构造性算术（constructive arithmetic）关系和集合。很明显，所有 $\sum_0$ 关系和集合是算术的，因为表示它们的 $\sum_0$ 公式恰恰是所有可以用来表示集合和关系的初等算术的所有公式的一个子集。

讨论

给定任意 $\sum_0$ 句子（没有自由变元的 $\sum_0$ 公式），我们可以实际判断它是为真还是为假。对于原子句子 Σ_0，这是显而易见的。而且，给定任意两个句子 X 和 Y，如果我们知道如何确定 X 和 Y 的真值，我们显然可以确定 $\sim X$，$X \wedge Y$，$X \vee Y$，和 $X \supset Y$ 的真或假。现在，我们来考虑量词。假设我们有一个公式 $F(x)$，x 是该公式唯一的自由变元。再假设对于每个数 n，我们可以确定 $F(\bar{n})$ 是为真还是为假。我们能确定 $\exists x F(x)$ 的真值吗？不一定。如果它为真，通过系统地测试句子 $F(\bar{0})$，$F(\bar{1})$，$F(\bar{2})$，...，$F(\bar{n})$，... 我们迟早会知道这件事。如果 $\exists x F(x)$ 为真，那么 $F(\bar{n})$ 将对于某个 n 为真。但如果 $\exists x F(x)$ 为假，我们的搜索将是无止境的：在任何时候，我们都不会遇到一个真句子 $F(\bar{n})$，在任何时候，我们都不会知道我们在未来不会遇到这样一个真的 $F(\bar{n})$。因此，如果 $\exists x F(x)$ 为真，我们迟早会知道，但如果它不为真，我们可能永远也不会知道。至于全称量词 $\forall x F(x)$，如果它为假，我们迟早会知道 [通过依次检验 $F(\bar{0})$，$F(\bar{1})$，$F(\bar{2})$，...，$F(\bar{n})$，...]，但如果它为真，我们可能永远也不会知道。

有界量词的情况则很不一样。考虑关于某个数 n 的句子 $(\exists x \leq \bar{n}) F(x)$。我们只需要测试有穷多的句子 $F(\bar{0})$，$F(\bar{1})$，$F(\bar{2})$ ...，$F(\bar{n})$ 来确定 $(\exists x \leq \bar{n}) F(x)$ 的真值，$(\forall x \leq \bar{n}) F(x)$ 的情况与此相似。因此，对任意 Σ_0 句子，我们可以实际判断它是为真还是为假。

现在我们希望证明并置关系 $x*y = z$ 不仅是算术的，而且实际上是 Σ_0。

我们首先要注意的是，$x \, div \, y$（x 整除 y）的关系不仅是算术关系，而且是 Σ_0，因为它可以表示为：$(\exists z \leq y)(x \times z = y)$。此外，$prm \, x$ 是 Σ_0，因为它的另一种表达方式是 $(\forall y \leq x) \sim y \, pdiv \, x$。有了这些注释，你应该能够明白，问题 1 中的所有关系不仅是算术的，而且具有更强的性质，是 Σ_0（构造性算术）。

注意：实际上，作为初等算术中的一个 Σ_0 公式，$prm \, x$ 是 $(\forall y \leq x)$ $(\sim (\exists z \leq y)(x \times z = y))$。但我们不能不断地写出完整的初等算术公式，因为它们太长、太难理解了，因此，我们假设读者可以将我们展示的具有这个或那个属性的公式替换为包含它们定义的关系的缩写的公式。

现在，来看看加和乘形式的 $x*y = z$ 关系是什么情况。不是太容易，但我们来看看！首先，对于任何正整数 x，令 $L(x)$ 表示 x 的长度，其中 x 是以二元记法的形式给出的。例如，19 在二元记法中表示为 1211，二元数字 1211 的长度是 4，因此 $L(19)=4$。

现在，不难证明 $x*y=x \times 2^{L(y)}+y$：这一记法的意思是，如果 x 有二元记法 $d_j d_{j-1} \ldots d_1 d_0$，$y$ 有二元记法 $e_k e_{k-1} \ldots e_1 e_0$，我们可以找到 x 和 y 的并置的概念数表示，注意，在我们的例子中，$L(y)$ 是 $k+1$，所以我们先用 2^{k+1} 乘以 x，它把 $k+1$ 加到 x 的二次方的指数上。之后我们把结果加到 y 上（观察它的二元展开式，来理解运算结果数的二元展开式）：

$$d_j \times 2^{j+k+1} + d_{j-1} \times 2^{j-1+k+1} + \ldots + d_1 \times 2^{1+k+1} + d_0 \times 2^{0+k+1}$$
$$+ e_k \times 2^k + e_{k-1} \times 2^{k-1} + \ldots + d_1 \times 2^1 + d_0$$

可以看到，当我们把这个结果写成一个二元数字的时候，它正好是 x 的二元展开式连着 y 的二元展开式，因此有 $x*y = x \times 2^{L(y)} + y$。

我们现在的工作（我们的目标是证明 $x*y=z$ 是 $\sum_0$ 关系，即 $x*y=z$ 的 $\sum_0$ 公式在一阶算术中是可表示的）是首先证明 $x=2^{L(y)}$ 是一个 x 和 y 之间的 $\sum_0$ 关系。[更详细地说，关系 $x=2^{L(y)}$ 对于任何两个任意（概念）自然数 x 和 y 成立当且仅当 y 是一个正整数，且如果 y 用二元记法表示时，我们用 $L(y)$ 表示 y 的长度，则（概念）数 x 等于（概念）数 $2^{L(y)}$。]

要证明 $x=2^{L(y)}$ 是 $\sum_0$，我们首先要注意，对于任意数 r，长度为 r 的最小二元数字由一串长度为 r 的 1 组成，它的值是 2^r-1。长度为 r 的最大二元数字由一串长度为 r 的 2 组成，它是长度为 r 的最小数的两倍，即 $2 \times (2^r-1)$。因此，一个二元数字长度为 r 当且仅当以下条件成立：

（*）$2^r-1 \leqslant y \leqslant 2 \times (2^r-1)$［即 y 居于 2^r-1 和 $2 \times (2^r-1)$ 之间］

由条件（*）和 $L(y)$ 只有在 y 是正整数时才有意义，可得出 $x=2^{L(y)}$ 当且仅当以下三个条件成立（注意，由条件 C_2，$x \neq 0$ 必须成立）：

C_1：$x-1 \leqslant y \leqslant 2 \times (x-1)$。

C_2：x 是 2 的幂。

$C_3: y \neq 0$。

问题 3. 应用条件（*），证明 $y > 0$ 且 $x = 2^{L(y)}$ 成立当且仅当条件 C_1，C_2 和 C_3 都成立。

注意，我们刚才所做的所有算术推理都是在初等算术系统之外的。我们总是在用日常的数学的英语语言来做关于逻辑系统的数学推理。而这种处于初等算术系统之外的推理是关于我们如何在系统内部表达数学真理的。当我们这样做的时候，我们在做我们所说的元理论。关于形式证明系统的推理是数理逻辑的全部内容，即使大多数这样的推理，通过大量的工作，能够在某些逻辑系统中被形式化，但通常是在一个与我们正在进行推理的系统所不同的系统中最容易被证明。但是，所讨论的推理一旦形式化，通常会变得更难于理解。但这并不是问题，因为关于形式化的考虑关键是要确保它正确地刻画日常的数学推理，否则它就没有任何价值了。和概念化的数字一样，概念化的推理非常重要。数理逻辑只解决一个重要的问题，即什么是我们概念化推理的基础（即隐含的公理和推理规则是什么），而将我们的推理形式化会让这一问题变得更清晰。这样做同时还会产生许多有趣的问题，这其中许多重要的问题正在本书中被讨论。但做数理逻辑时，人们必须清楚哪些证明（公式等）是在形式系统内部被讨论的（例如，第 7 章中的作为问题解答的那些证明都是在一阶逻辑公理系统内部给出的），哪些证明（公式等）不在形式系统之内。要意识到整个真的定义以及初等算术系统内的数学关系或集合表达本身都是元理论的，在我们正在考察的算术的逻辑系统之外。人们常说形式系统的公式没有意义。但是你们在元理论方面已经有足够的经验，能够明白，元理论（无论是关于命题逻辑、纯粹的一阶逻辑，还是关于我们现在的话题 —— 初等算术）要想有意义，就必须对解释进行推理，正是在此处，形式系统的公式具有了意义。

现在，很容易理解条件 C_1 是 $\sum_0$。

问题 4. 为什么?

那 C_2 又如何? 因为我们还没有指数关系 $x^y = z$,我们如何证明性质"x 是 2 的幂"是 $\sum_0$(构造性算术),甚至是算术? 这里,我们使用逻辑学家约翰·迈希尔(John Myhill)给出的一个非常聪明的想法: 2 是质数,对于任何质数 p,x 是 p 的幂当且仅当除 1 外的 x 的每个因子都能被 p 整除。

问题 5. 更多被证明的 $\sum_0$ 关系:

(a) $Pow_2(x)$(x 是 2 的幂)。

(b) 关系 $0 \neq x \wedge 0 \neq y \wedge x*y = z$。

我们注意到,函数 $x*y$ 是结合的(associative),即 $(x*y)*z = x*(y*z)$,因此,这里的括号并不重要;这两个表达式都可以写成 $x*y*z$。[顺便说一下,这一点对以二进制表示的数字并置来说不成立。例如,$(1*0)*1$ 不等于 $1*(0*1)$,因为 $0*1 = 1$,所以 $1*(0*1)$ 是 11,不是 $(1*0)*1$。这是二元记法相较于二进制记法来说的一个技术优势。]

问题 6.

(a) 证明关系($0 \neq x_1 \wedge 0 \neq x_2 \wedge 0 \neq x_3 \wedge x_1*x_2*x_3 = y$)是 $\sum_0$(构造性算术)。

(b) 使用数学归纳法,证明对任意 $n \geq 2$,关系($0 \neq x_1 \wedge ... \wedge 0 \neq x_n \wedge x_1*x_2* ... *x_n = y$ 是 $\sum_0$(构造性算术)。

二元哥德尔编码

如果不特别说明,我们将把 $x*y$ 缩写成 xy(不会和 x 乘以 y 混淆,在元语言和一阶算术公式中,x 乘以 y 都写作 $x \times y$)。因此,xy 表示 x 和 y 的二元数字并置而成的数。

二元记法给哥德尔编码提供了一种技术上非常方便的模式: 对于任意正整

数 n，我们设 g_n 为二元记法中的正整数，它由 1 和紧随其后的 2 的 n 次出现组成。这样 $g_1 = 12$，$g_2 = 122$，$g_3 = 1222$，等等。现在，对于 15 个符号 0 ′ ( )
+ × ∼ ∧∨ ⊃ ∀ ∃ ν = ≤ 中的每一个，我们分别分配一个哥德尔编码 g_1，g_2，...，
g_{15}。对于由这些符号构成的复杂表达式，其哥德尔编码是用其中的每个符号替换成其哥德尔编码的结果。例如，（无意义的）表达式 "(+∧"（它是第 3 个符号，后面跟着第 5 个符号，后面跟着第 8 个符号），其哥德尔编码是 $g_3 g_5 g_8$，
即 1222122222122222222。你可以很容易地看到，这种将哥德尔编码指派给每个初等算术表达式的方法可以很容易地从它的哥德尔编码返回到任何表达式。

如前所述，这种哥德尔编码方法有技术上的优势：对任意表达式 X 和 Y，对于各自的哥德尔编码 x 和 y，XY 的哥德尔编码就是 xy。用数学术语来说，"二元哥德尔编码对于并置来说是同构（isomorphism）的"。对于任意 n，我们用 $g(\bar{n})$ 表示表达式 $\bar{n}$ 的哥德尔编码。

我们的目标是证明真句子的二元哥德尔编码集不是算术的，即不存在公式 $F(x)$，使得对所有的数 n，句子 $F(\bar{n})$ 为真当且仅当 n 是一个真句子的哥德尔编码（这是塔尔斯基的定理）。在下一章中，我们将考虑一个著名的算术公理系统，并证明可证的句子集是算术的，由此我们可以得出结论，存在真句子在该系统中不可证（假设系统是正确的，也就是说，系统中只有真句子是可证的）。因此，我们将得到关于公理系统的哥德尔不完全性定理的一个证明。

在塔尔斯基定理（1933）的证明中，我们有一个特殊的障碍需要克服，初等算术的所有表达式的哥德尔编码是其核心问题。但在深入研究证明中最困难的部分之前，让我们暂停一下，注意，刚才定义的所有表达式的哥德尔编码恰巧给了我们一个正整数的新记法，我们可以称之为哥德尔记法（Gödel notation），用这个记法表示的数是哥德尔数字（Gödel numerals）。对于任意表达式 X，我们用 $g(X)$ 表示 X 的哥德尔数字。对于任意自然数 n，指代 n 的皮亚诺数字 $\bar{n}$，和任何表达式一样，有一个哥德尔编码 $g(\bar{n})$。我们注意到，
$g(\bar{0}) = g(0) = 12$；$g(\bar{1}) = g(0') = 12122$；$g(\bar{2}) = g(0'') = 12122122$；...；
$g(\overline{n+1}) = g(\bar{n}) *122$。你能明白为什么吗？

注意，虽然哥德尔记法只是所有表达式的哥德尔编码的一部分，但它可

以被单独看作正整数的另一种记法。这里有一个表格，总结了一些数的不同记法。

十进制记法	二元记法	皮亚诺记法	哥德尔记法
0	无	0	12
1	1	0′	12122
2	2	0″	12122122
3	11	0‴	12122122122
4	12	0⁗	12122122122122

然而，现在有必要指出，在初等算术中，附加到一组特定的字符上（一个皮亚诺数字或一个公式）的哥德尔编码，当它被读成一个二元数字时，将被解释为由哥德尔编码所指代的（抽象）数，即使一个皮亚诺数字的哥德尔编码有问题时也是如此，因此，在十进制记法中，皮亚诺数字 0，0′，0″，0‴ 和 0⁗ 的哥德尔编码是 4，42，346.3，802 和 22,234，这些抽象数（十进制表示）所对应的哥德尔编码（以二元数字的形式）分别是 12，12122，12122122，12122122122，12122122122122。

塔尔斯基定理最困难的部分是证明关系 $g(\bar{n})=m$（被看作两个自然数 n 和 m 之间的二元关系）是算术的，有几种方法可以做到这一点。一种著名的方法是利用数论的结果，也就是众所周知的中国剩余定理（Chinese Remainder Theorem）。我们将用一种不一样的方法，使用一个由奎因（Quine）得到的结果的变种。我们需要大量的准备工作。

考虑两个正整数 x 和 y。我们称 x 起始（begin）y，如果 $x=y$ 或者 x 的二元记法是 y 的二元记法的初始部分，也就是说，在二元记法中，对某个 z，有 $xz=y$。我们说 x 终止（end）y，如果 $x=y$ 或者对某个 z，$zx=y$。我们说 x 是 y 的一部分（part），如果 x 起始 y 或者 x 终止 y 或者对某个 z_1 和 z_2，$z_1 x z_2 = y$。（请注意，由于我们刚才表示的所有关系都是基于并置关系，并且由于 x 和 y 为正的要求被构建在表示初等算术的并置关系的公式中，如果在创建 $\sum_0$ 公式时使用并置运算，我们不必重复需要包含在正整数中这一要求。）

问题 7. 证明以下为 $\sum_0$（$x \neq 0$ 且 $y \neq 0$）：

（a）xBy（x 的二元记法起始 y 的二元记法）。

（b）xEy（x 的二元记法终止 y 的二元记法）。

（c）xPy（x 的二元记法是 y 的二元记法的一部分）。

现在考虑一个关于正整数的 n 个有序对组成的有穷序列 S：$(a_1, b_1), ...,$ (a_n, b_n)。我们现在要为一个二元数字 z 构造一个特定的符号，它将对整个 $2n$ 个数字的集合进行编码，实际上，这种编码使得我们通过解码 z 很容易地提取出所有这些有序对。我们使用奎因给出的方法来做这件事。首先，我们考虑序列中的所有正整数，令 t 是比 a_i，b_i 中的每一个连续的 1 组成的字符串都长的最短的连续的 1 组成的字符串。（因此，如果序列中的有序对中出现的正整数的二元数字都没有包含 1，那么最短的可能的 t 就是由唯一一个 1 组成的字符串。）令 $f = 2*t*2$（或者更简单的 $2t2$），我们把通过与序列 $(a_1, b_1), ..., (a_n,$ $b_n)$ 如此关联而形成的 f 称为该序列的帧（frame）。然后我们取序列中的有序对的二元数字和我们构造的帧 f，通过并置形成以下二元数字：

（*）　　　　　　　　$ff\,a_1fb_1ff ---ff\,a_nfb_nff$。

我们称这个由二元数字表示的正整数为 z，我们称这个数 z 是有序对的有穷序列 $(a_1, b_1), ..., (a_n, b_n)$ 的编码数（code number）。

注意：表达式 $f*f*a_1*f*b_1*f*f*---*f*f*a_n*f*b_n*f*f$ 是各种概念化的正整数 f，a_1 等的二元数字的并置。f 从一开始就是用二元记法表示的，但这其实是无所谓的，我们也可以想象 a_i 和 b_i 的十进制记法（就像我们通常做的那样）。只要它们都以并置的形式收尾，我们就不得不考虑它们的二元记法以形成最终的二元数字。

我们刚刚通过序列 $(a_1, b_1), ..., (a_n, b_n)$ 定义的编码数是我们能使用的最好的、最高效的对序列进行编码的方式，因为从这个编码数中非常容易提取出序列，而且编码数中的所有内容都与编码相关。但是，要想用一个初等算术的公式精确表达出这种构造却相当烦琐，所以我们会使用上面提到的这个构造的核心思想，但是允许同一个序列有比最小值多的编码数，尽管我们还是能从中提取出编码序列（聪明的我们，如果想用编码数给一个序列编码，还是会使用如上的精确的编码）。以下我们将对有序对的有穷序列定义编码数。我们从重新定义帧开始，它的意思是，任何一个前后都是 2 的一连串 1。接下来的关键是使正整数 z 的二元记法成为正整数有序对（a_1, b_1），..., （a_n, b_n）的有穷序列的编码，如下：

（1）z 中最长的帧 f 包含一个连续的 1 组成的字符串，它比有序对（a_1, b_1），..., （a_n, b_n）中的任何一个数的连续的 1 组成的字符串都要长。

（2）最重要的是，集合中的每一个有序对（a, b）都可以在 z 中以 $ff\,af\,bff$ 的形式找到，其中 f 既不在 a 中也不在 b 中出现，且 f 是 z 中出现的最长的帧。

（3）当我们在 z 的二元记法中从左向右移动时，我们会看到序列中被编码的有序对（a_1, b_1），..., （a_n, b_n）。

这些条件保证了任何正整数 z 都会是一个唯一的有穷有序对序列的编码数，如果 z 满足以下两个条件：

（1）z 至少包含一个帧。

（2）如果 f 是 z 中最长的帧，那么 z 中至少有一个形如 $ff\,af\,bff$ 的符号串，其中 f 不是 a 或 b 的一部分。

当 z 是满足这两个条件的编码数时，z 被认为是对所有正整数有序对（a, b）组成的序列进行编码，使得 $ff\,af\,bff$ 是 z 的一部分（序列中的顺序是由这种字符串在 z 中出现的顺序得到的，在它的二元记法中从左向右移动）。

注意，编码数的"弱"定义允许一个有序对的有穷序列（a_1, b_1），..., （a_n, b_n）的编码数 z 起始或终止于一个比 f 中更长的连续的 1 的字符串，而且，z

的里面也可能有一些像"垃圾 DNA"那样的字符串 —— 它们与 z 中编码的序列没有任何关系。例如，任何像 $ff\,af\,bf\,cf\,df\,f$ 这样的字符串，如果 f 不属于 a，b，c，d 中的任何一个，那么它就是一个不相关的部分。相关的部分都是那些形如 $ff\,af\,bf\,f$，其中 f 不是 a 或 b 的一部分的形式。

练习. 证明如果 z 满足上述条件（1）和（2），z 中有且只有一个正整数有序对序列。

现在来看看我们要证明的重要引理：

引理 K_1（以奎因命名）：存在满足如下两个性质的 $\sum_0$ 关系 $K_1(x, y, z)$：

（1）z 是正整数有序对有穷序列 $(a_1, b_1), ..., (a_n, b_n)$ 的编码数，关系 $K_1(x, y, z)$ 成立当且仅当 (x, y) 是有序对 $(a_1, b_1), ..., (a_n, b_n)$ 中的一个。

（2）对任意三个数 x，y 和 z，如果 $K_1(x, y, z)$ 成立，则 $x \leqslant z$ 且 $y \leqslant z$。

上述引理的下标 1 是为了提醒我们，引理 K_1 适用于正整数有序对序列（正整数从整数 1 开始）。要证明引理 K_1，我们需要知道以下关系是 $\sum_0$（假设每个提到的变元之前都是"正整数的二元记法"）：

$ones\,(x)$ （x 是一串连续的 1）

当且仅当 $\sim 2Px$

$x\,fr\,z$ （x 是 z 的帧）

当且仅当 $(\exists y \leqslant z)(ones\,(y) \land x = 2y2 \land x\,P\,z)$

$lf\,(x, y, z)$ （x 和 y 是 z 的帧，且 x 比 y 长）

当且仅当 $(\exists v \leqslant z)(\exists w \leqslant z)(x\,fr\,z \land y\,fr\,z \land y = 2v2 \land ones\,(w)$

          $\land x = 2vw2)$

$x\,max\,z$ （x 是 z 中出现的最长帧）

当且仅当 $x\,fr\,z \land (\forall u \leqslant z)((u\,fr\,z \land u \neq x) \supset lf\,(x, u, z))$

我们终于要构建关于 $K_1(x, y, z)$ 的 $\sum_0$ 关系了！如下：

$(\exists f \leq z)(f \, max \, z \wedge ff \, xfyff \, P \, z \wedge \sim f \, P \, x \wedge \sim f \, P \, y)$

既然我们想用奎因的引理来处理初等算术的公式（其解释的定义域一直是自然数），我们实际上需要这样一个引理 K_1 的版本，它包含对自然数有序对有穷序列的编码（当然从数字 0 开始）。以下是我们需要的结果，可以从引理 K_1 轻松得出：

引理 K_0（自然数的奎因引理）：存在 $\sum_0$ 关系 $K_0(x, y, z)$，使得对任意自然数有序对的有穷序列 S，存在一个数 z 使得对任意的数 x, y，关系 $K_0(x, y, z)$ 成立当且仅当 (x, y) 是 S 中有序对中的一个。

问题 8. 现在，（对正整数有序对序列的）引理 K_1 已经被证明了，证明关于自然数有序对序列的引理 K_0，即在有序对中允许 0 作为一个数出现的情况。

$\sum_1$ 关系

一个关系被称为 $\sum_1$，如果它形如 $\exists z R(x_1, ..., x_n, z)$，其中关系 $R(x_1, ..., x_n, z)$ 是 $\sum_0$。每个 $\sum_1$ 当然都是算术的。

现在我们有了引理 K_0，很容易证明关系 $g(\bar{x}) = y$（作为自然数 x 和 y 之间的关系）是 $\sum_1$。

问题 9. 证明关系 $g(\bar{x}) = y$ 是 $\sum_1$。[提示：考虑自然数有序对序列 $(0, g(\bar{0})), (1, g(\bar{1})), ..., (n, g(\bar{n}))$，记住 $g(\bar{0}) = 12$，且对任意正整数 $i \leq n$，$g(\overline{i+1}) = g(\bar{i}) * 122$。]

练习. 证明关系 $x^y = z$ 是 $\sum_1$。[提示：考虑序列 $(0, a_0), (1, a_1), ..., (n, a_n)$，其中 $a_0 = 1$，$a_n = x^n$（在等式 $x^y = z$ 中，$a_n = z$）且对每一个 $i < n$，$a_i + 1 = a_i \times x$。然后应用引理 K_0。]

我们随后将需要知道关于 $\sum_1$ 关系的一个关键性事实：考虑一个 $\sum_0$ 关系 $R(x, y, z_1, ..., z_n)$，现在考虑关系 $\exists x \exists y R(x, y, z_1, ..., z_n)$（作为变元 $z_1, ...,$ z_n 之间的关系）。因为这个关系涉及两个无界的存在量词 $\exists x$ 和 $\exists y$，它从外表来看不是 $\sum_1$，但事实上它是 $\sum_1$！

问题 10. 证明这一点，由此还可得如果关系 $R(x, z_1, ..., z_n)$ 是 $\sum_1$，则关系 $\exists x R(x,$ $z_1, ..., z_n)$ 也是。

塔尔斯基定理

我们已经证明了关系 $g(\bar{x}) = y$ 是算术的，我们现在开始证明初等算术的塔尔斯基定理。

我们将取一个特定的变元，比如 v_1，考虑公式 $F(v_1)$，该公式的唯一自由变元是 v_1。我们将 $F(\bar{n})$ 定义为用皮亚诺数字 $\bar{n}$ 替换公式 $F(v_1)$ 中所有自由出现的 v_1 的结果。$F(\bar{n})$ 的哥德尔编码可以表达为 $F(v_1)$ 和数 n 的算术函数吗？也就是说，是否存在一个算术关系 $R(x, y, z)$，这个关系成立当且仅当 x 是公式 $F(v_1)$ 的哥德尔编码，且 $F(\bar{y})$ 的哥德尔编码是 z？是的，存在这样的算术关系，但是要证明它是相当复杂的，因为它涉及对替换过程进行算术运算。幸运的是，我们可以通过阿尔弗雷德·塔尔斯基（Tarski, 1953）的一个聪明想法的微调版本来避免这种情况。非正式地说，这一想法是，说一个给定的性质 P 对于一个给定的数 n 成立，等价于说存在一个数 x 使得 $x = n$，对于 x，P 成立。正式一点说，句子 $F(\bar{n})$ 等价于句子 $\exists v_1 (v_1 = \bar{n} \wedge F(v_1))$。［它也等价于 $\forall v_1 (v_1 = \bar{n} \supset F(v_1))$，这是塔尔斯基所用的句子。］

现在的重点是，很容易得到，$\exists v_1 (v_1 = \bar{n} \wedge F(v_1))$ 是 $F(v_1)$ 的哥德尔编码和数 n 的一个算术函数，我们很快就会看到这一点。我们将把 $\exists v_1 (v_1 = \bar{n} \wedge F(v_1))$ 缩写为 $F[n]$（注意是方括号！）。重复一个重点，$F[n]$ 和 $F(\bar{n})$ 虽然不一样，但它们是等价的（同为真或同为假）。

事实上，对于任意表达式 E，无论它是不是公式，表达式 $\exists v_1(v_1 \overline{=n} \wedge E)$ 都是一个良定义（well-defined）的表达式（虽然如果 E 不是公式的话，这个表达式是无意义的），我们用 $E[\overline{n}]$ 表示（可能没有意义的）表达式 $\exists v_1(v_1 \overline{=n} \wedge E)$ 的缩写。如果 E 是一个公式，那么 $E[\overline{n}]$ 也是，如果 E 是一个 v_1 是其中唯一自由变元的公式，则 $E[\overline{n}]$ 是一个句子。但在所有情况下，$E[\overline{n}]$ 都是一个良定义的表达式。

我们称函数 $f(x, y)$ 为 $\sum_1$ 函数，如果 $f(x, y) = z$ 是 $\sum_1$ 关系。下面是证明塔尔斯基定理的关键引理：

引理 T_1：存在 $\sum_1$ 函数 $r(x, y)$，使得对任意哥德尔编码为 e 的表达式 E，对任意数 n，$r(e, n)$ 是 $E[\overline{n}]$ 的哥德尔编码。

问题 11. 证明以上引理。[提示：表达式 $\exists v_1(v_1 \overline{=n} \wedge E)$ 包含表达式 $\exists v_1(v_1 = $ 之后是 $\overline{n}$，随后是合取符号 $\wedge$，后面跟着 E，后面跟着右括号）。考虑每一个部分的哥德尔编码。]

现在我们知道了关系 $r(x, y) = z$ 是算术的，用与第 10 章中的论证基本相同的论证可以来证明塔尔斯基定理。在那一章中，如果 S_b 为真当且仅当 $b \in A$，我们称哥德尔编码为 b 的句子 S_b 为数集 A 的哥德尔句子。我们必须证明，每一个算术集 A 都有一个哥德尔句子。

因为关系 $r(x, y) = z$ 是算术的，所以关系 $r(x, x) = y$（作为 x 和 y 之间的关系）也是算术的。我们将 x^* 定义为 $r(x, x)$，因此关系 $x^* = y$ 是算术的。哥德尔编码为 b 的公式 $F(v_1)$，我们写作 $F_b(v_1)$。我们要注意，b^* [即 $r(b, b)$] 是句子 $F_b[b]$ [可恰当地称为公式 $F_b(v_1)$ 的对角化] 的哥德尔编码。对于任意数集 A，将 $A^\#$ 定义为满足 $n^* \in A$ 的所有数 n 的集合。要证明每个算术集都有一个哥德尔句子，假设 A 是算术的，令 $F(x)$ 是表达 A 的公式，则 $A^\#$ 也是算术的，因为 $x \in A^\#$ 当且仅当 $\exists y(x^* = y \wedge F(y))$。设 $F_b(v_1)$（其哥德尔编码为 b）是一个表达集合 $A^\#$ 的公式。因此，对任意数 n，句子 $F_b[\overline{n}]$ 为真当

且仅当 $n \in A^{\#}$，这为真当且仅当 $n* \in A$。因此 $F_b[\overline{n}]$ 为真当且仅当 $n* \in A$。特别地，当 n 为 b 时，$F_b[\overline{b}]$ 为真当且仅当 $b* \in A$，但 $b*$ 是 $F_b[\overline{b}]$ 的哥德尔编码，因此 $F_b[\overline{b}]$ 是 A 的哥德尔句子。这就证明了每个算术集 A 都有一个哥德尔句子。

现在，设 T 是算术的真句子集，T_0 是其哥德尔编码的集合。T_0 的补 $\widetilde{T_0}$（回忆一下，是所有不在 T_0 中的数的集合）不能有哥德尔句子，因为这样的句子为真当且仅当它的哥德尔编码在 $\widetilde{T_0}$ 中，这意味着这个句子为真当且仅当它的哥德尔编码不是一个真句子的哥德尔编码，这是荒谬的。因此 $\widetilde{T_0}$ 没有哥德尔句子。既然每个算术集都的的确确有一个哥德尔句子，则 $\widetilde{T_0}$ 不是算术的。因此，T_0 不能是算术的〔因为如果它由某个公式 $F(x)$ 表示，集合 $\widetilde{T_0}$ 将被公式 $\sim F(x)$ 所表示〕。

我们已经证明了：

定理 T_1（算术的塔尔斯基定理）：真句子的哥德尔编码的集合不是算术的（不能用任何公式表达）。

评论：我们已经证明了特定哥德尔编码的塔尔斯基定理以及二元哥德尔编码——这对我们完成哥德尔定理的语义证明来说就足够了。实际上，对任何哥德尔编码都成立的塔尔斯基定理的性质是，存在算术关系 $C(x, y, z)$，它反映了表达式的并置关系，也就是说，它使得对任意哥德尔编码分别为 x, y 的表达式 X, Y，关系 $C(x, y, z)$ 成立当且仅当 z 是表达式 XY（X 后面跟着 Y）的哥德尔编码。我在我的《哥德尔谜题书》（*The Gödelian Puzzle Book*, 2013）中给出了一个证明。

我们知道，如果 A 是算术的，那么 $A^{\#}$ 也是。我们后面还需要知道，如果 A 是 $\sum_1$，那么 $A^{\#}$ 也是。

问题 12. 证明：如果 A 是 $\sum_1$，那么 $A^{\#}$ 也是。〔提示：如果 $R(x, y, z_1, ..., z_n)$ 是 $\sum_0$，则关系 $\exists x \exists y R(x, y, z_1, ..., z_n)$ 是 $\sum_1$。〕

问题 13. 证明：如果 A 和 B 是 $\sum_1$ 集合，那么，$A \cup B$ 和 $A \cap B$ 也是。

对于任意一阶算术的句子集 W，我们取 W_0 为 W 元素的二元哥德尔编码的集合。我们设 T 是一阶算术的真句子集。塔尔斯基的定理表明，T_0 不是算术的，这意味着，对于任意真句子集 W（T 的任意子集），如果 W_0 是算术的，则 W 不可能是整个 T（因为 W_0 不能是整个 T_0），因此肯定存在不在 W 中的真句子。当 W 是某个正确（意思是系统中的可证句子都为真）的算术公理系统中所有可证句子的集合时，这一点尤显重要，因为这就意味着存在着系统中不可证的真句子，进而得到了哥德尔的结果：该系统是不完全的。

此外，给定一个真句子的集合 W，使得 W_0 为算术的，并给定一个表达集合 W_0 的公式，我们可以有效地找到一个不在 W 中的真句子。

问题 14. 解释为什么。

在第 13 章中，我们将考虑著名的初等（一阶）算术公理系统 —— 皮亚诺算术，那里所介绍的公理与 20 世纪时以分析一阶算术为重点而发展的几个公理系统的公理是等价的。在那一章，由我们得到的表达系统中可证句子的哥德尔编码的集合的公式，以及我们在这一章努力所得的结果，我们将能够明确地展示一个在皮亚诺算术中为真但不可证的句子。

* * *

我们以一个重要的问题来结束这一章：是否存在一个纯粹的机械程序，通过这个程序，我们可以确定哪些初等算术的句子为真，哪些为假？要回答这个问题，必须给机械程序下一个精确的定义。这就把我们带到了判定理论（decision theory）或可计算性理论（computability theory）—— 也被称为递归论（recursion theory）这样的主题上，我们将在下一章讲到这些问题。

问题答案

1.以下是算术的证明：

　　（a）$x\ div\ y$（x 整除 y），当且仅当 $\exists z$（$x \times z = y$）。

　　（b）$x\ pdiv\ y$（x 真整除 y，且 $x \neq 1$，$x \neq y$），当且仅当 $x\ div\ y \wedge$ ~（$x = 1$）$\wedge$~（$x = y$）。

　　（c）$x < y$（x 小于 y），当且仅当 $x \leq y \wedge$~（$x = y$）。

　　（d）$prm\ x$（x 是素数），当且仅当 ~$\exists y$（$y\ pdiv\ x$）。

2.当然如此，因为关系 $x \leq y$ 本身是以加和乘的形式表示的，$x \leq y$ 当且仅当 $\exists z$（$x + z = y$）。

3.我们要证明 $x = 2^{L(y)}$，其中 $y \neq 0$，当且仅当条件 C_1，C_2 和 C_3 都成立。

　　（a）假设 $x = 2^{L(y)}$，其中 $y \neq 0$。C_3 和 C_2 显然成立。现在设 $r = L(y)$。因此 $x = 2^r$。既然 r 是 y 的长度，那么由条件（*），$2^r - 1 \leq y \leq 2 \times (2^r - 1)$。因为 $x = 2^r$，我们有 $x - 1 \leq y \leq 2(x - 1)$，即 C_1。

　　（b）反过来，假设 C_1，C_2 和 C_3 都成立。由 C_3，y 是一个至少为 1 的自然数，因此它有对应的二元数字，设 y 作为二元数字的长度为 $L(y)$，这是一个有意义的数字，实际上，是一个值至少为 1 的数字（也就是说，x 的最小值是 2）。由 C_2，对某个 r 有 $x = 2^r$。由 C_1，$x - 1 \leq y \leq 2(x - 1)$，因此 $2^r - 1 \leq y \leq 2 \times (2^r - 1)$。由（*），$r$ 是 y 的长度，即 $r = L(y)$。因为 $x = 2^r$ 且 $r = L(y)$，则有 $x = 2^{L(y)}$。

4.要证明 C_1 是 $\sum_0$，我们需要重写一下我们刚刚得到的表达式，即 $x - 1 \leq y \leq 2 \times (x - 1)$。这是因为它不符合 $\sum_0$ 公式的条件。例如，我们必须分别写出两个不等式，因为复合不等式在 $\sum_0$ 公式中是不允许的。此外，我们还必须摆脱减法这个数学运算符，因为在一阶算术中没有这个符号。要想补救这两个问题，我们可以把原始表达式改写成：（$\exists z \leq x$）（$x = z + 1 \wedge z \leq y \wedge y \leq 2 \times z$）。

5.两部分的解答：

　　（a）$Pow_2(x)$ 当且仅当（$\forall y \leq x$）[（$y\ div\ x \wedge y \neq 1$）$\supset 2\ div\ y$]。

（b）由（a），条件 C_2 是 $\sum_0$（即构造性算术）且我们已经证明了 C_1 是 $\sum_0$，而条件 C_3 显然是 $\sum_0$；因此它们的合取是 $\sum_0$，而这个合取等价于 $x = 2^{L(y)}$。因此关系 $x = 2^{L(y)}$ 是 $\sum_0$。现在来看 $x*y = x \times 2^{L(y)} + y$，因此 $x*y = z$ 既是有意义的又是为真的当且仅当 $x \neq 0 \wedge y \neq 0 \wedge (\exists w \leq z)(w = 2^{L(y)} \wedge (x \times w) + y = z)$。

6.两部分的解答：

（a）$0 \neq x_1 \wedge 0 \neq x_2 \wedge 0 \neq x_3 \wedge x_1*x_2*x_3 = y$ 是 $\sum_0$，因为它等价于 $0 \neq x_1 \wedge 0 \neq x_2 \wedge 0 \neq x_3 \wedge (\exists z \leq y)(x_1*x_2 = z \wedge z*x_3 = y)$。

（b）我们从 $n = 2$ 开始归纳。我们已经知道关系 $x_1*x_2 = y$ 是 $\sum_0$。现在假设 n 是一个大于等于 2 的数，使得关系 $0 \neq x_1 \wedge \ldots \wedge 0 \neq x_n \wedge x_1 x_2 * \ldots *x_n = y$ 是 $\sum_0$。则 $n+1$ 同样具有该性质，因为 $x_1* \ldots *x_n*x_{n+1} = y$ 当且仅当 $0 \neq x_1 \wedge \ldots \wedge 0 \neq x_n \wedge (\exists z \leq y)(x_1* \ldots *x_n = z \wedge z*x_{n+1} = y)$。

7.三部分的解答：

（a）xBy（x 起始 y）当且仅当 $x = y \vee (\exists z \leq y)(x*z = y)$。

（b）xEy（x 终止 y）当且仅当 $x = y \vee (\exists z \leq y)(z*x = y)$。

（c）xPy（x 是 y 的一部分）当且仅当 $xBy \vee xEy \vee (\exists z_1 \leq y)(\exists z_2 \leq y)(z_1*x*z_2 = y)$。

8.设 $K_0(x, y, z)$ 是关系 $K_1(x+1, y+1, z)$。关系 $K_0(x, y, z)$ 是 $\sum_0$，因为它等价于 $\sum_0$ 关系 $(\exists x_1 \leq z)(\exists x_2 \leq z)(x_1 = x+1 \wedge x_2 = y+1 \wedge K_1(x_1, x_2, z))$。

我们必须证明关系 $K_0(x, y, z)$ 成立。

设 S 是一个自然数有序对的有穷序列。令 S' 是所有有序对 $(x+1, y+1)$ 组成的序列，其中 $(x, y) \in S$。对序列 S' 应用引理 K_1，存在数 z 使得对任意自然数 x 和 y，正整数有序对 $(x+1, y+1)$ 在 S' 中当且仅当 $K_1(x+1, y+1, z)$。因此，对任意自然数 x 和 y，对 (x, y) 在 S 中当且仅当 $(x+1, y+1)$ 在 S' 中，这一点为真当且仅当 $K_1(x+1, y+1, z)$，这一点为真当且仅当 $K_0(x, y, z)$。因此

$(x, y) \in S$ 当且仅当 $K_0 (x, y, z)$。

9.我们首先注意到，对于任意自然数 n 和 m，$g (\bar{n}) = m$ 当且仅当存在包含 $n+1$ 个有序对的序列 S，使得 $(a, b) \in S$ 当且仅当 $g (\bar{a}) = b$，且如果 $(c+1, d) \in S$，则对某个自然数 e，$(c, e) \in S$：

S: $(0, 12)$, $(1, 12122)$, $(2, 12122122)$, $(3, 12122122122)$, ..., (n, m)

在继续给出解答之前，我们先暂停一下，考虑考虑刚才定义的序列真正包含了什么。我们能用初等算术表达的唯一的二元关系是自然数对之间的二元关系〔比如关系 $R (x, y)$，其中，如果初等算术的公式 $F (x, y)$ 表达关系 $R (x, y)$，根据本章前面给出的公式真的定义，对自然数 m 和 n，$R (m, n)$ 为真当且仅当 $F (\bar{m}, \bar{n})$ 为真〕。

但是我们定义的哥德尔编码函数 g 是一个关于初等算术表达式的函数，并不是自然数。根据算术的定义，我们不能证明函数 $g (X) = m$ 是算术的，对于任意表达式 X，m 是它的哥德尔编码，因为所有一阶算术中的关系的定义域都是自然数。但是，在关系（用普通的数学的英语语言表示）$g (\bar{n}) = m$ 中，我们有 $g (\bar{n})$ 是两个函数的组合（composition）。横杠函数 $\bar{n}$ 是一个关于自然数的函数，它产生了一个初等算术表达式，一个 0 后面跟着 n 个撇。因此 $g (\bar{n})$ 是这样一个表达式，它首先说明了函数 $\bar{n}$ 对 n 所说的内容，然后应用哥德尔编码函数 g 于这个结果（以产生一个自然数）。因此我们需要表达的关系 $g (\bar{n}) = m$ 实际上是两个自然数 n 和 m 之间的关系。

为了表达这种关系，我们将使用一个自然数的有序对的序列。再一次，给出序列如下：

$(0, 12)$, $(1, 12122)$, $(2, 12122122)$, $(3, 12122122122)$, ..., (n, m)

但首先我们要对这个序列有非常清楚的认识。它的意思是包含了前 n 个满足我们感兴趣的自然数之间的关系 $g(n)=m$ 的有序对 (n,m)。它给出了下表中反映的有序对 [这里，不同的序列用了不同的关于自然数的记法，$Dec(n)$ 表示"n 的十进制记法"，$P(n)$ 表示"指代 n 的皮亚诺数字"，$Dy(g(P(n)))$ 表示"指代 n 的皮亚诺数字的哥德尔编码所对应的二元数字"]。

n		m，或 $g(\bar{n})$
$Dec(n)$	$P(n)$	$Dy(g(P(n)))$
0	0	12
1	0′	12122
2	0″	12122122
3	0‴	12122122122
4	0⁗	12122122122122

在每个有序对中，我们的第一个数字用十进制记法表示，第二个数字用哥德尔记法表示，这看起来可能有点奇怪。但要意识到 n 和 m 都表示的是同一个数。这里，我们使用了表征中的差异。你可能会问，我们是怎么做的。为了帮助理解这一点，我们把上表扩展一下：

	n			m，或 $g(\bar{n})$
$Dy(n)$ $Dec(n)$		$P(n)$	$Dy(g(P(n)))$	$Dec(g(P(n)))$
无	0	0	12	4
1	1	0′	12122	42
2	2	0″	12122122	346
11	3	0‴	12122122122	3802
12	4	0⁗	12122122122122	22234

从这个表中，我们可以看出，如果我们用同一个记法来表示我们上面特别定义的有序对序列，我们根本无法使用二元记法，因

为二元记法没有表示零的数字。但这个表也向我们展示了，如果我们在表示前5个整数的值时想同时用十进制记法来表示有序对中的两个数字，我们把复合函数 $g(\bar{n})$ 缩写为 $g'(n)$，用十进制记法来同时表示 g' 的变元和值，对前5个自然数，我们有 $g'(0)=4$，$g'(1)=42$，$g'(2)=346$，$g'(3)=3802$，$g'(4)=22234$。对于 $n=4$，我们可以把我们开始的序列用十进制记法表示如下：

$$(0, 4), (1, 42), (2, 346), (3, 3802), (4, 22234)$$

在每个例子中，都是用十进制记法表示的自然数之间的关系，这是前5个自然数通过函数 $g(\bar{n})=m$ 所得的有序对。但我希望你们能明白为什么在这个具体的例子中，用十进制记法来表示有序对的第一个数、用哥德尔记法来表示第二个数是最方便的。

现在我们需要看看为什么理解这样一个有序对序列的存在能帮助我们证明 $g(\bar{n})=m$ 不仅是算术，而且是 $\sum_1$。

首先注意，根据我们所描述的序列的构造，对于任何数 n 和 m，$g(\bar{n})=m$ 当且仅当存在一个有序对的有穷序列 S，使得：

（1）(n, m) 是序列 S 中的有序对。

（2）对 S 中的每个对 (a, b)，或者 $(a, b)=(0, 12)$，或者存在某个 S 中的对 (c, d)，使得 $(a, b)=(c+1, d*122)$。

我们的构造表明，如果 $g(\bar{n})=m$，的确存在一个有穷序列 S 使得条件（1）和（2）成立。

反过来，假设 S 是一个满足条件（1）和（2）的有穷序列。由（2），通过对 a 进行数学归纳，对于 S 中的每一对 (a, b)，有 $g(\bar{a})=b$，特别地，由（1），我们有 $g(\bar{n})=m$。

现在应该清楚了，$g(\bar{u})=v$ 当且仅当 (u, v) 是任意满足（1）和（2）的序列中某个自然数对中的 n, m。

根据以上和引理 K_0 可得，以下的 $\sum_1$ 条件表达 $g(\bar{x})=y$：

$$\exists z[K_0(x, y, z) \wedge (\forall v \leq z)(\forall w \leq z)(K_0(v, w, z)$$

$$\supset [\,(v=0 \wedge w=\bar{4})$$
$$\vee(\exists v_1 \le z)(\exists w_1 \le z)(K_0(v_1,w_1,z) \wedge v=v_1+1 \wedge w=w_1{*}122)\,])\,]$$

或者，与之等价的：

$$\exists z[K_0(x,y,z) \wedge (\forall v \le z)(\forall w \le z)(K_0(v,w,z)$$
$$\supset [\sim(v=0 \wedge w=\bar{4})$$
$$\supset(\exists v_1 \le z)(\exists w_1 \le z)(K_0(v_1,w_1,z) \wedge v=v_1+1 \wedge w=w_1{*}122)\,])\,]$$

注释 1：这里，对于定义 $K_0(x,y,z)$ 的公式，我们不得不进行两次替换以使其包含所有保证 z 是自然数的有序对的有穷序列的编码数的条件。所有我们不得不添加的条件是用来保证它是我们要用来解决问题的那种序列。记住，$\bar{4}$ 当然是 0 后面跟着 4 个撇的缩写。

注释 2：也许有些读者还记得 $K_0(x,y,z)$ 是 $K_1(x+1,y+1,z)$ 的缩写，进而担心是否子公式 $(v=0 \wedge w=\bar{4})$ 不应该真的是 $(v=0' \wedge w=\overline{42})$。让我告诉你为什么不是这样。如果我们用 K_1（包含合适的变元）替换前面公式中出现的 K_0，我们得到：

$$\exists z[K_1(x+1,y+1,z) \wedge (\forall v \le z)(\forall w \le z)(K_1(v+1,w+1,z)$$
$$\supset [\,(v=0 \wedge w=\bar{4}) \vee (\exists v_1 \le z)(\exists w_1 \le z)(K_1(v_1+1,w_1+1,z)$$
$$\wedge v=v_1+1 \wedge w=w_1{*}122)\,])\,]$$

大家应该已经理解了，z 的量化内部和 $K_0(x,y,z)$ 之后的所有内容在原先的公式中是说：对于每个出现在同时包含 z 的序列中的 (v,w)，如果 $(v,w) \ne (0,\bar{4})$ [即正如我们在元语言中所陈述的，如果对有序对中的第二个数使用二元记法，$(v,w) \ne (0,12)$]，那么，下一个较低的有序对（按照我们对有序对进行排序的顺序！）也在序列中。例如，如果 $(2,12122122)$ 在序列中，那么 $(1,12122)$ 也是。要想理解我们做的是正确的事情，我们用

$(v=0 \wedge w=\overline{4})$ 来仔细看看我们写作 K_1 而不是 K_0 的公式。我们来看看这部分：

$$(\forall v \le z)(\forall w \le z)(K_1(v+1, w+1, z) \supset ...$$
$$(\exists v_1 \le z)(\exists w_1 \le z)(K_1(v+1, w+1, z) \wedge v=v_1+1 \wedge w=w_1 *122)])]$$

设 S 为整个陈述宣称其存在的那个序列〔我们希望其形式是 $(0, 12)$, $(1, 12122)$, $(2, 12122122)$, ...〕，我们知道 $K_1(x+1, y+1, z)$ 表明了 $(x, y) \in S$。因此，当我们注意到 $v=v_1+1$ 蕴涵着 $v_1=v-1$ 而 $w=w_1 *122$ 蕴涵着 w_1 是比哥德尔编码为 w 的正整数小的正整数的哥德尔编码，我们有：

（1）$K_1(v+1, w+1, z)$ 说的是 $(v, w) \in S$;

（2）$K_1(v+1, w+1, z)$ 说的是 $(v-1, w_1) \in S$。

序列 S 中唯一使第二个陈述不成立的 (v, w) 是 $(v, w)=(0, \overline{4})$，因为 0 是唯一的减去 1 是没有意义的自然数（在自然数领域范围内讨论）。

有一件事，那些从开始就跟进的人可能已经从这个练习中发现了，即如果我们没有从 K_1 走到 K_0，我们可以从完整公式中消去表达 $g(\bar{x})=y$ 的变元：

$$\exists z[K_1(x+1, y+1, z) \wedge (\forall v \le z)(\forall w \le z)(K_1(v+1, w+1, z)$$
$$\supset [(v=0 \wedge w=\overline{4}) \vee (\exists w_1 \le z)(K_1(v+1, w+1, z) \wedge w=w_1^*122)])]$$

10. 两部分的解答：

（a）首先注意，对任何关系 $R(x, y, z_1, ..., z_n)$，以下两个条件（作为 $z_1, ..., z_n$ 之间的关系）是等价的：

（1）$\exists x \exists y R(x, y, z_1, ..., z_n)$。

（2）$\exists w (\exists x \le w)(\exists y \le w) R(x, y, z_1, ..., z_n)$。

显然（2）可推出（1）。现在假设 $z_1, ..., z_n$ 是使（1）成立的数，则存在数 x 和 y 使得 $R(x, y, z_1, ..., z_n)$ 成立。设 w 是 x, y 的最大值，则有 $(\exists x \le w)(\exists y \le w) R(x, y, z_1, ..., z_n)$ 对

这样的数 w 成立，进而（2）成立。

现在假设 $R(x, y, z_1, ..., z_n)$ 是 $\sum_0$。设 w 是 $R(x, y, z_1, ..., z_n)$ 中一个不自由出现的变元，则关系 $(\exists x \leq w)(\exists y \leq w) R(x, y, z_1, ..., z_n)$（作为 $w, z_1, ..., z_n$ 之间的关系）也是 $\sum_0$；既然关系（2）是 $\sum_1$；因此（1）与（2）等价，也是 $\sum_1$。

这就证明了如果 $R(x, y, z_1, ..., z_n)$ 是 $\sum_0$，则关系 $\exists x \exists y R(x, y, z_1, ..., z_n)$（作为 $z_1, ..., z_n$ 之间的关系）是 $\sum_1$。

（b）由（a）可得，如果一个关系 $R(x, z_1, ..., z_n)$ 是 $\sum_1$，关系 $\exists x R(x, z_1, ..., z_n)$（作为 $z_1, ..., z_n$ 之间的关系）也是。[原因：假设 $R(x, z_1, ..., z_n)$ 是 $\sum_1$，则存在 $\sum_0$ 关系 $S(x, x_1, ..., x_n, y)$ 使得 $R(x, z_1, ..., z_n)$ 当且仅当 $\exists y S(x, x_1, ..., x_n, y)$，因此 $\exists x R(x, z_1, ..., z_n)$ 当且仅当 $\exists x \exists y S(x, x_1, ..., x_n, y)$，由（a），它是 $\sum_1$。]

11. 设 a 是表达式 "$\exists v_1(v_1 =$" 的哥德尔编码（如果愿意，你可以把这个哥德尔编码清晰地写出来）。$\bar{n}$ 的哥德尔编码是 $g(\bar{n})$。"$\wedge$" 的哥德尔编码是 g_8。设 e 是 E 的哥德尔编码。右括号的哥德尔编码是 g_4。因此整个表达式 $\exists v_1(v_1 = \bar{n} \wedge E)$ 的哥德尔编码是 $a*g(\bar{n})*g_8*e*g_4$。我们设 $r(x, y)$ 是 $a*g(\bar{y})*g_8*e*g_4$。

现在，我们必须验证关系 $r(x, y)=z$ 是 $\sum_1$。而 $r(x, y)=z$ 是关系：

（1）$a*g(\bar{y})*g_8*x*g_4=z$，它等价于

（2）$\exists w(w=g(\bar{y}) \wedge a*w*g_8*x*g_4=z)$。

现在，关系 $w=g(\bar{y})$ 已经被证明是 $\sum_1$，因此存在 $\sum_0$ 关系 $S(w, y, v)$ 使得 $w=g(\bar{y})$ 当且仅当 $\exists v S(w, y, v)$。因此（2）等价于：

（3）$\exists w \exists v(S(w, y, v) \wedge a*w*g_8*x*g_4=z)$。

因为关系 $S(w, y, v) \wedge a*w*g_8*x*g_4=z$ 是 $\sum_0$，因此，由问题 10，（3）是 $\sum_1$。

12. 由 $A^\#$ 的定义，$x \in A^\#$ 当且仅当 $r(x, x) \in A$。而且 $r(x, x) \in A$ 当

且仅当

（1）$\exists y\,(r\,(x,\,x)=y \wedge y \in A)$。

[这里，$y \in A$ 严格来讲不是初等算术的公式。但是请看下面如何将它作为算术公式（事实上是一个 $\sum_1$ 公式）的缩写，因为 A 在这个问题的陈述中被假设为 $\sum_1$。]

现在假设 A 是 $\sum_1$。我们首先来证明关系 $r\,(x,\,x)=y \wedge y \in A$ 是 $\sum_1$。

因为 A 是 $\sum_1$，存在一个 $\sum_0$ 关系 $R\,(y,\,z)$ 使得 $y \in A$ 当且仅当 $\exists z\,R\,(y,\,z)$。

因为关系 $r\,(x,\,y)=z$ 已经被证实是 $\sum_1$，则关系 $r\,(x,\,x)=y$ 是 $\sum_1$，因此存在一个 $\sum_0$ 关系 $S\,(x,\,y,\,w)$ 使得 $r\,(x,\,x)=y$ 当且仅当 $\exists w S\,(x,\,y,\,w)$。因此 $r\,(x,\,x)=y \wedge y \in W$ 当且仅当 $\exists w \exists z\,(S\,(x,\,y,\,w)\wedge R\,(y,\,z))$。由问题10，这个关系是 $\sum_1$；因为 $S\,(x,\,y,\,w)\wedge R\,(y,\,z)$ 是 $\sum_0$。因此关系 $r\,(x,\,x)=y \wedge y \in A$ 是 $\sum_1$，因此条件 $\exists y\,(r\,(x,\,x)=y \wedge y \in A)$ 也是（仍旧根据问题10）。所以 $A^{\#}$ 是 $\sum_1$。

13. 假设 A 和 B 都是 $\sum_1$，则存在 $\sum_0$ 关系 $R_1\,(x,\,y)$，$R_2\,(x,\,y)$ 使得 $x \in A$ 当且仅当 $\exists y\,R_1\,(x,\,y)$，和 $x \in B$ 当且仅当 $\exists y\,R_2\,(x,\,y)$。则 $x \in A \cup B$ 当且仅当 $\exists w\,(\exists y \leqslant w)(\exists z \leqslant w)(R_1\,(x,\,y)\vee R_2\,(x,\,z))$ 为真。以及 $x \in A \cap B$ 当且仅当 $\exists w\,(\exists y \leqslant w)(\exists z \leqslant w)(R_1\,(x,\,y)\wedge R_2\,(x,\,z))$。

14. 首先，我们关于对任何算术集 A 存在 A 的哥德尔句子的证明是完全构造性的，证明给出了表达集合 A 的算术公式 $F\,(y)$，我们可以有效地展示 A 的哥德尔句子。我们是这样做的：

我们首先要展示的是表达集合 $A^{\#}$ 的公式 $H\,(v_1)$。而 $x \in A^{\#}$ 当且仅当 $\exists y\,(r\,(x,\,x)=y \wedge y \in A)$。我们取公式 $\varphi\,(x,\,y)$ 表达关系 $r\,(x,\,x)=y$，取 $H\,(v_1)$ 为 $\exists y\,(\varphi\,(v_1,\,y)\wedge F\,(y))$。则 $H\,(v_1)$ 表达集合 $A^{\#}$。设 h 是 $H\,(v_1)$ 的哥德尔编码，$H[\overline{h}]$ 是 A 的哥德尔句子，因为 $H[\overline{h}]$ 为真当且仅当 $h \in A^{\#}$，其为真当且仅当 $r\,(h,$

$h) \in A$，且 $r(h,h)$ 是 $H[\bar{h}]$ 的哥德尔编码。

现在假设 W 是一个真句子的集合，W_0 是算术的，$F(y)$ 是表达 W_0 的一个算术公式。其否定 $\sim F(y)$ 表达的是 W_0 的补 $\widetilde{W_0}$。由公式 $\sim F(x)$ 出发，我们可以找到 $\widetilde{W_0}$ 的一个哥德尔句子 X，正如上面解释的那样。因此 X 为真当且仅当其哥德尔编码 $X_0 \in \widetilde{W_0}$，这为真当且仅当 $X_0 \notin W_0$，这为真当且仅当 $X \notin W$。因此 X 为真当且仅当 X 不在 W 中；既然 W 是真句子集的一个子集，X 一定为真且不在 W 中。

第 12 章
形式系统

什么是纯粹的机械程序？通俗地讲，机械方法是一种不需要任何创造性思维就能实现的方法，也就是可以由计算机实现的方法。但是，如果我们的疑问伴有某种数学目的，那么这种非形式的回答是远远不够的。因此，我们应寻求一个更精确的定义来描述机械程序。实际上，在 20 世纪，大概有十几位数理逻辑学家和计算机科学家都独立地给出了他们对此的定义 [例如，库尔特·哥德尔和雅克·埃尔布朗（Jacques Herbrand）提出的递归函数（Recursive Functions）；艾伦·图灵（Alan Turing）提出的机器概念和相关的寄存器机（Register Machines）；阿朗佐·丘奇提出的兰姆达可定义性（Lambda Definability）；摩西·肖菲克尔（Moses Schönfinkel）提出的组合子逻辑（Combinatory Logic）；埃马伊·波斯特（Email Post）提出的典范系统（Canonical Systems）以及雷蒙德·斯穆里安提出的初等形式系统（Elementary Formal Systems）]。有趣的是，尽管这些定义各不相同，但由它们得出的结论却都是等价的。也就是说，根据这些定义中的任意一个而找到的"机械"程序，在另一种定义下仍然是"机械的"。这构成了具有启发性的有力证据，证明这些定义都正确地俘获了机械程序的含义。

其实，机械程序的概念与数学形式系统的概念密切相关。简单来说，在一个数理逻辑的形式证明系统（用下文的定义来说，也就是一个形式系统）中，可以通过一个纯粹的机械程序来生成可证的句子。反过来说，一旦我们定义了什么是形式系统，且如果由机械程序生成的集合在某个形式系统中是可定义的，那么我们就可以定义这个集合。这也是我将在本书中采用的方法。我们首先定义一个非常简单的形式系统，我称之为初等形式系统，然后根据它再定义形式系统和机械运算。实际上，整个递归论（也称为可计算性理论）都可以在初等形式系统的背景下简单而优雅地发展（Smullyan，1961）。

初等形式系统

在给出一个初等形式系统的精确定义之前，进行非形式的讨论会相得益彰。

初等形式系统提供了一种将隐式（implicit）定义转换为显式（explicit）定义的方法。我所谓的"隐式的"或者"递归的"定义常见于数学之中的如下形式：相对于直接给出一个集合或关系 W 的定义，我们通过给出 W 中元素的规则，隐式地定义 W，这些规则形如"在 W 之中，如此这般"，或者"如果在 W 之中如此这般，那么就依此行之"。（例如，命题逻辑中对公式的定义：命题变元是公式；如果 X 和 Y 是公式，那么 $\sim X, X \supset Y, X \wedge Y, X \vee Y$ 都是公式。）然后给出一个最终的子句［clause，也叫递归句子（recursion clause）］："W 中不存在任何元素，除非它是上述规则的后承。"但它是什么逻辑中的后承呢？即将定义的初等形式系统就提供了这种类型的逻辑。

就目前而言，把初等形式系统看作生成集合和关系的程序是很有益处的。让我们考虑一些例子。

只考虑两个符号 a 和 b，以及仅在 a 和 b 中生成的符号串（表达式）集合。对于任意两个这样的符号串 x 和 y，xy 表示 x 后面是 y，也就是 x 和 y 的一个并置。

现在，假设我们想要生成一个由全部交替符号串组成的集合，其中交替符号串是指不包含 a 或 b 连续出现的符号串，那么下列事实成立，并且在此处，这些事实被用来给出一个隐式的定义，即说明了交替符号串集合中的一个符号串是什么。

（1）*a* 是交替的。

（2）*b* 是交替的。

（3）*ab* 是交替的。

（4）*ba* 是交替的。

（5）如果 *xa* 是交替的，那么 *xab* 也是。

（6）如果 *xb* 是交替的，那么 *xba* 也是。

此外，没有符号串是交替的，除非它是以上六个条件的后承。现在我们可以给出下列生成集合 *A* 的指令。

（1）把 *a* 放置于 *A* 中。

（2）把 *b* 放置于 *A* 中。

（3）把 *ab* 放置于 *A* 中。

（4）把 *ba* 放置于 *A* 中。

（5）对任意 *x*，如果 *xa* 在 *A* 中，那么把 *xab* 放置于 *A* 中。

（6）对任意 *x*，如果 *xb* 在 *A* 中，那么把 *xba* 放置于 *A* 中。

至此，所得的计算机程序是用符号语言（symbolic languages）编写的，也就是说，对于其中每一个表示指令的符号串，只可能有一种解释（即使就像当今一些程序语言一样，编写程序的语言是一种非常接近英语的语言，这一论述也为真）。因此，为了强调我们的目地是将初等形式系统视为计算机确定的程序（determinate programs，也就是说，每次接收到相同的输入都会以相同的方式执行），我们将"把 *x* 放置于 *A* 中"缩写为"*Ax*"。那么（1），（2），（3），（4）可以改写为：

（1）*Aa*。

（2）*Ab*。

（3）*Aab*。

（4）*Aba*。

这几行指令可以被称为"无条件规则"（unconditional rules），因为每一行都说明要在集合 *A* 中放入一个特定的符号串。与前一个版本的指令相比，还剩下指令（5）和（6）没有给出，也就是"条件规则"（conditional rules）。因为这两个指令都是指"如果某一特定形式的元素在 *A* 中，则将与其相关的其他元素也放入 *A* 中"。"如果……那么"关系将被形式化为符号"→"（用此符号是为了避免与命题逻辑和一阶逻辑中的蕴涵符号"⊃"混淆），那么（5），（6）可以被重写为：

（5）*Axa* → *Axab*。

（6）*Axb* → *Axba*。

符号 *x* 是一个变元，代表 *a* 和 *b* 的任意符号串。包含变元"*x*"的表达式的一个实例是指，用 *a* 或 *b* 的一个符号串替换该表达式中所有 *x* 的出现（用相同的符号串替换表达式中所有 *x* 的出现）。

接下来，让我们看看计算机是如何将这些指令解释为指定生成集合 *A* 的一个机械程序的。由（1），单独的符号串 *a* 被放置于 *A* 中。由（2），（3）和（4），符号串 *b*，*ab* 和 *ba* 被放置于 *A* 中。然后，计算机取放置于 *A* 中的第一个元素，即 *a*，并且考虑条件规则，看它们是否适用于 *a*。显然，这两个规则都不适用，因为 *a* 是单件的，并且每个规则中的 *x* 代表长度至少为一的、*a* 和 *b* 中的一个符号串。同样，当计算机取放置于 *A* 中的第二个元素 *b* 时，这两个规则也不适用。所以，计算机转而取放置于 *A* 中的第三个元素，也就是 *ab*。虽然规则（5）不适用于它，但是在规则（6）中，计算机可以用 *a* 替换 *x*，并且得到实例 *Aab* → *Aaba*，这个实例被解释为"如果 *ab* 在 *A* 中，那么把 *aba* 放置于 *A* 中"。因为计算机知道 *ab* 在 *A* 中，所以它将把 *aba* 放置于 *A* 中。之后，计算机取放置于 *A* 中的第四个元素——*aba*。此时规则（6）不适用，但

（5）适用。在（5）中，计算机用 *ab* 替换 *x*，并得到实例 *Aaba* → *Aabab*，这个实例是说"如果 *aba* 在 *A* 中，那么将 *abab* 放置于 *A* 中"。因为计算机知道 *aba* 在 *A* 中，所以它将 *abab* 放置于 *A* 中。然后以这种方式继续进行，也就是说，计算机通过考虑到元素在 *A* 中的排列顺序，迟早会生成所有交替符号串。

对于我们所给的 6 行指令，每一行指令上的符号串都可以解释为计算机程序。与之相比，初等形式系统将会更为复杂，并且把这些系统解释为计算机算法也会变得更复杂。例如，精确地知道计算机应用初等形式系统中规则的顺序将会变得很重要，因为我们要保证不会为了避免使用其他规则而重复一个规则（也就是说，如果 *Axab* → *Axabab* 恰好是我们所添加的一个规则，并且计算机决定尽可能频繁地使用这个规则，那么计算机就不会生成所有可能的交替字符串）。

至此，如上文所述，我们获得了一个初等形式系统的简单例子，更确切地说，是字母表 {*a*, *b*} 上的初等形式系统。符号"*A*"是我们称之为谓词（predicate）的一个例子。相对于将上述系统视为一个生成交替符号串集合的指定程序，我们现在将这个系统作为一个数学的公理系统，其中（1），（2），（3），（4）都是该公理系统中公理的实例，而（5）和（6）则是系统中的推理规则。例如，（5）作为一个推理规则可以改写为"从 *Axa* 可以推出 *Axab*"。（6）可以改写为"从 *Axb* 可以推出 *Axba*"。另外，*A* 表示所有交替符号串的集合是指，对于 *a* 和 *b* 中的任何符号串 *x*，句子 *Ax* 是可证的，当且仅当 *x* 是一个交替符号串。

练习. 但是，我们如何知道 *A* 确实表示的是交替符号串的集合呢？为此，我们需要明确两点：如果 *x* 是交替的，那么 *Ax* 确实是可证的；如果 *Ax* 是可证的，那么 *x* 确实是交替的。你能否证明这两点呢？

初等形式系统也提供了表示符号之间关系的方法。例如，令 *K* 为三个符号的字母表 {*a*, *b*, *c*}。由这三个符号组成的一个符号串的反转（reverse）是指该符号串的倒序。例如，*cabbab* 的反转是 *babbac*。反转关系完全取决于下列条件：

（1）一个单一的符号 a 是其自身的反转。

（2）一个单一的符号 b 是其自身的反转。

（3）一个单一的符号 c 是其自身的反转。

（4）如果 x 是 y 的反转，那么 ax 是 ya 的反转。

（5）如果 x 是 y 的反转，那么 bx 是 yb 的反转。

（6）如果 x 是 y 的反转，那么 cx 是 yc 的反转。

我们用符号"R"来表示反转关系，并且当 x 是 y 的一个反转时，我们可以得到命题 $R(x, y)$，但如果 x 不是 y 的一个反转，我们则永远不会得到上述命题。这一点可由下列指令完成：

（1）Ra, a。

（2）Rb, b。

（3）Rc, c。

（4）Rx, $y \rightarrow Rxa$, ay。

（5）Rx, $y \rightarrow Rxb$, by。

（6）Rx, $y \rightarrow Rxc$, cy。

通过观察下述事实，我们的系统可以变得精简一些：

（1）a 是一个单一的符号。

（2）b 是一个单一的符号。

（3）c 是一个单一的符号。

（4）如果 x 是一个单一的符号，那么 x 是其自身的反转。

（5）如果 x 是 y 的反转，并且如果 z 是一个单一的符号，那么 xz 是 zy 的反转。

我们可以将"x 是一个单一的符号"缩写为"Sx"，并且得到下述系统：

（1）Sa。

（2）Sb。

（3）Sc。

（4）$Sx \rightarrow Rx$, x。

（5）Rx, $y \rightarrow Sz \rightarrow Rxz$, zy。

此处，我们使用的符号"$\rightarrow$"表示一个表达式与其右边表达式联结的蕴涵关系，也就是说，对于命题 X, Y, Z，命题"$X \rightarrow Y \rightarrow Z$"是指"如果 X 为真，那么 Y 蕴涵 Z"或者"如果 X 为真，那么如果 Y 为真，那么 Z 为真"，但绝不指"如果 X 蕴涵 Y，那么 Z 为真"（这种表达方式是表达式与其左边表达式联结的蕴涵关系）。与此类似，对任意四个命题 X, Y, Z 和 W，命题 $X \rightarrow Y \rightarrow Z \rightarrow W$ 读作"如果 X 为真，那么如果 Y 为真，那么如果 Z 为真，那么 W 为真"，或者"如果 X, Y 和 Z 都为真，那么 W 也为真"，此种表达方式还可以被形式化为"$(X \& Y \& Z) \rightarrow W$"，其中符号"$\&$"表示"和"。出于一些技术上的原因，我们最好不要使用额外的逻辑联结词"$\&$"，而仅使用逻辑联结词"$\rightarrow$"表示"蕴涵"。

下述是反转关系的另一个系统，虽然比上一个系统精简一些，但仍行之有效。

（1）Ra, a。

（2）Rb, b。

（3）Rc, c。

（4）Rx, $y \rightarrow Rz$, $w \rightarrow Rxz$, wy。

由此，我们看到存在多个初等形式系统来生成所谓的关系集，而且有些系统还可以同时生成多个集合或关系。

初等形式系统的定义

在深入讨论之前，我应该先给出一个初等形式系统的精确定义。

所谓的字母表 K，是指一个有穷元素序列，其中的元素被称为 K 中的符号（symbol）、标记（sign）或字母（letter）。K 的任意有穷符号序列都被称为 K 中的符号串（string）、表达式（expression）或字符（word），也可以更简单地说成是一个 K- 符号串。对任意的 K- 符号串 X 和 Y，XY 表示序列 Y 在序列 X 之后。例如，如果 X 是符号串 am，而 Y 是符号串 $hjkd$，那么 XY 就是符号串 $amhjkd$。通常，符号串 XY 被叫作 X 和 Y 的并置。

K 上的一个初等形式系统（E）是指下列所述的一个聚集：

（1）一个字母表 K。

（2）被称之为变元的另一个字母表。通常使用不带（带）下标的字母 x，y，z 来表示变元。

（3）被称之为谓词的另一个字母表。字母表中的每一个元素都被指派一个正整数，表示谓词的度。我们通常用大写字母表示谓词。

（4）此外，还有两个符号，分别是标点符号（通常是一个逗号）和蕴涵符号（通常用"→"来表示）。

（5）根据下文给出的定义，一个有穷的符号串序列就是公式。

但首先需要给出一些基本定义。一个项是指 K 中符号和变元组成的任意符号串。例如，如果 a，b，c 是 K 中的符号，并且 x，y 是变元，那么 $aycxxbx$ 是一个项。不包含变元的项叫作常项。一个原子公式是指一个表达式 Pt，其中 P 是一个 1 度的谓词，t 是一个项；或者是一个表达式 Rt_1，t_2，其中 R 是一个 2 度的谓词，t_1 和 t_2 是项；或者更一般地说，对于任意正整数 n，一个 n 度的谓词后面是由逗号隔开的 n 个项。如果 F 和 G 都是公式，那么 $F \rightarrow G$ 也是公式。

一个句子是指不包含变元的公式。

一个公式的实例是指用 K 中符号串替换在该公式中出现的所有变元的结果。值得注意的是，如果一个变元不止一次地在公式中出现，那么必须要用相同的符号串来替换该变元在公式中的每一处出现。例如，考虑一个公式 $Paxbycx$，其中 a，b，c 都是 K 中的符号，并且 x，y 是变元。假设我们用 ab 替换 x，用 ca 替换 y，那么我们将得到 $Paxbycx$ 的一个实例 $Paabbcacab$。另外，如果一个公式没有变元，也就是说，如果它是一个句子，它仅有的实例就是其本身。

至此，一个初等形式系统（E）由一个如上所述的有穷公式集合组成，其中的公式被称为系统中的初始公式（initial formulas）或者公理模式（axiom schemes）。这些公理模式的实例被称为系统中的公理（axiom）或初始句子（initial sentence）。

现在，我们定义如果一个公式是下列两个条件的后承，那么这个公式在系统（E）中是可证的。

（1）每一个系统中公理模式的实例在该系统中都是可证的。

（2）对每一个原子句子 X 和任意句子 Y，如果 X 是可证的并且 $X \rightarrow Y$ 是可证的，那么 Y 是可证的。

更确切地说，系统（E）中的证明是指一个（E）中的有穷公式序列（通常是纵向排列而不是水平排列的），序列中的每一项都称之为证明中的一行，使得对证明中的每一行 Y，要么 Y 是（E）中公理模式的实例，要么存在原子句子 X 使得 X 和 $X \rightarrow Y$ 都是该证明中位于前面的行（这条推理规则叫作分离规则）。注意，变元不出现在证明的任意一行之中，尽管条件句（包含 "$\rightarrow$" 的句子）确实存在。

如果一个句子 X 是某个证明的最后一行，我们则称 X 在（E）中是可证的，并且称这个证明为 X 的证明。注意，我们的兴趣主要集中于初等形式系统（E）中的原子句子，因为这些原子句子能断定对于出现在（E）规则中的 n 度谓词而生成的 n 元 K- 符号串。

如我们之前所说，初等形式系统是一种解释机械程序这一概念的方法。为了更好地理解这一点，你也许想知道如何将复杂的机械程序编码为初等形式系统。虽然很多现实的范例都会超出本书所论述的范围，但我们还是会给出一个十分复杂的例子，旨在将一个逻辑系统（皮亚诺算术）编码为初等形式系统。但是，在理想的情况下，为了理解初等形式系统实际上可以被解释为一个生成系统中所有可证的原子句子的程序，读者可以仔细地思考任意初等形式系统的公理模式是如何被解释为计算机程序，并依次生成所有可证的原子句子的（这也是我们通常最感兴趣的可证的公式）。请读者复习在第 2 章中所讲的：如何（机械地）枚举不同定义的可数集中的元素，因为这将有助于我们在此处的工作（例如，如果一个原子公式是一个恰恰包含 n 个不同变元的公理模式，那么仅获取这个公理模式的所有实例，我们就能枚举所有 K- 符号串的 n 元组，这样我们就能得到那些恰好是这个公理模式实例的所有可证的原子句子）。

可表示性

对于基于字母表 K 的任意初等形式系统（E），如果一个 1 度的谓词 P 表示所有常项 t 的集合，那么 Pt 在系统（E）中是可证的。如果系统（E）中有某个谓词表示某个常项集合 S，我们则称 S 在（E）中是可表示的（representable）。

如果对所有常项 t_1 和 t_2，关系 $R(x, y)$ 成立，则称关系 $R(x, y)$ 为 2 度谓词 P 所表示，当且仅当句子 Pt_1, t_2 在系统（E）中是可证的。概括而言，如果对所有常项 $t_1, ..., t_n$，关系 $R(t_1, ..., t_n)$ 成立，则称 n 个主目的关系 $R(x_1, ..., x_n)$ 为 n 度谓词 P 所表示，当且仅当句子 $Pt_1, ..., t_n$ 在系统（E）中是可证的。

如果一个集合或关系在某个基于 K 的初等形式系统中被表示，我们则称这个集合或关系在 K 上是形式可表示的，或者是 K-可表示的。最后，如果一个集合或关系在基于某个字母表 K 上的某个初等形式系统中是形式可表示的，则称这个集合或关系是形式可表示的。

问题 1. 假设在基于字母表 K 上的初等形式系统（E_1）中，W_1 是一个可表示的集合。并且在基于同一个字母表的初等形式系统（E_2）中，W_2 也是一个可表示的集合。那么是否存在一个初等形式系统使得 W_1 和 W_2 在其中都是可表示的？

对于任意的 K-符号串集合 S，如果 S 及其补 $\tilde{S}$（是相对于 K-符号串的补）在 K 上都是可表示的，则称 S 在 K 上是可解的（solvable）。如果一个集合在某个字母表 K 上是可解的，则称这个集合是可解的。

讨论

"可解的"这个词选得很好。如前所述，给定一个初等形式系统（E），可以编写计算机程序以生成（E）中所有可证的句子的集合。现在，假设 S 在 K 上是可解的。那么在初等形式系统（E）中存在谓词 P_1 和 P_2，使得对于所有的 K 的符号串 X，P_1X 是可证的，当且仅当 $X \in S$；P_2X 是可证的，当且仅当 $X \notin S$。这时，如果我们设定一个在此程序上运行的计算机，那么将会生成（E）中可表示的关系的所有元素。并且，因为 K-符号串 X 要么在 S 中，要么不在 S 中，所以我们早晚能得出 P_1X 或 P_2X。如果我们得出 P_1X，那么我们就知道 X 在 S 中。如果我们得出 P_2X，那么我们就会知道 X 不在 S 中。因此，判定 S 中的元素可以被证明为一个机械可解的问题。

现在，假设一个集合 S 是可表示的但不是可解的，并且假设 S 在某个初等形式系统中被某个谓词 P 表示。那么一个给定的符号串 X 是否在 S 中呢？我们所能做得最好的事情就是启动计算机，然后输出系统中可证的句子。如果 X 确实属于 S，那么计算机迟早会输出 PX，然后我们就知道 X 确实属于 S。如果 X 不属于 S，那么计算机将永久运行下去，并且在任何一步，我们都无法得知它在将来是否会输出 PX。总之，如果 S 是可表示的但不是可解的，并且如果 X 属于 S，那么我们终将知道这一事实；并且如果 X 不属于 S，那么我们将永远不会知道这一事实（除非通过某些创造性才智，我们找到一种发现的方法）。如此的一个集合 S，可以恰当地被称为是半可解的（semi-solvable）。

是否存在一个集合，它是半可解的，但不是可解的？这是递归论中的一个基本问题，我会在稍后做出回答。

问题 2. 假设 W_1 和 W_2 都在 K 上是形式可表示的。证明它们的并 $W_1 \cup W_2$ 和交 $W_1 \cap W_2$ 在 K 上也是形式可表示的。

问题 3. 假设 W_1 和 W_2 都在 K 上是可解的。那么 $W_1 \cup W_2$ 和 $W_1 \cap W_2$ 在 K 上也是可解的吗?

数字集合与关系

就目前而言，正整数的二元记法对我们的工作有非凡的助力。令 D 为一个包含两个标记的字母表 $\{1, 2\}$，并且称一个基于 D 的初等形式系统为初等二元系统（elementary dyadic system）。再另行规定之前，我们用表示正整数的二元数字来确定正整数。如果一个集合或关系 W 在 D 上是可表示的，则称 W 是二元可枚举的（dyadically enumerable）。（事实证明，是二元可枚举的与是 $\sum_1$ 是一回事，$\sum_1$ 在上一章中有所定义。之后我们将就此进行详细论述。）如果 A 和 $\tilde{A}$ 都是二元可枚举的，则称 A 是二元可解的（dyadically solvable）。

问题 4. 证明下列关系是二元可枚举的。

（a）Sx, y（y 是 x 的后继）

（b）$x < y$

（c）$x = y$

（d）$x \leqslant y$

（e）$x \neq y$

（f）$x + y = z$

（g）$x \times y = z$

（h）$x^y = z$

如果对每个 x 都有且只有一个 y，使得 $R(x, y)$ 成立，则称关系 $R(x,$

y）是单值（single-valued）关系或函数（functional）关系。如果对每对 x 和 y，都有且只有一个 z，使得 $R(x, y, z)$ 成立，则称关系 $R(x, y, z)$ 是单值关系或函数关系。[类似地，如果对每一个 $x_1, \ldots, x_n$，有且只有一个 y，使得 $R(x_1, \ldots, x_n, y)$ 成立，我们则称关系 $R(x_1, \ldots, x_n, y)$ 是单值关系或函数关系。]

问题 5. 证明如果一个关系 $R(x, y)$ 或 $R(x, y, z)$ 是单值的，那么如果它是二元可枚举的，那么一定是二元可解的。

问题 6. 问题 4 中的哪一个关系是二元可解的？

初等形式系统的算术化

如上一章所述，对于任意正整数 n，令 g_n 为二元记法中由 1 和 n 次出现的 2 所组成的数（如，$g_4=12222$）。如果 K 是有序的字母表 $<a_1, a_2, \cdots, a_n>$，那么正如在上一章中讨论初等算术的有序字母表时那样，我们为每个 K-符号串指派一个二元哥德尔编码。也就是说，对任意 K-符号串 X，我们用 g_1 替换 a_1，用 g_2 替换 a_2，等等，然后取其替换后的结果作为它的二元哥德尔编码（例如，$a_3a_1a_2$ 的哥德尔编码是 $g_3g_1g_2$，也就是 122212122）。

对于 K 中符号串的任意集合 W，W_0 是指 W 中元素的（二元）哥德尔编码的集合。这一章的主要目的就是证明如果 W 在 K 上是形式可表示的，那么集合 W_0 就是 $\sum_1$。我们之后会看到，这一问题有几个重要的衍生结果。

首先需要做一些准备工作。对于任意正整数 n，令 G_n 为所有由 $g_1, \ldots, g_n$ 的并置组成的二元数字集。（因此，对于任意 $i \leqslant n$，$g_i \in G_n$，并且对任意 G_n 中的 X 和 Y，数字 XY 也在 G_n 中。）

问题 7. 证明对任意正整数 n，集合 G_n 是 $\sum_0$。

接下来，我们需要：

替换引理：令 L 为有序字母表 $<k_1, ..., k_n, a_1, ..., a_m>$，并且令 K 为有序子字母表 $<k_1, ..., k_n>$。对于任意由 L 中符号和变元 $x_1, ..., x_t$ 组成的符号串 X，令 $I(X)$ 为所有用 K 中符号串替换 X 中变元后的结果的集合。并且令 $I_0(X)$ 为 $I(X)$ 中符号串的二元哥德尔编码的集合。那么集合 $I_0(X)$ 是 $\sum_0$。

问题 8. 证明替换引理。

现在考虑一个基于字母表 K 的初等形式系统（E）。令 L 为 K 中的符号的集合，并加之（E）中的谓词以及逗号和箭头［因此 L 是一个字母表，并且（E）中所有句子都是由它组成的］。我们对 L 进行调整，以便 K 中的符号能出现在初始处，并且令 g 为 L 中所有符号串的二元哥德尔编码。令 Pr 为（E）中所有可证句子的集合。

如上文所述，（E）中的一个证明是指（E）中句子的有穷序列 $X_1, .., X_r$，使得对每个 $i \leq r$，句子 X_i 要么是（E）中一个公理模式的实例，要么通过分离规则，从序列上前两个元素中是可推出的（如果 X 是原子的，那么 Y 可以直接从 X 和 $X \rightarrow Y$ 中推出来）。

接下来，我们要为每个 L 中符号串的有穷序列 $X_1, .., X_r$ 指派一个数，并称这个数为序列的序列数（sequence number）。做法如下：

令 $m = n + 1$，其中 n 是 L 中的符号数。如上所述，令 g_m 为由 1 和 m 次出现的 2 所组成的二元哥德尔编码。对序列 $X_1, .., X_r$ 中的每一个项 X_i，令 a_i 为 X_i 的二元哥德尔编码。最后我们为序列 $X_1, .., X_r$ 指派数 $g_m a_1 g_m a_2 g_m ... g_m a_r g_m$。

令 $Seq(x)$ 为 x 的一个性质，使得 x 是某个序列的序列数。再令 $x \in y$ 是一个条件，使得 y 是一个序列数，x 是该序列中某个项的二元哥德尔编码。然后令 $pr(x, y, z)$ 也是一个条件，使得 z 是某个序列 Z 的序列数，y 是该序列中的某个项 Y 的哥德尔编码，x 是该序列中的某个项 X 的哥德尔编码，并且 X 出现在序列中第一个 Y 的前面（最左边）。

问题 9. 证明条件 $Seq(x)$，$x \in y$ 和 $pr(x, y, z)$ 都是 $\sum_0$。

现在我们定义 $Der(x, y, z)$。$Der(x, y, z)$ 是指 x，y 和 z 分别是（E）中表达式 X，Y 和 Z 的哥德尔编码，使得根据分离规则，Z 可以从 X 和 Y 中推出。

问题 10. 证明关系 $Der(x, y, z)$ 是 $\sum_0$。

接下来，我们定义 $Pf(x)$ 和 $ypf\,x$。$Pf(x)$ 是指 x 是（E）中一个证明的序列数。$ypf\,x$ 是指 y 是（E）中一个证明的序列数，x 是该证明中最后一个项的哥德尔编码。

问题 11. 证明下列条件都是 $\sum_1$。

（a）$Pf(x)$。

（b）$ypf\,x$。

（c）（E）中可证的句子的集合 Pr。

（d）对所有可表示的集合 W，W 中元素的二元哥德尔编码的集合 W_0 是 $\sum_1$。

由此，我们就证明且得到了：

定理 A：对任意形式可表示的集合 W，W 中元素的二元哥德尔编码的集合 W_0 是 $\sum_1$。

注意：定理 A 的证明完全是构造性的。也就是说，给定一个初等形式系统（E），并且 W 在其中是可表示的。那么实际上，我们可以列出一个表达 W_0 的 $\sum_1$ 公式。

当然，定理 A 不仅对集合 W 成立，还对任意关系 W 成立，对此，读者可以进行简单的验证。

衍生结果

如前所述，事实"对每个形式可表示的集合 W，集合 W_0 是 $\sum_1$"具有几个重要的衍生结果。首先，它和塔尔斯基定理一起推出：

定理 T_1*：一阶算术中真句子的集合 T 不是形式可表示的。

问题 12. 为什么？

这个问题的答案会在最后一章中出现，也就是是否存在一个纯粹的机械方法来判定一阶算术中的句子哪些为真，哪些为假？而从递归论的角度看，这个问题实则是指集合 T 是不是可解的。其实，它不仅不是可解的，甚至不是形式可表示的！因此，集合 T 不能被任何纯粹的机械装置生成，更别提用一个机械装置来求解了。

如果一个公理系统中可证的句子集是形式可表示的，我们则称这个公理系统是一个形式系统。

一个算术的公理系统是指一个一阶算术的公理系统。也就是说，这个公理系统中的公式都是一阶算术中的公式。如果一个公理系统中所有可证的句子都为真，那么这个系统是正确的。

根据定理 T_1*，我们马上能得到：

定理 GT（以哥德尔、塔尔斯基命名）：给定任意一个正确的算术的形式公理系统 $\mathcal{S}$，存在一个在 $\mathcal{S}$ 中不可证的真句子。

注意：对这样一个系统 $\mathcal{S}$，不仅其中存在一个为真却不可证的句子，而且我们还可以列出这样的句子。因为对于一个给出的初等形式系统（E），其中可证的句子集 P 是可表示的，那么如前所述，从（E）中我们可以列出一个 $\sum_1$ 公式 $F(x)$，$F(x)$ 表达可证的句子的哥德尔编码的集合 P_0。并且公式 $F(x)$ 显然是算术的。因此由上一章的问题 14，取 W 为 F，我们能找到一个不在 P 中的真句子。

在下文中，S 是一个算术的形式系统，P 是 S 中可证的句子的集合，P_0 是 P 中元素的二元哥德尔编码的集合。

定理 GT 的证明不需要充分有力的事实——P_0 是 $\sum_1$，但是需要一个相对较弱的事实，也就是 P_0 是算术。然而，对于基于欧米伽一致性的哥德尔证明，以及基于简单一致性弱假设的罗瑟证明，我们不仅需要 P_0 是算术这一事实，还需要 P_0 是 $\sum_1$。

如前文所述，如果存在一个公式 $F(x_1, ..., x_n)$ 定义一个关系 R，使得对所有的数 $a_1, ..., a_n$，如果 $R(a_1, ..., a_n)$ 成立，那么句子 $F(\overline{a_1}, ..., \overline{a_n})$ 是可证的，如果 $R(a_1, ..., a_n)$ 不成立，则句子 $F(\overline{a_1}, ..., \overline{a_n})$ 是可反驳的，那么我们则称关系 $R(x_1, ..., x_n)$ 在系统 S 中是可定义的。如果每一个 $\sum_0$ 关系在 S 中都是可定义的，我们则称 S 是 $\sum_0$-完全的。此命题等价于条件：每一个真的 $\sum_0$ 句子在 S 中都是可证的。

定理 G（以哥德尔命名）：对于一个形式的并且是 $\sum_0$-完全的系统 S，如果该系统是 ω-一致的，那么 S 的某个句子是不可判定的。

定理 R（以罗瑟命名）：假设 S 是一个形式的并且 $\sum_0$-完全的系统，S 满足一个附加条件，即对任意的公式 $F(x)$ 和任意的数 n：

L_1：如果 $F(\overline{0}), ..., F(\overline{n})$ 都是可证的，那么 $\forall x(x \leqslant \overline{n} \supset F(x))$ 也是。

L_2：$\forall x(x \leqslant \overline{n} \vee \overline{n} \leqslant x)$ 是可证的。

那么，如果该系统 S 是简单一致的，那么存在一个不可判定的句子。

问题 13. 证明定理 G 和定理 R。

在下一章中，我们考虑一个实际的算术公理系统，也就是著名的皮亚诺算术。并且证明它满足定理 GT、定理 G 和定理 T 的假设，从而完成皮亚诺算术中三个著名的不完全性证明。

问题答案

1. 令 (E_1) 为基于 K 的初等形式系统，其中 W_1 是可表示的。并且令 (E_2) 也是基于 K 的初等形式系统，其中 W_2 是可表示的。如果 (E_1) 和 (E_2) 有共同的任意谓词，那么用 (E_1) 中不出现的新符号替换这些共同的谓词，并且称所得到的系统为 $(E_2)'$。然后取 (E_1) 和 $(E_2)'$ 中的公理模式作为 (E) 的公理模式。那么在 (E) 中，W_1 和 W_2 都是可表示的。

2. 假设 W_1 和 W_2 在 K 上都是可表示的。由问题 1，存在一个初等形式系统 (E)，其中 W_1 和 W_2 分别被 P_1 和 P_2 表示。

   （a）为了表示 $W_1 \cup W_2$，取一个新谓词 P 并且添加两个公理模式：

   $P_1 x \to P x$

   $P_2 x \to P x$

   然后，P 就可以表示 $W_1 \cup W_2$ 了。

   （b）为了表示 $W_1 \cap W_2$，再一次取一个新谓词 P 并且添加一个公理模式：

   $P_1 x \to P_2 x \to P x$

   然后，P 就可以表示 $W_1 \cap W_2$ 了。

3. 是的，它们确实如此：假设 W_1 和 W_2 在 K 上都是可解的。因 W_1，$\widetilde{W_1}$，W_2，$\widetilde{W_2}$ 都是 K-可表示的（在 K 上是形式可表示的）。因为 W_1 和 W_2 是 K-可表示的，所以 $W_1 \cup W_2$ 和 $W_1 \cap W_2$ 也是（由问题 2）。现在要证明的是它们的补 $\widetilde{W_1 \cup W_2}$ 和 $\widetilde{W_1 \cap W_2}$ 也是 K-可表

示的。因为 $\widetilde{W_1}$ 和 $\widetilde{W_2}$ 都是 K-可表示的，所以 $\widetilde{W_1} \cap \widetilde{W_2}$ 也是。又因为 $\widetilde{W_1} \cap \widetilde{W_2} = \widetilde{W_1 \cup W_2}$，所以 $\widehat{W_1 \cup W_2}$ 也是 K-可表示的。$\widehat{W_1 \cap W_2}$ 的情况也是如此。

4. 对下述 8 个关系是二元可枚举的证明：

（a）在二元记法中，1 的后继是 2；2 的后继是 11；$x1$ 的后继是 $x2$；并且 $x2$ 的后继是 $y1$，其中 y 是 x 的后继。关系 "x 的后继是 y" 在初等二元系统中由 S 表示，该系统中的初始公式为：

$S1, 2$

$S2, 11$

$Sx1, x2$

$Sx, y \rightarrow Sx2, y1$

（b）为了更可读，我们用 "$x < y$" 代替 "$<x, y$"。我们取下列初等二元系统表示这个关系［注意，此处的 "S" 是指在（a）中定义的后继关系］：

$Sx, y \rightarrow x < y$

$x < y \rightarrow y < z \rightarrow x < z$

因此，"$<$" 表示关系 "x 小于 y"。

（c）取一个模式：$x = x$。

（d）取一个系统：

$x < y \rightarrow x \leqslant y$

$x = y \rightarrow x \leqslant y$

（e）取一个系统：

$x < y \rightarrow x \neq y$

$y < x \rightarrow x \neq y$

（f）关系 $x + y = z$ 由下列条件唯一地确定：

（1）$x + 1 = x'$，其中 x' 是 x 的后继。

（2）如果 y' 是 y 的后继，那么 $x + y' = (x + y)'$，其中 y' 是 y 的后继并且 $(x + y)'$ 是 $x + y$ 的后继。

换句话说，如果 $x+y=z$，那么 $x+y'=z'$，其中 y' 是 y 的后继，并且 z' 是 z 的后继。因此由 "A" 表示的加关系 "$x+y=z$" 可以被（a）中系统的后继关系表示，并添加公理模式：

$Sx, y \rightarrow Ax, 1, y$

$Ax, y, z \rightarrow Sy, u \rightarrow Sz, v \rightarrow Ax, u, v$

（g）关系 $x \times y = z$ 由下列条件唯一地确定：

（1）$x \times 1 = x$

（2）$x \times y' = (x \times y) + x$（其中 y' 是 y 的后继）

因此，为了用 "M" 表示关系 "$x \times y = z$"，我们取之前的系统与下述系统相结合：

$Mx, 1, x$

$Mx, y, z \rightarrow Az, x, w \rightarrow Sy, u \rightarrow Mx, u, w$

（h）关系 $x^y = z$（取自正整数）由下列条件唯一地确定：

$x^1 = x$

$x^{y'} = x^y \times x$（其中 y' 是 y 的后继）

我们将下列所述添加到上一系统中，使用 "E" 来表示关系 $x^y = z$：

$Ex, 1, x$

$Sy, u \rightarrow Ex, y, z \rightarrow Mx, z, w \rightarrow Ex, u, w$

5. 假设 R 是单值的并且是二元可枚举的。令 $\overline{R}(x, y)$ 是 $R(x, y)$ 不成立的关系。我们要证明 $\overline{R}$ 也是二元可枚举的。因为 R 是单值的，所以，说 $R(x, y)$ 不成立就是说，对于某个不等于 y 的 z，$R(x, z)$ 成立（这是因为当我们知道 R 是单值的时，关于 R 的一个假设是说，对于所有 x，它对某个 y 的值成立；当然，因为是单值的，所以它仅对一个这样的值成立）。因此我们取一个二元系统，其中关系 R 被 "R" 表示，并且 "不等于"〔由问题 4 中的（e），它是二元可枚举的〕关系也可以被表示（由 $\neq$）。然后我们取一个新的谓词 "$\overline{R}$"，并且添加公理模式 $Rx, y \rightarrow z \neq y \rightarrow \overline{R}x, y$。因此，$\overline{R}$ 就可以表示关系 $\overline{R}(x, y)$ 了。

6. 它们都是二元可解的！关系（a），（f），（g）和（h）都是单值的和二元可枚举的，因此由问题5，它们也是二元可解的。同样，由问题4中的（c）和（e），关系 $x = y$ 及其补 $x \neq y$ 都是二元可枚举的，因此都是二元可解的。至于（b）和（d），关系 $x < y$ 是关系 $y \leq x$ 的补，并且因为它们都是二元可枚举的，所以都是二元可解的。

7. 证明：$x \in G_n$ 当且仅当 $1Bx \wedge 2Ex \wedge \sim 11Px \wedge g_{n+1}Px$。

8. 我们首先要说明这个证明的特殊情形：令 a，b，c 为 L 中的符号并且令 a_0，b_0，c_0 分别是 a，b，c 的二元哥德尔编码。令 X 为符号串 $bx_1abx_2cx_1b$，其中 x_1 和 x_2 是变元。令 X^* 为符号串 $b_0x_1a_0b_0x_2c_0x_1b_0$ [这是将每个 a，b，c 的出现都分别替换为它们的哥德尔数字的结果。于是 $x \in I_0(X)$ 当且仅当 $(\exists x_1 \leq x)(\exists x_2 \leq x)(G_n(x_1) \wedge G_n(x_2) \wedge x = X^*)$]，也就是当且仅当 $(\exists x_1 \leq x)(\exists x_2 \leq x)(G_n(x_1) \wedge G_n(x_2) \wedge x = b_0x_1a_0b_0x_2c_0x_1b_0)$。更概括地讲，令 X 为任意由 L 中符号和变元 x_1, …, x_t 组成的符号串。令 X^* 为将在 X 中的 L 的符号分别替换为它们的哥德尔数字后的结果。那么 $x \in I_0(X)$ 当且仅当下述命题成立：

$$(\exists x_1 \leq x)\ldots(\exists x_t \leq x)(G_n(x_1) \wedge \ldots \wedge G_n(x_t) \wedge x = X^*)$$

9. 对每个 i，集合 G_i 是 $\sum_0$。

（a）$Seq(x)$ 当且仅当 $G_m(x) \wedge g_mBx \wedge g_mEx \wedge \sim g_mg_mPx$。

（b）$x \in y$ 当且仅当 $Seq(y) \wedge g_mxg_mPy \wedge G_n(x)$（此处，$m$ 是 L 中的符号数加1，n 是 L 中的符号数）。

（c）$\mathrm{pr}(x, y, z)$ 当且仅当 $y \in z \wedge (\exists w \leq z)(wBz \wedge x \in w \wedge \sim yPw)$。

10. 令 b 为蕴涵符号的哥德尔编码，那么 $Der(x, y, z)$ 当且仅当 $y = xbz \wedge \sim bPx$。

11. 令 Y_1, …, Y_r 为（E）中的公理模式，并且对每个 $i \leq r$，令 A_i 为 $I_0(Y_i)$ 的集合。由替换引理，集合 A_1, …, A_r 中的每一个都是 $\sum_0$，因此，它们的并 $A_1 \cup \ldots \cup A_r$ 也是 $\sum_0$。所以（E）中所有公

理的哥德尔编码的集合 A 也是 $\sum_0$。

（a）$Pf(x)$ 当且仅当

$$Seq(x) \land (\forall y \leqslant x)[y \in x \supset (A(y) \lor$$
$$(\exists z \leqslant x)(\exists w \leqslant x)(pr(z, y, x) \land pr(w, y, x) \land Der(z, w, y))]。$$

（b）$ypf x$ 当且仅当 $Pf(y) \land x \in y \land g_m x g_m Ey$。

（c）$Pr(x)$ 当且仅当 $\exists y(ypf x)$。

（d）令 H 为在（E）中表示 W 的谓词，并且令 h 为 H 的哥德尔编码。那么 $x \in W_0$ 当且仅当 $\exists y(ypf hx)$。[注意：$ypf hx$ 可记为 $(\exists z \leqslant y)(z = hx \land ypf z)$。]

12. 如果一阶算术中真句子的集合 T 是形式可表示的，那么集合 T_0 就是 $\sum_1$，又根据塔尔斯基定理，它不是算术。因此，集合 T 不是形式可表示的。

13. 首先注意以下内容。假设 $\mathcal{S}$ 是 $\sum_0$-完全的并且 W 是形式可表示的表达式的集合。那么集合 $W*$ 在 $\mathcal{S}$ 中必定是可枚举的，因为 W_0 是 $\sum_1$，因此 $W*$（$W_0^{\#}$）也是 $\sum_1$（由第 11 章中的问题 12），且由此 $W*$ 是 $\sum_0$-关系 $R(x, y)$ 的定义域。因为系统 $\mathcal{S}$ 是 $\sum_0$-完全的，所以关系 $R(x, y)$ 在 $\mathcal{S}$ 中是可定义的，并且 $W*$ 在 $\mathcal{S}$ 中是可枚举的。

现在假设 $\mathcal{S}$ 是一个 $\sum_0$-完全的形式系统。令 P 为 $\mathcal{S}$ 中可证的句子集，并且令 R 为 $\mathcal{S}$ 中可反驳句子的集合。因为 $\mathcal{S}$ 是形式系统，所以集合 P 和 R 都是形式可表示的。因此，如上所述，集合 $P*$ 和 $R*$ 在 $\mathcal{S}$ 中都是可枚举的。

（a）因此存在一个枚举集合 $P*$ 的公式 $A(x, y)$。如果该系统是欧米伽一致的，那么由 11 章中的定理 G_1，句子 $\forall y(\sim A(\bar{p}, y))$ 是不可判定的，其中 p 是公式 $\forall y(\sim A(x, y))$ 的哥德尔编码。由此证明了定理 G。

（b）假设条件 L_1 和 L_2 也成立，那么 $\mathcal{S}$ 满足罗瑟条件，并且如果该系统是简单一致的，那么由第 10 章的定理 R_1，存在一个不可判定的句子。

第 13 章

皮亚诺算术

1891 年，朱塞佩·皮亚诺发表了他关于正整数（那时候也称"自然数"，但现在所说的"自然数"包括零）的著名公设。下面是这些公设（或公理），其中未定义概念为 1 和后继运算 $S(n)$：

1. 1 是自然数。

2. 如果 n 是自然数，那么 $S(n)$ 也是自然数。

3. 如果 $S(n) = S(m)$，那么 $n = m$（即没有两个不同的自然数具有相同的后继）。

4. $S(n) \neq 1$（即 1 不是任何自然数的后继）。

5.（数学归纳公理）假设 K 是一个集合，使得：

（1）$1 \in K$；

（2）对于任意的自然数 $n \in K$，自然数 $S(n)$ 也在 K 中。

那么，K 包括了所有自然数。

皮亚诺所说的"公理"并不在这个词的现代意义上构成一个公理系统。它们可能被称为"非形式公理"更为恰当：与我们在欧几里得著作中看到的那些古希腊公理一样，它们由自明的真理组成。

我们现在来看现代意义上的皮亚诺算术，它的基础逻辑被明确陈述，加、乘的公理是对后继函数的补充。公理分为三组。第一组的公理称为命题逻辑公理，处理逻辑联结词～（并非），∧（并且），∨（或者）和⊃（蕴涵）。第二组公理是一阶逻辑公理，处理量词 ∀ 和 ∃。第三组公理处理纯算术概念——后继、加与乘、等于和小于关系（或者在我们某些公理系统中用到小于等于关系；但是 <, > 与 ≥ 可以通过 ≤, = 和逻辑联结词～来定义）。

我们在这里给出的公理系统非常类似于克利尼（Kleene，1952）的系统。

我们来考虑第二组公理。对于任意的变元 x 和 y 以及任意的公式 F，我们说 x 在 F 中被 y 约束，是说存在某个公式 G，使得 x 在 G 中至少有一次出现并且 $\forall y G$ 或 $\exists y G$ 是 F 的一部分。

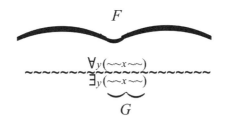

对于任意的项 t、变元 x 和公式 F，我们说 t 对 F 中的 x 自由，是说 x 不被 t 中出现的任何变元约束。这些定义的目的在于给出一个条件，根据这个条件，如果一个带有自由变元的项 t 是对公式 G 中变元 x 的自由出现可替换的，那么本来在 t 中自由的变元在用 t 替换 G 中自由出现的 x 时都不会被约束。我们在一阶逻辑中无须担心这一点，因为我们在其中所做的仅有的替换都是参数对变元的替换。

在第三组公理中，在此处和我们随后使用的时候，当觉得在原子公式外面加上括号更利于理解公理的时候，我们都将这样做。

注意：我们使用 $X \equiv Y$ 作为 $(X \supset Y) \wedge (Y \supset X)$ 的缩写。

皮亚诺算术的公理模式与推理规则

第一组公理模式

A1. $(F \wedge G) \supset F$
A2. $(F \wedge G) \supset G$
A3. $[(F \wedge G) \supset H] \supset [F \supset (G \supset H)]$
A4. $[(F \supset G) \wedge (F \supset (G \supset H))] \supset (F \supset H)$
A5. $F \supset (F \vee G)$
A6. $G \supset (F \vee G)$
A7. $[(F \supset H) \wedge (G \supset H)] \supset ((F \vee G) \supset H)$
A8. $((F \supset G) \wedge (F \supset \sim G)) \supset \sim F$
A9. $\sim\sim F \supset F$

第一组推理规则

分离规则 $\dfrac{F, \quad F \supset G}{G}$

第二组公理模式

在这两个模式中，t 是对 F 中 x 自由的项，$F(t)$ 是用 t 替换 $F(x)$ 中 x 的所有自由出现所得到的结果。

A10. $\forall x F(x) \supset F(t)$
A11. $F(t) \supset \exists x F(x)$

第二组推理规则

在这两条规则中，C 是 x 没有自由出现于其中的公式。

规则 1: $\dfrac{C \supset F(x)}{C \supset \forall x F(x)}$

规则 2: $\dfrac{F(x) \supset C}{\exists x F(x) \supset C}$

第三组公理模式

A12. $(x' = y') \supset (x = y)$

A13. $\sim(x' = 0)$

A14. $((x = y) \wedge (x = z)) \supset (y = z)$

A15. $(x = y) \supset (x' = y')$

A16. $x + 0 = x$

A17. $x + y' = (x + y)'$

A18. $x \times 0 = 0$

A19. $x \times y' = (x \times y) + x$

A20. $(F(0) \wedge \forall x (F(x) \supset F(x'))) \supset \forall x F(x)$　　　数学归纳法

A21. $(x \leqslant 0) \equiv (x = 0)$

A22. $(x \leqslant y') \equiv ((x \leqslant y) \vee (x = y'))$

A23. $(x \leqslant y) \vee (y \leqslant x)$

A24. $x = x$

A25. $F(\overline{n}) \supset ((x = \overline{n}) \supset F(x))$

A26. $\forall x \sim F(x) \supset \sim \exists x F(x)$

在另行说明之前，可证性（provability）将指的是皮亚诺算术中的可证性。

命题 1：关于皮亚诺算术的一些基本事实：

（a）如果 $F(x)$ 是可证的，那么 $\forall x F(x)$ 也是可证的。

（b）如果 $F(x)$ 是可证的，那么对任意的数 n，$F(\overline{n})$ 也是可证的。

（c）如果 $F(x, y)$ 是可证的，那么对所有的数 n 和 m，$F(\overline{n}, \overline{m})$ 也是可证的。

问题 1. 证明命题 1。

现在我们希望证明皮亚诺算术中可证公式的集合是形式可表示的，由此证明对应的哥德尔编码的集合是 Σ_1。

问题 2. 依次证明以下集合和关系都是形式可表示的。事实上，在算术的字母表 K 上构造出一个初等形式系统（E），它们在其中都是同时可表示的。

（1）v 的符号串的集合。

（2）（皮亚诺算术的）变元的集合。

（3）关系"x和y是不同的变元"。

（4）数字（皮亚诺数字）的集合。

（5）项的集合。

（6）原子公式的集合。

（7）公式的集合。

（8）关系"t是项，x是变元，y是项，z是用t替换y中x的所有出现所得的结果"。

（9）关系"t是项，x是变元，f是公式，g是用t替换f中x的所有自由出现所得的结果"。

（10）关系"x是变元，f是公式，x不在f中自由出现"。

（11）关系"x和y是变元，f是公式，x在f中不被y约束"。

（12）关系"t是项，x是变元，f是公式，t对f中的x自由"。

（13）公理的集合。

（14）可证公式的集合。

我们已经证明，皮亚诺算术的可证公式集合Pf是形式可表示的，由此，对应的哥德尔编码的集合Pf_0是Σ_1，但是我们还没有证明可证句子（即不带自由变元的公式）的集合P是形式可表示的，由此可证句子的哥德尔编码的集合P_0是Σ_1。这也可以做到，只是稍微复杂一点，更容易的是直接证明P_0是Σ_1，此即随后要做的。

我们暂时令S是皮亚诺算术中所有句子的集合，令S_0是对应的哥德尔编码的集合。要证明P_0是Σ_1，关键在于首先要证明S_0是Σ_1。

问题3. 运用以下三个步骤，证明S_0，P_0和R_0都是Σ_1。

（a）证明S_0是Σ_1。[提示：一个公式X是一个句子当且仅当没有变元在其中自由出现。没有变元（作为X的一部分）在X中自由出现就足够了（因为明显的是，没有变元不作为X的一部分却可以在X中自由出现）。所以只需证明：对于每一个其哥德尔编码小于或等于X的哥德尔编码的变元z，变元x在X中没有自由出现。这里的全称量化只涉及小于或等于 X 的哥德尔编码的编码的集合。]

（b）现在证明 P_0 是 $\sum_1$。

（c）现在证明 R_0 是 $\sum_1$，其中 R 是可反驳的句子的集合。

我们现在已经证明了皮亚诺算术中可证句子的哥德尔编码的集合 P_0 是 $\sum_1$，所以 P_0 也是算术的。但是，根据塔尔斯基定理，真句子的哥德尔编码的集合 T_0 不是算术的。所以，真和可证性不是一致的。也就是说，或者有些真句子不是可证的，或者有些可证的句子不为真。后者被以下合理假设排除：皮亚诺算术的公理都为真，推理规则保真，因此所有可证的句子都为真。所以，有的真句子 X 在皮亚诺算术中不是可证的。由于 X 为真，其否定 $\sim X$ 为假，且因此在皮亚诺算术中也不是可证的（需要再次假定皮亚诺算术是正确的系统），因此，X 是皮亚诺算术中的一个不可判定的句子。所以，我们有：

皮亚诺算术的不完全性定理 I，GT（哥德尔、塔尔斯基）：皮亚诺算术如果是正确的，那么是不完全的。也就是说，如果只有真句子在皮亚诺算术中是可证的，那么存在一个真句子 X，在皮亚诺算术中既不是可证的也不是可反驳的。

注意：我假定了皮亚诺算术是正确的。我们可以实际地提出一个真的但不可证的皮亚诺算术句子如下：我们在前一章注意到，如果表达式集合 W 是形式可表示的，那么不仅 W_0 是一个 $\sum_1$ 集合，而且对于 W 在其中被表示的初等形式系统（E），我们可以实际地提出一个表达 W_0 的 $\sum_1$ 公式。现在，我们已经给出了一个初等形式系统（E），皮亚诺算术的可证公式的集合 Pf 被表示在这个系统之中，因此我们可以找到一个表达 Pf_0 的 $\sum_1$ 公式，而且我们也已经看到如何从这里去寻找一个表达皮亚诺算术的可证句子的哥德尔编码的集合 P_0 的公式——称之为 "$P(x)$"。由于公式 $P(x)$ 是算术的，因此其否定 $\sim P(x)$ 也是算术的，表达了 P_0 的补 $\tilde{P}_0$。那么，正如第 11 章中解释的那样，我们知道了如何去为 $\tilde{P}_0$ 寻找一个哥德尔句子 X（一个这样的句子，它为真当且

仅当它是不可证的)。所以, X 为真当且仅当 X 是不可证的, 这就是我们寻找的句子。当然, 我可以明确地提出 X, 但是这一点会非常冗赘, 而且对我的目的来说, 也是不必要的。

接下来, 我们来看皮亚诺算术的哥德尔不完全性证明, 然后把"正确性"假设换成欧米伽一致性这一较弱的假设来看罗瑟证明, 使用的仍然是简单一致性这一较弱的假设。

读者可能会好奇我们为什么这么做, 因为我们已经证明了皮亚诺算术是不完全的。是这样的, 我们迄今为皮亚诺算术给出的不完全性证明并不能说是一种"有穷性"(finitary)证明。什么是有穷性证明呢? 对此, 至今还没有统一的定义; 但是所有已有的定义都同意, 假定了无穷集合存在的任何证明都不是一个有穷性证明。对于一阶算术的句子来说, 真这个概念不是一个有穷性概念。虽然它是良定义的, 但它并不一般地受制于证实, 因为它涉及对无穷多自然数的量化。为了验证一个全称句子 $\forall x F(x)$ 是否为真, 一般来说涉及验证无穷多的句子 $F(\bar{0})$, $F(\bar{1})$, ..., $F(\bar{n})$, ..., 而这是无法在有穷长时间内完成的。相反, 形式系统中构成一个证明的公式序列这个概念是一个有穷性概念。

所以, 有的数学家并不接受至此为止的不完全性证明, 但可能会接受哥德尔证明, 当然也会接受罗瑟证明, 后者无疑是有穷性的。为表明立场起见, 我要说的是, 我自己并不属于反对非有穷性方法的那一派。我完全接受前面已经给出的不完全性证明, 其中涉及了真这个概念。

纵使如此, 我还是认为哥德尔证明和罗瑟证明在很多方面拥有同样的兴趣。这两个证明都是极其天才的, 而且哥德尔证明还是哥德尔第二不完全性定理必不可少的前提条件, 后者大致是说, 皮亚诺算术如果是一致的, 那么无法证明其自身的一致性; 随后我将简要地对其加以讨论。

在哥德尔证明中, 如果皮亚诺算术是欧米伽一致的, 那么它就是不完全的。我们已经证明, 皮亚诺算术是一个形式系统, 因此, 根据第 12 章中的定理, 余下的只需要证明所有的 Σ_0 关系都是在皮亚诺算术中可定义的。为此目的, 只需证明所有为真的 Σ_0 句子都是在皮亚诺算术中可证的。(适合于 Σ_0 句子的真这个概念完全是有穷性的, 因为它只涉及有穷量化。我们还可以验证一

个 Σ_0 句子是否为真。) 我们将会说，一个 Σ_0 句子是（在皮亚诺算术中）正确地可判定的（correctly decidable），仅当它或者在皮亚诺算术中为真且可证或者在皮亚诺算术中为假且可反驳。我们将证明，所有的 Σ_0 句子在皮亚诺算术中都是正确地可判定的，因此所有的真的 Σ_0 句子在皮亚诺算术中都是可定义的。事实上，我们将建立一个更具一般性的结果以备下一章所需。

以下公式模式在很多现代研究中起着非常重要的作用：

Ω1. $\overline{m} + \overline{n} = \overline{k}$，其中 $m + n = k$

Ω2. $\overline{m} \times \overline{n} = \overline{k}$，其中 $m \times n = k$

Ω3. $\sim(\overline{m} = \overline{n})$，其中 $m \neq n$

Ω4. $x \leqslant \overline{n} \equiv (x = \overline{0} \vee \ldots \vee x = \overline{n})$

Ω5. $x \leqslant \overline{n} \vee \overline{n} \leqslant x$

注意：我们常常把 $\sim(x = y)$ 缩写成 $x \neq y$。

引理 R：Ω1 至 Ω5 都是在不带 A20 的皮亚诺算术中可证的。[1]

问题 4. 证明引理 R。

模式 Ω1 至 Ω5 都是拉斐尔·罗宾逊（Raphael Robinson，1950）以（R）闻名的系统的算术公理。一个系统 S 被称为（R）的一个扩张（extension），仅当从 Ω1 至 Ω5 在 S 中都是可证的。我们已经（利用引理 R）证明了皮亚诺算术是（R）的一个扩张。现在希望证明的是，不仅皮亚诺算术是 Σ_0-完全的，而且（R）的每一个扩张也都是 Σ_0-完全的。

问题 5. 证明：每一个为真的原子的 Σ_0 句子在（R）的任意扩张中都是可证的

---

[1] 虽然我们在关于系统的推理中运用数学归纳法！

（因此在皮亚诺算术中也是可证的）。

我们回想一下，我们称一个 Σ_0 句子在一个系统中是正确地可判定的，仅当它为真并且在该系统中是可证的，或者为假并且在该系统中是可反驳的。

问题 6. 现在证明：每一个原子的 Σ_0 句子在（R）的任意扩张中都是正确地可判定的（因此在皮亚诺算术中也是正确地可判定的）。

问题 7. 证明：对于（R）的一个扩张 $\mathcal{S}$，如果 $F(\overline{0})$，$F(\overline{1})$，...，$F(\overline{n})$ 在 $\mathcal{S}$ 中都是可证的，那么 $(\forall x \leq \overline{n})F(x)$ 在 $\mathcal{S}$ 中也是可证的。

问题 8. 现在证明：（R）的每一个扩张 $\mathcal{S}$ 都是 Σ_0-完全的。

至此，对于皮亚诺算术的哥德尔不完全性定理和罗瑟不完全性定理的证明，我们已经建立了大部分所需的必要结果。我们回想一下第 12 章中的定理 G，它说的是任意一个欧米伽一致的形式的并且 Σ_0-完全的系统都有一个不可判定的句子。这样一来，我们已经证明了皮亚诺算术是一个形式系统，而且是 Σ_0-完全的，因此我们有：

皮亚诺算术的不完全性定理 II，G（哥德尔）：*皮亚诺算术如果是 ω-一致的，那么是不完全的。*

这个定理以哥德尔第一不完全性定理（Gödel's First Incompleteness Theorem）而闻名，但是常常被称为"哥德尔定理"（Gödel's Theorem）。

现在来看皮亚诺算术的罗瑟不完全性定理的证明。根据第 12 章的定理 R，为了证明皮亚诺算术如果是简单一致的就是不完全的，只需证明皮亚诺算术是形式的并且是 Σ_0-完全的，而这是我们已经完成的，以及对于任意的公式 $F(x)$ 和任意的数字 n：

L_1：*如果 $F(\overline{0})$，$F(\overline{1})$，...，$F(\overline{n})$ 在皮亚诺算术中都是可证的，那么*

$(\forall x \leqslant \bar{n}) F(x)$ 在皮亚诺算术中也是可证的。

    L_2：$\forall x(x \leqslant \bar{n} \vee \bar{n} \leqslant x)$ 在皮亚诺算术中是可证的。

问题 9. 证明上述的 L_1 和 L_2。

我们现在已经证明了：

    皮亚诺算术的不完全性定理 III，R（罗瑟）：皮亚诺算术如果是简单一致的，那么是不完全的。

讨论

作为本章的结束语，我想说的是，我认为皮亚诺算术的不完全性没有以下事实重要：真句子的集合不仅不是可解的，而且甚至还不是形式可表示的。这就意味着，不仅没有纯粹机械的程序以判定哪些句子为真、哪些不为真，甚至也没有机械的程序来生成由所有为真的句子且仅由那些句子所组成的集合！实际上，让数学家们感兴趣的正是那些真句子，而不是在皮亚诺算术中可证的句子。如果一个句子是在皮亚诺算术中可证的或是可反驳的，一切都看起来挺好了，因为这将会回答以下问题：它是否为真。但是，如果一个句子在皮亚诺算术中既不是可证的也不是可反驳的，关于它的真相就没有什么可以收集的。

除了皮亚诺算术的不完全性，这个系统还有许多其他有趣的特征，我们将随后来研究。

问题答案

1. 假定 $F(x)$ 在（a）和（b）中都是可证的。

    （a）取任意一个可证的闭公式（句子）C。由于 $F(x)$ 是可证的，因此，根据命题逻辑，$C \supset F(x)$ 也是可证的（实际上这可以从已经得到证明的 T_5 得出；但是，任何在命题逻辑中为真的都在这里是可证的，因为我们有命题逻辑系统所有的公理和推理规则，第7章已经证明了这一系统是完全性的）。所以，根据第二组规则中的规则 1，$C \supset \forall x F(x)$ 也是可证的。由于 C 也是可证的，所以，根据分离规则，$\forall x F(x)$ 也是可证的。

（b）由于 $F(x)$ 是可证的，因此，根据（a），$\forall x F(x)$ 也是可证的。根据公理 A10，$\forall x F(x) \supset F(\bar{n})$ 也是可证的，因为 $\bar{n}$ 明显是对 $F(x)$ 中的 x 自由的。由于公式 $\forall x F(x) \supset F(\bar{n})$ 和 $\forall x F(x)$ 都是可证的，因此，根据分离规则，$F(\bar{n})$ 也是可证的。

（c）假设 $F(x, y)$ 是可证的，那么由（b），$F(\bar{n}, y)$ 也是可证的。因此，再次根据（b），$F(\bar{n}, \bar{m})$ 也是可证的。

注意：实际上，如果 $F(x_1, \ldots, x_k)$ 是可证的，那么，$F(\bar{n_1}, \ldots, \bar{m_k})$ 也是可证的，这可以通过数学归纳证得。

2. 在我们表示了各种集合和关系的下述初等形式系统（E）中，我们按组引入谓词和公理模式，首先解释每一个新引入的谓词将要表示什么。我们一定不能把（E）的变元和皮亚诺算术的变元混淆了。对于前者，我们使用带或不带下标的字母 x, y, z, w, t, f, g, h 等。同时，"$\supset$" 是皮亚诺算术中的蕴涵记号，而 "$\rightarrow$" 则是初等形式系统（E）中的蕴涵记号。

（1）st 表示 v 的符号串的集合。

$st\ v$

$st\ x \rightarrow st\ xv$

（2）V 表示（皮亚诺算术的）变元的集合。

$st\ x \rightarrow V(x)$

（3）Dv 表示关系 "x 和 y 是不同的变元"。

$st\ x \rightarrow st\ y \rightarrow Dv\ x, xy$

$Dv\ x, y \rightarrow Dv\ y, x$

（4）N 表示数字集合。

$N\,0$

$N\,x \rightarrow N\,x'$

（5）Tm 表示项的集合。

$V\,x \rightarrow Tm\,x$

$N\,x \rightarrow Tm\,x$

$Tm\,x \rightarrow Tm\,y \rightarrow Tm\,(x+y)$

$Tm\,x \rightarrow Tm\,y \rightarrow Tm\,(x \times y)$

$Tm\,x \rightarrow Tm\,x'$

（6）F_0 表示原子公式的集合。

$Tm\,x \rightarrow Tm\,y \rightarrow F_0\,x = y$

$Tm\,x \rightarrow Tm\,y \rightarrow F_0\,x \leqslant y$

（7）F 表示公式的集合。

$F_0\,x \rightarrow F\,x$

$F\,x \rightarrow F \sim x$

$F\,x \rightarrow F\,y \rightarrow F\,(x \wedge y)$

$F\,x \rightarrow F\,y \rightarrow F\,(x \vee y)$

$F\,x \rightarrow F\,y \rightarrow F\,(x \supset y)$

$V\,x \rightarrow F\,y \rightarrow F\,\forall xy$

$V\,x \rightarrow F\,y \rightarrow F\,\exists xy$

（8）S_0 表示关系 "t 是项，x 是变元，y 是项，z 是用 t 替换 y 中 x 的所有出现所得的结果"。

$Tm\,t \rightarrow V\,x \rightarrow S_0\,t, x, x, t$

$Tm\,t \rightarrow V\,x \rightarrow N\,y \rightarrow S_0\,t, x, y, y$

$Tm\,t \rightarrow D\,x, y \rightarrow S_0\,t, x, y, y$

$S_0\,t, x, y, z \rightarrow S_0\,t, x, y', z'$

$S_0\,t, x, y, z \rightarrow S_0\,t, x, y_1, z_1 \rightarrow S_0\,t, x, y+y_1, z+z_1$

$S_0\,t, x, y, z \rightarrow S_0\,t, x, y_1, z_1 \rightarrow S_0\,t, x, y \times y_1, z \times z_1$

（9）S 表示关系 "t 是项，x 是变元，f 是公式，g 是用 t 替换 f

中 x 的所有自由出现所得的结果"。

$$S_0\, t, x, y, z \to S_0\, t, x, y_1, z_1 \to S\, t, x, y = y_1, z = z_1$$

$$S_0\, t, x, y, z \to S_0\, t, x, y_1, z_1 \to S\, t, x, y \leqslant y_1, z \leqslant z_1$$

$$S\, t, x, f, g \to S\, t, x, \sim f, \sim g$$

$$S\, t, x, f, g \to S\, t, x, f_1, g_1 \to S\, t, x, (f \wedge f_1), (g \wedge g_1)$$

$$S\, t, x, f, g \to S\, t, x, f_1, g_1 \to S\, t, x, (f \vee f_1), (g \vee g_1)$$

$$S\, t, x, f, g \to S\, t, x, f_1, g_1 \to S\, t, x, (f \supset f_1), (g \supset g_1)$$

$$S\, t, x, f, g \to D\, x, y \to S\, t, x, \forall y f, \forall y g$$

$$S\, t, x, f, g \to D\, x, y \to S\, t, x, \exists y f, \exists y g$$

$$Tm\, t \to F f \to V x \to S\, t, x, \forall x f, \forall x f$$

$$Tm\, t \to F f \to V x \to S\, t, x, \exists x f, \exists x f$$

（10）Noc 表示关系 "x 是变元，f 是公式，x 不在 f 中自由出现"。

$$D\, y, x \to S\, y, x, f, f \to Noc\, x, f$$

（11）$\overline{B}$ 表示关系 "x 和 y 是变元，f 是公式，x 在 f 中不被 y 约束"。

$$V x \to V y \to Tm\, z \to Tm\, W \to \overline{B}\, x, y, z = w$$

$$V x \to V y \to Tm\, z \to Tm\, W \to \overline{B}\, x, y, z \leqslant w$$

$$\overline{B}\, x, y, f \to \overline{B}\, x, y, \sim f$$

$$\overline{B}\, x, y, f \to \overline{B}\, x, y, (f \wedge g)$$

$$\overline{B}\, x, y, f \to \overline{B}\, x, y, (f \vee g)$$

$$\overline{B}\, x, y, f \to \overline{B}\, x, y, (f \supset g)$$

$$\overline{B}\, x, y, f \to D\, y, z \to \overline{B}\, x, y, \forall z f$$

$$\overline{B}\, x, y, f \to D\, y, z \to \overline{B}\, x, y, \exists z f$$

$$\overline{B}\, x, y, f \to Noc\, x, f \to \overline{B}\, x, y, \forall y f$$

$$\overline{B}\, x, y, f \to Noc\, x, f \to \overline{B}\, x, y, \exists y f$$

（12）E 表示关系 "t 是项，x 是变元，f 是公式，t 对 f 中的 x 自由"。

$$\overline{B}\, x, y, f \to E\, y, x, f$$

$V x \rightarrow N y \rightarrow F f \rightarrow E y, x, f$

$E t, x, f \rightarrow E t', x, f$

$E t, x, f \rightarrow E t_1, x, f \rightarrow E (t+t_1), x, f$

$E t, x, f \rightarrow E t_1, x, f \rightarrow E (t \times t_1), x, f$

（13）A 表示公理的集合［注意：对于命题逻辑的九条公理（第一组），我只给出第一条的解答，因为其他八条公理明显都是类似的，留给读者来完成］。

1 $F f \rightarrow F g \rightarrow A (f \wedge g) \supset f$

2 $F f \dots$

$\vdots$

10 $E t, x, f \rightarrow S t, x, f, g \rightarrow A (\forall x f) \supset g$

11 $E t, x, f \rightarrow S t, x, f, g \rightarrow A g \supset (\exists x f)$

12 $T m x \rightarrow T m y \rightarrow A (x' = y') \supset (x = y)$

13 $T m x \rightarrow A \sim (x' = 0)$

14 $T m x \rightarrow T m y \rightarrow T m z \rightarrow A ((x = y) \wedge (x = z)) \supset (y = z)$

15 $T m x \rightarrow T m y \rightarrow A (x = y) \supset (x' = y')$

16 $T m x \rightarrow A x + 0 = x$

17 $T m x \rightarrow T m y \rightarrow A x + y' = (x + y)'$

18 $T m x \rightarrow A x \times 0 = 0$

19 $T m x \rightarrow T m y \rightarrow A x \times y' = (x \times y) + x$

20 $V x \rightarrow S 0, x, f, g \rightarrow S x', x, f, h \rightarrow A (g \wedge \forall x (f \supset h)) \supset \forall x f$

21 $T m x \rightarrow A (x \rightarrow 0) \equiv (x = 0)$

22 $T m x \rightarrow T m y \rightarrow A (x \leq y') \equiv ((x \leq y) \vee (x = y))$

23 $T m x \rightarrow T m y \rightarrow A (x \leq y) \vee (y \leq x)$

24 $T m x \rightarrow A x = x$

25 $N y \rightarrow S y, x, f, g \rightarrow A g \supset (x = y \supset f)$

26 $F f \rightarrow V x \rightarrow A \forall x \sim f \supset \sim \exists x f$

（14）P 表示可证公式的集合。

$$Af \to Pf$$

$$Pf \to P(f \supset g) \to Pg$$

$$Noc\, x, c \to Ff \to P(c \supset f) \to P(c \supset \forall xf)$$

$$Noc\, x, c \to Ff \to P(f \supset c) \to P(\exists xf \supset c)$$

3. 令 F 是公式的集合，F_0 是相应的哥德尔编码的集合。由于 F 是形式可表示的，正如我们所看到的那样，那么（根据第 12 章的定理 A）F_0 是 Σ_1。

令 V 是皮亚诺算术中变元的集合。由于 V 是形式可表示的，V_0 是 Σ_1。

我们回想一下形式可表示的关系 $Noc(x, y)$（"x 是公式并且 y 是不在 x 中自由出现的变元"）。令 $NocG(x, y)$ 是哥德尔编码之间的关系 [也就是说，$NocG(x, y)$ 指的是 x 和 y 分别是公式 u 和变元 v 的哥德尔编码，使得 $Noc(u, v)$ 成立]。所以，$NocG(x, y)$ 是一个 Σ_1 关系。

（a）我们令 S_0 是句子的哥德尔编码的集合，我们需要证明 S_0 是 Σ_1。那么，$x \in S_0$ 当且仅当以下条件成立：

$$F_0(x) \wedge (\forall y \leq x)(V_0(y) \supset NocG(x, y))$$

我们把证明上述条件是 Σ_1 留给读者（回想一下第 11 章中的问题 10）。

（b）可证公式的集合 Pf 已经被证明是形式可表示的，因此相应的哥德尔编码的集合 Pf_0 是 Σ_1。那么

$x \in P_0$ 当且仅当 $Pf_0(x) \wedge S_0(x)$。

（c）$x \in R_0$ 当且仅当 $(7*z) \in P_0$（7 是 "~" 的哥德尔编码）。

4. 我们首先注意到，对于任意的数 n，数字 $\overline{n}'$ 是与 $\overline{n+1}$ 相同的表达式。现在证明公式 $\Omega 1$ 到 $\Omega 5$。

$\Omega 1$. 公式 $x + y' = (x + y)'$ 是可证的（它是公理 A17），因此，根据命题 1（c），对于任意的数 m 和 n，句子 $\overline{m} + \overline{n}' = (\overline{m} + \overline{n})'$ 是可证的。所以，对于任意的数 q，如果 $\overline{m} + \overline{n} = \overline{q}$ 是可证的，

$\overline{m}+\overline{n}'=\overline{q}'$ 也是可证的，因此 $\overline{m}+\overline{n+1}=\overline{q+1}$ 是可证的。因此：

（1）如果 $\overline{m}+\overline{n}=\overline{q}$ 是可证的，那么 $\overline{m}+\overline{n+1}=\overline{q+1}$ 也是可证的。

现在，$\overline{m}+\overline{0}=\overline{m}$ 是可证的［根据 A16 和命题 1（b）］，因此，根据（1），我们可以连续地证明 $\overline{m}+\overline{1}=\overline{m+1}$，$\overline{m}+\overline{2}=\overline{m+2}$，…，$\overline{m}+\overline{n}=\overline{m+n}$。（我们已经非形式地使用了数学归纳法。）

Ω2. 这里的证明类似，使用 A19 和 A18 而非 A17 和 A16。

Ω3. 我们要证明的是，$m \neq n$ 时，$\sim(\overline{m}=\overline{n})$ 在皮亚诺算术中是可证的。我们来证明 $m > n$ 时的情形。定义 k 为数 $m-n$。很明显，k 是正整数并且 $m=k+n$。因此，我们需要证明，当 $m \neq n$ 为真时，句子 $\overline{k+n} \neq \overline{n}$ 是可证的。

根据公理 $(x'=y') \supset (x=y)$（公理 A12）和命题 1（c），可以推出，对于任意的数 m 和 n，句子 $\overline{m}'=\overline{n}' \supset \overline{m}=\overline{n}$ 是可证的，因此，根据命题逻辑，$\overline{m} \neq \overline{n} \supset \overline{m}' \neq \overline{n}'$ 也是可证的，因此 $\overline{m} \neq \overline{n} \supset \overline{m+1} \neq \overline{n+1}$ 也是可证的。因此：

（1）如果 $\overline{m} \neq \overline{n}$ 是可证的，那么 $\overline{m+1} \neq \overline{n+1}$ 也是可证的。

接下来，根据公理 $x' = 0$（公理 A13）和命题 1（b），可以推出，对于任意的数 j，句子 $\overline{j}' \neq 0$ 是可证的，且由此有，对于我们前面定义的正整数 k，句子 $\overline{k} \neq 0$ 是可证的（因为 $\overline{k}$ 是 $\overline{k-1}'$）。那么，根据（1），我们可以连续地证明 $\overline{k+1} \neq \overline{1}$，$\overline{k+2} \neq \overline{2}$，…，$\overline{k+n} \neq \overline{n}$，这就是我们所需的全部（因为 $m=k+n$）。

Ω4. 我们要证明公式 $x \leq \overline{n} \equiv (x=\overline{0} \vee ... \vee x=\overline{n})$ 在皮亚诺算术中是可证的。我们使用数学归纳法来证明。

对于 $n = 0$，公式 $x \leq \overline{0} \equiv x=\overline{0}$ 是一条公理（公理 A21），因此是可证的。现在假设 n 使得如下成立：

（1）$x \leq \overline{n} \equiv (x=\overline{0} \vee ... \vee x=\overline{n})$ 是可证的。

为了证明第二个归纳前提为真，我们必须证明这一点蕴涵着 $x \leq \overline{n+1} \equiv (x = \overline{0} \vee ... \vee x = \overline{n+1})$ 是可证的。

现在，$x \leqslant y' \equiv (x \leqslant y \vee x = y')$ 是一条公理（公理A22），因此是可证的。那么，根据命题1（b），$x \leqslant \bar{n}' \equiv (x \leqslant \bar{n} \vee x = \bar{n}')$ 是可证的。由此可以推出

（2）$x \leqslant \overline{n+1} \equiv (x \leqslant \bar{n} \vee x = \overline{n+1})$ 是可证的。

根据（1）和（2），在命题逻辑中可以推出

$$x \leqslant \overline{n+1} \equiv (x = \bar{0} \vee ... \vee x = \bar{n} \vee x = \overline{n+1})$$

这就完成了归纳，证明了我们的情形。

$\Omega 5.$ $x \leqslant \bar{n} \vee \bar{n} \leqslant x$ 可以从命题1（b）和公理 $x \leqslant y \vee y \leqslant x$（公理A23）直接得出。

5. 我们需要证明每一个为真的原子的 $\sum_0$ 句子在皮亚诺算术中都是可证的。首先必须证明的是，对于任意的常项 t，句子 $t = \bar{n}$ 在皮亚诺算术中是可证的，其中 n 是由 t 指代的自然数。通过对项 t 中数学运算（加、乘和后继）的出现次数进行数学归纳可以证明这一点。

我们现在知道，对于指代自然数 n 的任意常项 t 来说，公式 $t = \bar{n}$ 是可证的，我们将要证明的是，如果 m_1 和 m_2 是分别由常项 t_1 和 t_2 指代的自然数，那么 $t_1 = t_2$ 为真——这意味着 t_1 和 t_2 指代同一个自然数——那么 $t_1 = t_2$ 在皮亚诺算术中是可证的（以后我们也一定会为类似的但稍微复杂一点的公式情形 $t_1 \leqslant t_2$ 证明同样的结果）。

现在，如果 $t_1 = t_2$ 为真并且 t_1 和 t_2 指代自然数 n，由以上，我们有 $t_1 = \bar{n}$ 和 $t_2 = \bar{n}$ 都是可证的。因此，通过（从公理A14可推出的）等量替换，我们得到 $t_1 = t_2$ 是可证的。现在来看稍微复杂一点的情形。假设 $t_1 \leqslant t_2$ 为真，其中 t_1 指代 m_1 而 t_2 指代 m_2。（根据初等算术系统的真的定义）这意味着 $m_1 \leqslant m_2$。我们也都知道 $t_1 = \overline{m_1}$ 和 $t_2 = \overline{m_2}$ 都是可证的。因此，（根据等量替换）如果我们可以证明 $t_1 \leqslant \overline{m_2}$ 是可证的，我们也就会得到我们所需要的结果。但是，根据 $\Omega 4$，我们知道：

$$t_1 \leqslant \overline{m_2} \equiv (t_1 = \overline{0} \lor t_1 = \overline{1} \lor ... \lor t_1 = \overline{m_1} \lor ... \lor t_1 = \overline{m_2})$$

但是，等式右边的公式很明显是可证的，因为它包含了（根据假设）可证的子公式 $t_1 = \overline{m_1}$。因此，由于我们在皮亚诺算术中拥有了完整的命题逻辑证明装置，$t_1 \leqslant \overline{m_2}$ 一定是可证的，所以，正如我们稍前说明的，$t_1 \leqslant t_2$ 也是可证的。

6. 假设系统 $\mathcal{S}$ 是（R）的一个扩张。我们已经证明，所有为真的原子句子在 $\mathcal{S}$ 中都是可证的。只剩下需要证明：所有为假的原子 Σ_0 句子在 $\mathcal{S}$ 中都是可反驳的。

（1）考虑一个形如 $\overline{m} + \overline{n} = \overline{q}$ 的假的 Σ_0 句子。由于它为假，$m+n \neq q$。因此，根据 $\Omega 3$，$\overline{m+n} \neq \overline{q}$ 在 $\mathcal{S}$ 中也是可证的。根据 $\Omega 1$，$\overline{m} + \overline{n} = \overline{m+n}$ 也是可证的。由于 $\sim(\overline{m+n} = \overline{q})$ 也是可证的（其缩写 $\overline{m+n} \neq \overline{q}$ 已经被证明是可证的），那么，根据命题逻辑，$\sim(\overline{m} + \overline{n} = \overline{q})$ 也是可证的。所以，$\overline{m} + \overline{n} = \overline{q}$ 是可反驳的。

（2）任何形如 $\overline{m} \times \overline{n} = \overline{q}$ 的假句子都是可反驳的，其证明是类似的，只是需要用到 $\Omega 2$ 而非 $\Omega 1$。

（3）假设 $\overline{m} = \overline{n}$ 为假。那么，$m \neq n$，因此，（根据 $\Omega 3$）$\overline{m} \neq \overline{n}$ 是可证的，因此 $\overline{m} = \overline{n}$ 是可反驳的。

（4）考虑形如 $\overline{n}' = \overline{m}$ 的假的 Σ_0 句子。由于它为假，那么 $n+1 \neq m$，因此，根据 $\Omega 3$，句子 $\overline{n+1} \neq \overline{m}$ 是可证的，但是这个句子是 $\overline{n}' \neq \overline{m}$。所以，$\overline{n}' = \overline{m}$ 是可反驳的。

（5）最后，考虑一个形如 $\overline{m} \leqslant \overline{n}$ 的假的 Σ_0 句子。由于它为假，那么所有的句子 $\overline{m} = \overline{0}, \overline{m} = \overline{1}, ... \overline{m} = \overline{n}$ 都为假，因此，（根据 $\Omega 3$）它们都是可反驳的。所以，根据命题逻辑，句子 $\overline{m} = \overline{0} \lor ... \lor \overline{m} = \overline{m} \lor ... \lor \overline{m} = \overline{n}$ 是可反驳的。（根据 $\Omega 4$）句子 $\overline{m} \leqslant \overline{n} \equiv (\overline{m} = \overline{0} \lor ... \lor \overline{m} = \overline{n})$ 也是可证的。所以，根据命题逻辑，$\overline{m} \leqslant \overline{n}$ 在 $\mathcal{S}$ 中是可反驳的。

7. 假设系统 $\mathcal{S}$ 是（R）的一个扩张。根据 $\Omega 4$，

（1）$x \leqslant \overline{n} \equiv (x = \overline{0} \lor ... \lor x = \overline{n})$

在 $\mathcal{S}$ 中是可证的。根据公理 A25，对于任意的数 n 来说，公式 $F(\overline{m}) \supset (x = \overline{m} \supset F(x))$ 也是可证的。因此，如果 $F(\overline{m})$ 是可证的，那么 $x = \overline{m} \supset F(x)$ 也是可证的。

现在，假设 $F(\overline{0}), F(\overline{1}), \ldots, F(\overline{n})$ 在 $\mathcal{S}$ 中都是可证的。那么，根据命题逻辑，以下也是可证的：

（2）$(x = \overline{0} \vee \ldots \vee x = \overline{n}) \supset F(x)$

从（1）和（2）可以推出，$x \leqslant \overline{n} \supset F(x)$ 是可证的，因此，根据命题 1（a），$\forall x(x \leqslant \overline{n} \supset F(x))$ 也是可证的，而这就是句子 $(\forall x \leqslant \overline{n})F(x)$。

8. 我们通过对 $\sum_0$ 句子的度（逻辑联结词和量词出现的次数）进行完全归纳来证明。

（a）任何度为零的 $\sum_0$ 句子是一个原子的 $\sum_0$ 句子，因此，根据问题 6，它是正确地可判定的。

（b）现在假设 d 是一个正整数，使得度小于 d 的所有 $\sum_0$ 句子都是正确地可判定的。

令 X 是一个度为 d 的 $\sum_0$ 句子。它一定具有以下形式之一：$\sim Y$，$Y \wedge Z$，$Y \vee Z$，$Y \supset Z$，$(\forall x \leqslant \overline{n})F(x)$，$(\exists x \leqslant \overline{n})F(x)$，其中 Y，Z，$F(x)$ 的度都小于 d。

假设 X 具有 $\sim Y$，$Y \wedge Z$，$Y \vee Z$，$Y \supset Z$ 形式之一。根据命题逻辑，很明显的是，如果 Y 是正确地可判定的，那么 $\sim Y$ 也是正确地可判定的，如果 Y 和 Z 都是正确地可判定的，那么 $Y \wedge Z$，$Y \vee Z$ 和 $Y \supset Z$ 也是正确地可判定的。由于 Y 和 Z 的度都小于 d，根据归纳假设，它们都是正确地可判定的。因此，如果 X 具有 $\sim Y$，$Y \wedge Z$，$Y \vee Z$，$Y \supset Z$ 的形式之一，那么 X 是正确地可判定的。

现在让我们来考虑 X 形如 $(\forall x \leqslant \overline{n})F(x)$ 的情形。那么 $F(x)$ 的度小于 d，并且对于任意的数 m，句子 $F(\overline{m})$ 的度也小于 d，因此，根据归纳假设，它是正确地可判定的。假设 $(\forall x \leqslant \overline{n})F(x)$ 为真。那

么，所有的句子$F(\overline{0}), F(\overline{1}), \ldots, F(\overline{n})$都为真，因此，它们都是正确地可判定的，因此都是可证的（因为它们都为真），所以，（根据问题7），$(\forall x \leqslant \overline{n}) F(x)$是可证的。

现在考虑公式$(\forall x \leqslant \overline{n}) F(x)$为假的情形。那么对于有的$m \leqslant n$来说，句子$F(\overline{m})$为假，因此是可反驳的。由于$m \leqslant n$，$\Sigma_0$句子$\overline{m} \leqslant \overline{n}$为真，且因此是可证的。由于$\overline{m} \leqslant \overline{n}$和$\sim F(\overline{m})$都是可证的，那么：

（1）（根据命题逻辑）$\overline{m} \leqslant \overline{n} \supset F(\overline{m})$是可反驳的。

（2）$\forall x(x \leqslant \overline{n} \supset F(x)) \supset (\overline{m} \leqslant \overline{n} \supset F(\overline{m}))$也是可反驳的（公理A10）。

从（1）和（2）可以推出$\forall x(x \leqslant \overline{n} \supset F(x))$是可反驳的，而这个句子正是$(\forall x \leqslant \overline{n}) F(x)$。

最后，我们考虑X形如$(\exists x \leqslant \overline{n}) F(x)$的情形。假设它为真。那么，对于某个$m \leqslant n$，句子$F(\overline{m})$为真，因此是可证的（因为它的度$\leqslant d$）。同样，$\overline{m} \leqslant \overline{n}$是可证的，$\overline{m} \leqslant \overline{n} \wedge F(\overline{m})$是可证的，（根据命题逻辑）$\overline{m} \leqslant \overline{n} \supset F(\overline{m})$也是可证的。同样，（根据公理A11）$(\overline{m} \leqslant \overline{n} \supset F(\overline{m})) \supset \exists x(x \leqslant \overline{n} \wedge F(x))$是可证的。根据命题逻辑，$\exists x(x \leqslant \overline{n} \wedge F(x))$是可证的。所以，$(\exists x \leqslant \overline{n}) F(x)$是可证的。

现在，假设$(\exists x \leqslant \overline{n}) F(x)$为假。那么，对于每一个$m \leqslant n$，句子$F(\overline{m})$都为假，因此都是可反驳的。因此，所有的句子$F(\overline{0}), F(\overline{1}), \ldots, F(\overline{n})$都是可反驳的。由于$\sim F(\overline{0}), \sim F(\overline{1}), \ldots, \sim F(\overline{n})$都是可证的，（根据问题7）$(\forall x \leqslant \overline{n}) \sim F(x)$也是可证的，而这就是句子$\forall x(x \leqslant \overline{n} \supset \sim F(x))$。所以，（运用公理A10）开公式$x \leqslant \overline{n} \wedge \sim F(x)$是可证的，因此，根据命题逻辑，$\sim(x \leqslant \overline{n} \wedge F(x))$也是可证的。那么，根据命题1（a），$\forall x \sim (x \leqslant \overline{n} \wedge F(x))$是可证的。同样，（根据A26）

$$\forall x \sim (x \leqslant \overline{n} \wedge F(x)) \supset \sim \exists x (x \leqslant \overline{n} \wedge F(x))$$

是可证的，$\sim\exists x(x \leq \bar{n} \wedge F(x))$ 也是可证的，因此，句子 $\sim(\exists x \leq \bar{n})F(x)$ 也是可证的。所以，$(\exists x \leq \bar{n})F(x)$ 是可反驳的。

这就完成了这个归纳证明。

9. 两个条件的证明：

（a）假设 $F(\bar{0}), F(\bar{1}), \ldots, F(\bar{n})$ 都是可证的。那么，从公理 A25 根据分离规则可以推出 $x = \bar{0} \supset F(x), \ldots, x = \bar{n} \supset F(x)$ 都是可证的。那么，根据命题逻辑，我们有：

（1）$(x = \bar{0} \vee \ldots \vee x = \bar{n}) \supset F(x)$ 是可证的。接下来，根据引理 R 的 $\Omega4$，我们有：

（2）$x \leq \bar{n} \supset (x = \bar{0} \vee \ldots \vee x = \bar{n})$ 是可证的。

根据命题逻辑，我们从（1）和（2）得到：

（3）$x \leq \bar{n} \supset F(x)$ 是可证的。

然后根据命题 1（a），可以推出 $\forall x(x \leq \bar{n} \supset F(x))$ 是可证的，而这个句子就是 $(\forall x \leq \bar{n})F(x)$。

（b）根据 $\Omega5$，公式 $x \leq \bar{n} \vee \bar{n} \leq x$ 是可证的。因此，根据命题 1（a），$\forall x(x \leq \bar{n} \vee \bar{n} \leq x)$ 是可证的。

第 14 章

进一步的主题

哥德尔的第二不完全性定理几乎与我们前面研究的不完全性定理同样著名，它大致是说，对于皮亚诺算术和相关的系统，如果它们是（简单地）一致的，那么它们不能证明它们自身的一致性。这个定理更为精确的表述将在本章第二部分给出。我们首先来考虑一些预备知识。

对角化与不动点

递归关系

文献中，一个数集或关系是递归的这个概念有许许多多的定义，但它们都是等价的——实际上它们都等价于是 Σ_1 的那个关系及其补。有些处理是，定义一个关系为递归可枚举的（recursively enumerable），如果它是 Σ_1，这也是我们将要采取的办法。因此，我们将在同义的意义上来使用术语"Σ_1"和"递归可枚举的"。一个集合或者关系被称为递归的，如果它及其补都是递归可枚举的，即如果二者都是 Σ_1。

命题 1：如果 $\mathcal{S}$ 是（R）的一个扩张，那么所有递归的集合和关系在 $\mathcal{S}$ 中都是可定义的。

问题 1. 证明命题 1。

函数的强可定义性

一个公式 $F(x,y)$ 被称为在一个系统中弱定义（weakly define）一个（从数到数的）函数 $f(x)$，如果它定义了关系 $f(x)=y$，即对于所有的数 m 和 n，以下两个条件成立：

（1）如果 $f(n)=m$，那么 $F(\bar{n},\bar{m})$ 是可证的。

（2）如果 $f(n)\neq m$，那么 $F(\bar{n},\bar{m})$ 是可反驳的。

我们说 $f(x,y)$ 强定义（strong define）函数 $f(x)$，如果对于所有的 m 和 n：

（3）如果 $f(n)=m$，那么句子 $\forall y(F(\bar{n},y)\supset y=\bar{m})$ 是可证的。

命题 2：如果 Ω4 和 Ω5 的公式在 $\mathcal{S}$ 中都是可证的，那么任意在 $\mathcal{S}$ 中是弱可定义的函数 $f(x)$ 在 $\mathcal{S}$ 中都是强可定义的。

问题 2. 证明命题 2。

根据命题 1 和 2，我们有：

命题 3：所有的递归函数 $f(x)$ 在（R）的任意一个扩张 $\mathcal{S}$ 中都是强可定义的。

接下来我们需要：

命题 4：如果 $f(x)$ 在 $\mathcal{S}$ 中是强可定义的，那么对于任意一个公式

$G(x)$，都存在一个公式 $H(x)$ 使得对于所有的 n，句子 $H(\bar{n}) \equiv G(f(\bar{n}))$ 在 $\mathcal{S}$ 中是可证的。

问题 3. 证明命题 4。

我们说一个函数 $f(x)$ 是 $\sum_1$，如果关系 $f(x)=y$ 是 $\sum_1$，并且，我们说函数 $f(x)$ 是递归的，如果关系 $f(x)=y$ 是递归的。

问题 4. 证明：如果一个函数 $f(x)$ 是 $\sum_1$，那么它是递归的。

对角函数

我们回想一下第 11 章中的 $\sum_1$ 函数 $r(x, y)$，它具有这样的性质：对于任意的作为公式 $F_n(v_1)$ 的哥德尔编码的 n，任意的数 m，数 $r(n, m)$ 是句子 $F_n[\bar{m}]$ [即句子 $\exists v_1(v_1 = \bar{m} \wedge F_n(v_1))$] 的哥德尔编码，它等值于句子 $F_n(\bar{m})$（注意这里是圆括号）。我们令 $d(x)$ 是 $\sum_1$ 函数 $r(x, x)$。因此，如果 n 是 $F_n(v_1)$ 的哥德尔编码，那么 $d(n)$ 是对角化 $F_n[\bar{n}]$ 的哥德尔编码。我们称 $d(x)$ 为对角函数（diagonal function）。由于对角函数是 $\sum_1$，（根据问题 4）它是递归的。

现在来考虑系统 (R) 的任意扩张 $\mathcal{S}$。由于关系 $d(x)=y$ 是递归的，（根据命题 1）它在 $\mathcal{S}$ 中是可定义的，这意味着函数 $d(x)$ 在 $\mathcal{S}$ 中是弱可定义的。由于 $\Omega 4$ 和 $\Omega 5$ 中所有的公式在 $\mathcal{S}$ 中都是可证的，那么根据命题 2，可以推出 $d(x)$ 在 $\mathcal{S}$ 中是强可定义的。因此我们有：

命题 5：对角函数 $d(x)$ 在 (R) 的每一个扩张 $\mathcal{S}$ 中是强可定义的。

不动点

在本章剩余部分，对于任意的表达式 X，我们令 $\bar{X}$ 是指代 X 的哥德尔编码的皮亚诺数字。因此，对于任意的公式 $F(x)$，$F(\overline{X})$ 的意思是 $F(\overline{n})$，其中 n 是 X 的哥德尔编码。

注意：前一段定义的记法与之前所使用的记法并不完全不一致。只是我们已经引入了一个新的"横杠"函数，它对表达式进行运算，而我们旧的横杠函数对概念上的自然数进行运算。上下文将清楚显示指的是哪一个函数。因此，这里的 $F(\overline{n})$ 与其通常的意义完全相同：如果 $\overline{n}$ 是一个自然数（比如 3，或者任意一个表达式的哥德尔编码），那么，$\overline{n}$ 是对应于 n 的皮亚诺数字（在 $n = 2$ 时，$\overline{2}$ 将会是皮亚诺数字 $0''$），它是皮亚诺算术中的一个表达式。而 $F(\overline{2})$ 是用 $0''$ 替换 $F(x)$ 中每一个自由出现的 x 所得到的结果。可能会感到混淆的是，如果我们在上述定义中取 $0''$ 为表达式 X，定义的叙述将会告诉我们，$\overline{0''}$ 是指代 $0''$ 的哥德尔编码的皮亚诺数字，即指代（十进制记法中的 346 的二元记法表达的）12122122 的皮亚诺数字，使得 $\overline{0''}$ 实际上就是其后写有 346 撇的 0。但是，上述定义是最有帮助的，这个情况是我们已经一再地遇到的情况，也就是说，在其中 X 本身是一个公式，比如说 $F(x)$，它当然有其哥德尔编码，而我们可以用 f 来指代。一旦我们有过一个公式的哥德尔编码，我们常常会转换成一个新的记法：对于哥德尔编码为 f（有或者没有 x 作为自由变元出现于其中的）的公式，我们使用过 $F_f(x)$。对于这样一个公式，我们经常做的就是用该公式的哥德尔编码的皮亚诺数字替换公式 $F_f(x)$ 中变元 x 的所有自由出现，并用 $F_f(\overline{f})$ 来指代。

句子 X 被称为是公式 $F(x)$（关于系统 $\mathcal{S}$）的一个不动点（fixed point），如果句子 $X \equiv F(\overline{X})$ 在 $\mathcal{S}$ 中是可证的。因此，X 是 $F(x)$ 的一个不动点当且仅当 $X \equiv F(\overline{n})$，其中 n 是 X 的哥德尔编码。

命题 6：如果对角函数 $d(x)$ 在 $\mathcal{S}$ 中是强可定义的，那么每一个公式 $F(x)$ 在 $\mathcal{S}$ 中都有一个不动点。

问题 5. 证明命题 6。

根据命题 6 和命题 5，我们有：

命题 7：如果系 $\mathcal{S}$ 是（R）的一个扩张，那么 $\mathcal{S}$ 的每一个公式 $F(x)$ 都有一个不动点。

以下是塔尔斯基（Tarski；1933，1936）定理中的一条：

定理 T_2：对于一个一致的系统 $\mathcal{S}$，如果对角函数 $d(x)$ 在 $\mathcal{S}$ 中是强可定义的，那么 $\mathcal{S}$ 中的可证句子的哥德尔编码的集合 P_0 在 $\mathcal{S}$ 中是不可定义的。

问题 6. 证明定理 T_2。

真谓词

一个公式 $T(x)$ 被称为系统 $\mathcal{S}$ 的真谓词（truth predicate），如果对于每一个句子 X，句子 $X \equiv T(\overline{X})$ 在 $\mathcal{S}$ 中是可证的。

以下也归功于塔尔斯基。

定理 T_3：如果 $\mathcal{S}$ 是一致的并且对角函数 $d(x)$ 在 $\mathcal{S}$ 中是强可定义的，那么不存在 $\mathcal{S}$ 的真谓词。

问题 7. 证明定理 T_3。

不动点在与哥德尔第二不完全性定理有关的结论中充当了重要的角色。它们还为哥德尔不完全性定理和罗瑟不完全性定理的其他证明提供了优雅方式，正如在下面的练习中看到的那样。

练习．考虑这样一个系统 $\mathcal{S}$，其中 P_0 是 $\mathcal{S}$ 中可证句子的哥德尔编码的集合，R_0 是 $\mathcal{S}$ 中可反驳句子的哥德尔编码的集合。证明以下事实：

（1）如果 $F(x)$ 表示 R_0，那么 $F(x)$ 的任何不动点都是不可判定的（在 $\mathcal{S}$ 中，假设该系统是一致的）。

（2）如果 $F(x)$ 表示 P_0 而且 $\mathcal{S}$ 是一致的，那么 $\sim F(x)$ 的任何不动点都是不可判定的。

（3）如果 $F(x)$ 表示 R_0 的某个与 P_0 不相交的上集，那么 $F(x)$ 的任何不动点都是不可判定的。

（4）如果 $F(x)$ 表示 P_0 的某个与 R_0 不相交的上集，那么 $\sim F(x)$ 的任何不动点都是不可判定的。

（5）假设 $F(x, y)$ 在 $\mathcal{S}$ 中枚举 P_0，并且 G 是 $\forall y \sim F(x, y)$ 的一个不动点。那么：

（a）如果该系统是简单一致的，那么 G 是不可证的。

（b）如果该系统是欧米伽一致的，那么 G 是不可反驳的，因此也是不可判定的。

一致性的不可证性

我们马上就要讲到的哥德尔第二不完全性定理已经通过许许多多的方式被推广和抽象，由此也得到了可证性谓词（provability predicate）这个概念，这个概念在现代很多的元数学研究中具有根本性作用。我们现在来对它进行考察。

可证性谓词

公式 $P(x)$ 被称为系统 $\mathcal{S}$ 的可证性谓词，如果对于所有的句子 X 和 Y，以下三个条件成立。（我们继续使用指代 X 的哥德尔编码的皮亚诺数字的记法 $\overline{X}$。）

P_1：如果 X 在 $\mathcal{S}$ 中是可证的，那么 $P(\overline{X})$ 也是。

P_2：$P(\overline{X \supset Y}) \supset (P(\overline{X}) \supset P(\overline{Y}))$ 在 $\mathcal{S}$ 中是可证的。

P_3：$P(\overline{X}) \supset P(\overline{P(\overline{X})})$ 在 $\mathcal{S}$ 中是可证的。

现在假设 $P(x)$ 是一个 Σ_1 公式，表达的是皮亚诺算术中可证句子的哥德尔编码的集合 P_0。根据欧米伽一致性假设，$P(x)$ 表示集合 P_0。在较弱的简单一致性假设下，能够得到的是 $P(x)$ 表示 P_0 的某个上集，但是仅此足以蕴涵如果 X 在皮亚诺算术中是可证的，那么 $P(\overline{X})$ 也是。所以，性质 P_1 成立。至于性质 P_2，句子 $P(\overline{X \supset Y}) \supset (P(\overline{X}) \supset P(\overline{Y}))$ 很明显为真（因为它说的是，如果 $X \supset Y$ 和 X 都是可证的，那么 Y 也是，这当然成立，分离规则就是皮亚诺算术的一条推理规则）。这个论证的形式化以及证明上述句子不仅为真而且在皮亚诺算术中是可证的，都不是很难。

至于性质 P_3，句子 $P(\overline{X}) \supset P(\overline{P(\overline{X})})$ 断定的是，如果 X 是可证的，那么 $P(\overline{X})$ 也是可证的。根据性质 P_1，这一断言为真。它在皮亚诺算术中也是可证的，只是其证明极其复杂，超出了本书的范围。在布洛斯的书（Boolos，1979）的第二章中可以找到证明概要。对类似于皮亚诺算术的系统的详细处理可以在希尔伯特与伯奈斯的书（Hilbert，Bernays；1934，1939）中找到。

随后我们将假定 $P(x)$ 是 $\mathcal{S}$ 的可证性谓词，而且所有逻辑上有效的公式在 $\mathcal{S}$ 中都是可证的，$\mathcal{S}$ 对分离规则封闭。

$\mathcal{S}$ 的可证性谓词 $P(x)$ 满足以下条件（对于所有的句子 X 和 Y）：

P_4：如果 $X \supset Y$ 是可证的（在 $\mathcal{S}$ 中），那么 $P(\overline{X}) \supset P(\overline{Y})$ 也是。

P_5：如果 $X \supset (Y \supset Z)$ 是可证的，那么 $P(\overline{X}) \supset (P(\overline{Y}) \supset P(\overline{Z}))$ 也是。

P_6：如果 $X \supset (P(\overline{X}) \supset Y)$ 是可证的，那么 $P(\overline{X}) \supset P(\overline{Y})$ 也是。

问题 8. 证明 P_4，P_5 和 P_6。

性质 P_1 和 P_6 在以下引理中起着关键作用。

关键引理：如果 X 是 $P(x) \supset Y$ 的不动点，那么 $(P(\overline{Y}) \supset Y) \supset X$

在 $\mathcal{S}$ 中是可证的。

问题 9. 证明关键引理。

一致性的不可证性

我们令 f 代表任何在 $\mathcal{S}$ 中可反驳的句子（比如任意重言式的否定，或者，对皮亚诺算术来说，句子 $0 = \bar{1}$，这是通常的选择）。令 f 在讨论中是固定的。我们注意到，由于 f 是可反驳的，那么对于任意的句子 X，句子 $\sim X \equiv (x \supset f)$ 在 $\mathcal{S}$ 中是可证的。我们还注意到，由于 f 是可反驳的，那么 f 在 $\mathcal{S}$ 中是可证的当且仅当 $\mathcal{S}$ 是不一致的，所以 f 不是可证的当且仅当 $\mathcal{S}$ 是一致的。

我们令 $consis$ 是句子 $\sim P(\bar{f})$。如果 $P(x)$ 在如下意义上是 $\mathcal{S}$ 的正确的可证性谓词，即对于任意的句子 X，句子 $P(\bar{X})$ 为真当且仅当 X 在 $\mathcal{S}$ 中是可证的，那么句子 $\sim P(f)$ 为真当且仅当 f 在 $\mathcal{S}$ 中是不可证的，换句话说，当且仅当 $\mathcal{S}$ 是一致的。但是，在随后的讨论中，我们并不需要假设 $P(x)$ 是 $\mathcal{S}$ 的正确的可证性谓词，而只需假设它是 $\mathcal{S}$ 的一个可证性谓词即可，换句话说，只需性质 P_1，P_2 和 P_3 成立（因此 P_4，P_5 和 P_6 成立）。

> **定理** 1：如果 G 是 $\sim P(x)$ 的不动点，那么 $consis \supset G$ 在 $\mathcal{S}$ 中是可证的。

问题 10. 证明定理 1。（提示：几乎可以直接从关键引理得出。）

> **定理** 2：如果 G 是 $\sim P(x)$ 的不动点并且 $\mathcal{S}$ 是一致的，那么 G 在 $\mathcal{S}$ 中是不可证的。

问题 11. 证明定理 2。

我们将称一个系统是可对角化的（diagonalizable），如果 $\mathcal{S}$ 的每一个公式

$F(x)$都有一个不动点。我们已经看到，系统（R）的每一个扩张都是可对角化的，皮亚诺算术是（R）的一个扩张，因此皮亚诺算术也是可对角化的。

定理 3（哥德尔第二不完全性定理的一个抽象形式）：如果 S 是可对角化的，并且如果 S 是一致的，那么句子 $consis$ 在 S 中是不可证的。

问题 12. 证明定理 3。

讨论

对于 S 是皮亚诺算术系统、$P(x)$ 是表达皮亚诺算术中可证句子的哥德尔编码的集合的 Σ_1 公式来说，句子 $consis$ 是一个真句子（假定皮亚诺算术是一致的），但它在皮亚诺算术中是不可证的。这个结论可改述为"如果算术是一致的，那么它不能证明它自己的一致性"。遗憾的是，很多明显并不理解这里到底说的是什么的作者们对此发表了大量通俗但不得要领的出版物。我们已经看到过这样不负责任的说法："根据哥德尔第二定理，我们永远不知道算术是不是一致的。"为了明白这是多么愚蠢，假定句子 $consis$ 在皮亚诺算术中是可证的，或者更现实一点，考虑一个我们可以证明其自身一致性的系统。那会是相信该系统的一致性的基础吗？当然不是！如果该系统是一致的，那么它就会证明每一个句子，包括 $consis$ 在内。根据一个系统可以证明其自身的一致性就相信该系统的一致性，这是愚蠢的，正如根据一个人声称他从不撒谎就相信他的诚实性！

数学家安德烈·韦尔（André Weil）曾经诙谐地说过，"上帝存在，因为算术是一致的。魔鬼存在，因为我们无法证明它。"这个玩笑的赏心悦目之处就在于它不是精确的。它不是说我们不能证明皮亚诺算术是一致的，而是说只使用皮亚诺算术的公理，我们无法证明皮亚诺算术的一致性。在其公理明显正确的高阶数学系统中，皮亚诺算术的句子 $consis$ 是可证的。

简而言之，我们已经证明如果皮亚诺算术是一致的，则 $consis$ 在皮亚诺算术中是不可证的这一事实并不构成半点证据说，皮亚诺算术的一致性是可怀疑的！

亨金句子与洛布定理

利昂·亨金（Leon Henkin，1952）对皮亚诺算术系统提出了如下著名的问题。由于该系统是可对角化的，存在 $P(x)$ 的一个不动点——一个使得 $H \equiv P(\overline{H})$ 的句子 H，在皮亚诺算术中是可证的。哥德尔句子 G 是 $\sim P(x)$ 的一个不动点，它为真当且仅当它是不可证的。与此不同，亨金句子 H 为真当且仅当它是可证的！这个意思是说，它（在皮亚诺算术中）或者既为真又是可证的，或者既为假又是不可证的。有没有什么方法指出是哪一种情况？马丁·雨果·洛布（Martin Hugo Löb，1955）回答了这个问题，他证明，即使 $P(\overline{H}) \supset H$[由此 $P(\overline{H}) \equiv H$] 的可证性足以保证 H 实际上在皮亚诺算术中是可证的。下面是洛布定理。

定理 4（洛布定理）：对任意可对角化的系统 $\mathcal{S}$、$\mathcal{S}$ 的可证性谓词 $P(x)$ 以及句子 Y，如果 $P(\overline{Y}) \supset Y$ 在 $\mathcal{S}$ 中是可证的，那么 Y 也是。

问题 13. 证明洛布定理。（提示：使用关键引理）

正如格奥尔格·克雷泽尔（Georg Kreisel，1965）所观察到的，哥德尔第二不完全性定理是洛布定理的一个特殊形式（其中 Y 为句子 f）。

问题 14. 解释为何如此。

关于可证性谓词，要说的真是太多了！在数理逻辑中，把可证性谓词与通常关于必然真（necessary truth）的模态逻辑（modal logic）这一学科紧紧地联系在一起而发展出来一个完整的分支。这一方向的先驱是乔治·布洛斯（George Boolos），在其杰出的《一致性的不可证性：模态逻辑中的一个专论》（*The Unprovability of Consistency: An Essay in Modal Logic*，1979）一书中，他统一了这两个领域，我们强烈推荐把此书作为本章的后续参考书。

$$* * *$$

我们暂时在这里结束，这个点选得非常好。数理逻辑的分支迄今为止已经发展到多种领域，比如高阶逻辑、递归论、模型论、集合论、证明论、组合子逻辑、模态逻辑和直觉主义逻辑，等等，读者现在看到的只是数理逻辑的起点。一阶逻辑具有比本书所介绍的多得多的内容，本书也只是计划系列中的一本而已。接下来的一本将主要关注一阶逻辑进一步的主题以及递归论，或许还会包括一部分组合子逻辑。

问题答案

1. 作为开始，我们来看一个明显的事实：说公式 F 在系统 $\mathcal{S}$ 中定义关系 R 就等价于说 F 把 R 与其补 $\tilde{R}$ 强分离。因此，一个关系 R 在 $\mathcal{S}$ 中是可定义的当且仅当 R 在 $\mathcal{S}$ 中是与 $\tilde{R}$ 强可分离的。

   现在，假设 $\mathcal{S}$ 是 (R) 的一个扩张。那么 $\Omega4$ 和 $\Omega5$ 在 $\mathcal{S}$ 中都成立。所以，就像前一章（问题 7）证明的那样，对于任意的公式 $F(x)$，任意的数 n，公式 $(F(\bar{0}) \vee ... \vee F(\bar{n})) \supset (\forall x \leq n)$ $F(x)$ 在 $\mathcal{S}$ 中是可证的，当然，$x \leq \bar{n} \vee \bar{n} \leq x$ 也是。所以，根据第 10 章的分离引理，任何两个在 $\mathcal{S}$ 中可枚举的、（具有相同度的）不相交关系 R_1，R_2 在 $\mathcal{S}$ 中是强可分离的。现在，任意的 Σ_1 关系 R 在 $\mathcal{S}$ 中都是可枚举的，因为 R 是一个 Σ_0 关系 S 的定义域，由于 $\mathcal{S}$ 是 Σ_0-完全的，它在 $\mathcal{S}$ 中是可定义的。如果 R 是一个递归关系，那么 R 和 $\tilde{R}$ 都是 Σ_1，因此二者在 $\mathcal{S}$ 中都是可枚举的，因此 R 在 $\mathcal{S}$ 中是与 $\tilde{R}$ 强可分离的，这意味着 R 在 $\mathcal{S}$ 中是可定义的。

2. 假设 $\Omega4$ 和 $\Omega5$ 的所有公式在 $\mathcal{S}$ 中都是可证的，并且 $F(x, y)$ 在 $\mathcal{S}$ 中弱定义 $f(x)$。令 $G(x, y)$ 是公式 $F(x, y) \wedge \forall z (F(x, z) \supset y \leq z)$。

   我们将证明，$G(x, y)$ 在 $\mathcal{S}$ 中强定义 $f(x)$。假设 $f(n) = m$。我们要证明三件事：

（1）$G(\bar{n},\bar{m})$（在 $\mathcal{S}$ 中）是可证的。

（2）对于任意的 $k=m$，$G(\bar{n},\bar{k})$（在 $\mathcal{S}$ 中）是可反驳的。

（3）$\forall y(G(\bar{n},y)\supset y=\bar{m})$（在 $\mathcal{S}$ 中）是可证的。

（1）我们首先证明公式 $z\leqslant\bar{m}\supset(F(\bar{n},z)\supset\bar{m}\leqslant z)$ 是可证的。假设 $F(\bar{n},\bar{m})$ 是可证的，再假设 $k\leqslant m$。那么，或者 $k<m$ 或者 $k=m$。如果是前者，那么 $k\neq m$，因此 $F(\bar{n},\bar{k})$ 是可反驳的。如果是后者，那么 $\bar{m}\leqslant\bar{k}$ 是可证的 [因为根据第 13 章中的 $\Omega5$ 和命题 1（b），$\bar{m}\leqslant\bar{k}$]。因此，或者 $F(\bar{n},\bar{k})$ 是可反驳的，或者 $\bar{m}\leqslant\bar{k}$ 是可证的。不管是哪种情况，$F(\bar{n},\bar{k})\supset\bar{m}\leqslant\bar{k}$ 都是可证的。

由于对所有的 $k\leqslant n$，$F(\bar{n},\bar{k})\supset\bar{m}\leqslant\bar{k}$ 是可证的，那么根据 $\Omega4$，以下是可证的：

（a）$z\leqslant\bar{m}\supset(F(\bar{n},z)\supset\bar{m}\leqslant z)$

当然，以下重言式也是可证的：

（b）$\bar{m}\leqslant z\supset(F(\bar{n},z)\supset\bar{m}\leqslant z)$

根据（a），（b）和 $\Omega5$，公式 $(F(\bar{n},z)\supset\bar{m}\leqslant z)$ 是可证的，因此，[根据第 13 章中的命题 1（a）] 句子 $\forall z(F(\bar{n},z)\supset\bar{m}\leqslant z)$ 是可证的。我们还假定 $F(\bar{n},\bar{m})$ 是可证的，可以得出句子 $F(\bar{n},\bar{m})\wedge\forall z(F(\bar{n},z)\supset\bar{m}\leqslant z)$ ——正是句子 $G(\bar{n},\bar{m})$ ——在 $\mathcal{S}$ 中是可证的。这就证明了（1）。

（2）这是很明显的：如果 $k\neq m$，那么 $F(\bar{n},\bar{k})$ 是可反驳的，因此 $F(\bar{n},\bar{k})\wedge\forall z(F(\bar{n},z)\supset\bar{k}\leqslant z)$，即句子 $G(\bar{n},\bar{k})$，也是可反驳的。

（3）公式 $G(\bar{n},y)\supset\forall z(F(\bar{n},z)\supset y\leqslant z)$ 是一个重言式，因此在 $\mathcal{S}$ 中是可证的。同样，$\forall z(F(\bar{n},z)\supset y\leqslant z)\supset F(\bar{n},\bar{m})\supset y\leqslant\bar{m}$ 也是可证的（它是一阶算术的一条公理）。因此，根据命题逻辑，以下是可证的：

（a）$G(\bar{n},y)\supset y\leqslant\bar{m}$

接下来，我们注意到，对于任意的 $k\leqslant m$，句子 $G(\bar{n},\bar{k})\supset$

$\overline{k}=\overline{m}$ 是可证的，因为如果 $k<m$，那么 $G(\overline{n},\overline{k})$ 是可反驳的 [因为 $F(\overline{n},\overline{k})$ 是可反驳的]，如果 $k=m$，那么 $\overline{k}=\overline{m}$ 是可证的。那么，根据 Ω5，以下是可证的：

（b）$y\leqslant\overline{m}\supset(G(\overline{n},y)\supset y=\overline{m})$

根据命题逻辑，从（a）和（b）可以得到公式 $G(\overline{n},y)\supset y=\overline{m}$ 是可证的。因此，[根据第13章的命题1（a）] $\forall y\,(G(\overline{n},y)\supset y=\overline{m})$ 也是可证的。

证明完成。

3. 假设 $F(x,y)$ 强定义函数 $f(x)$。给定一个公式 $G(x)$，我们取 $H(x)$ 为公式 $\exists y\,(F(x,y)\wedge G(y))$。现在假定 $f(n)=m$。

我们也证明 $H(\overline{n})\equiv G(\overline{m})$ 是可证的。因此，我们要证明的是 $G(\overline{m})\supset H(\overline{n})$ 和 $H(\overline{n})\supset G(\overline{m})$ 都是可证的。

（1）为了证明 $G(\overline{m})\supset H(\overline{n})$ 是可证的，我们首先注意到，由于 $F(x,y)$ 定义 $f(x)$ 并且 $f(n)=m$，那么 $F(\overline{n},\overline{m})$ 是可证的。然后，根据命题逻辑，$G(\overline{m})\supset(F(\overline{n},\overline{m})\wedge G(\overline{m}))$ 是可证的。因此，根据一阶逻辑，$G(\overline{m})\supset\exists y\,(F(\overline{n},y)\wedge G(y))$，即 $G(\overline{m})\supset H(\overline{n})$，是可证的。

（2）在另外一个方向上，由于 $F(x,y)$ 强定义 $f(x)$，那么：

（a）$\forall y\,(F(\overline{n},y)\supset y=\overline{m})$ 是可证的，因此其开公式：

（b）$F(\overline{n},y)\supset y=\overline{m}$ 也是可证的。然后，根据命题逻辑，公式：

（c）$(F(\overline{n},y)\wedge G(y))\supset(y=\overline{m}\wedge G(y))$ 是可证的。同样（根据一阶算术）：

（d）$(y=\overline{m}\wedge G(y))\supset G(\overline{m})$ 是可证的，因此，根据（命题逻辑）分离规则：

（e）$(F(\overline{n},y)\wedge G(y))\supset G(\overline{m})$ 是可证的。然后，根据一阶逻辑：

（f）$\exists y\,(F(\overline{n},y)\wedge G(y))\supset G(\overline{m})$ 是可证的。这一公式是：

（g）$H(\overline{n})\supset G(\overline{m})$。

4. 假设 $f(x)$ 是 $\sum_1$。因此关系 $f(x)=y$ 是 $\sum_1$。我们要证明的是，关系 $f(x) \neq y$ 也是 $\sum_1$。我们有 $f(x) \neq y$ 当且仅当 $\exists z\,(f(x)=z \wedge z \neq y)$。条件 $f(x)=z \wedge z \neq y$ 是 $\sum_1$，因此（根据第 11 章的问题 10）关系 $\exists z\,(f(x)=z \wedge z=y)$ 也是 $\sum_1$。

5. 令 $F(x)$ 是一个在 $\mathcal{S}$ 中强定义 $d(x)$ 的公式。根据命题 4，存在一个公式 $H(v_1)$，使得对于所有的数 n，句子 $H(\bar{n}) \equiv F(d(\bar{n}))$ 在 $\mathcal{S}$ 中是可证的，因此句子 $H[\bar{n}] \equiv F(d(\bar{n}))$ 也是。令 h 是 $H(v_1)$ 的哥德尔编码。那么 $H[\bar{h}] \equiv F(d(\bar{h}))$ 在 $\mathcal{S}$ 中是可证的，因此 $H[\bar{h}]$ 是 $F(x)$ 的一个不动点，因为 $d(h)$ 是 $H[\bar{h}]$ 的哥德尔编码。

6. 先给出一些预备知识：假设存在一个在 $\mathcal{S}$ 中定义 P_0 的公式 $F(x)$。因此，对于所有的数 n：

   （1）如果 $n \in P_0$，那么 $F(\bar{n})$ 是可证的。

   （2）如果 $n \notin P_0$，那么 $F(\bar{n})$ 是可反驳的。

   对于一个句子 S_n 的哥德尔编码 n，数 n 在 P_0 中当且仅当 S_n 是可证的。因此：

   （1'）如果 S_n 是可证的，那么 $F(\bar{n})$ 是可证的。

   （2'）如果 S_n 是不可证的，那么 $F(\bar{n})$ 是可反驳的。

   现在假设对角函数 $d(x)$ 在 $\mathcal{S}$ 中是强可定义的。那么存在一个 $\sim F(x)$ 的不动点 S_n。这样，$S_n \equiv \sim F(\bar{n})$ 是可证的。因此，S_n 是可证的当且仅当 $F(\bar{n})$ 是可反驳的，因此，根据（1'）和（2'）：

   （1''）如果 $F(\bar{n})$ 是可反驳的，那么 $F(\bar{n})$ 是可证的。

   （2''）如果 $F(\bar{n})$ 是可证的，那么 $F(\bar{n})$ 是可反驳的。

   从（2''）可以推出 $F(\bar{n})$ 是可反驳的，然后根据（1''），$F(\bar{n})$ 是可证的，这就意味着系统 $\mathcal{S}$ 是不一致的。所以，如果 $\mathcal{S}$ 是一致的，那么以下不可能：P_0 在 $\mathcal{S}$ 中是可定义的并且 $d(x)$ 在 $\mathcal{S}$ 中是强可定义的。

7. 假设 $\mathcal{S}$ 是一致的，并且对角函数 $d(x)$ 在 $\mathcal{S}$ 中是强可定义的。现在考虑任意的公式 $F(x)$。$\sim F(x)$ 一定有一个不动点 X。那么 X

不能也是 $F(x)$ 的不动点〔否则的话，$F(\overline{X}) \equiv {\sim}F(\overline{X})$ 将会是可证的，这与 $\mathcal{S}$ 是一致的假设相矛盾〕。所以，$X \equiv F(\overline{X})$ 在 $\mathcal{S}$ 中是可证的并不成立，由此，$F(x)$ 不能是一个真谓词。

8.（1）证明 P_4：假设 $X \supset Y$ 是可证的。那么根据性质 P_1，$P(\overline{X \supset Y})$ 也是可证的。根据性质 P_2 和分离规则，$P(\overline{X}) \supset P(\overline{Y})$ 也是可证的。

（2）证明 P_5：假设 $X \supset (Y \supset Z)$ 是可证的。那么根据性质 P_4，我们有：

（a）$P(\overline{X}) \supset P(\overline{Y \supset Z})$ 是可证的。而且，根据 P_2：

（b）$P(\overline{Y \supset Z}) \supset (P(\overline{Y}) \supset P(\overline{Z}))$ 是可证的。

从（a）和（b）根据命题逻辑可以推出 $P(\overline{X}) \supset (P(\overline{Y}) \supset P(\overline{Z}))$ 是可证的。

（3）证明 P_6：假设 $X \supset (P(\overline{X}) \supset Y)$ 是可证的。那么根据性质 P_5，以下是可证的：

（a）$P(\overline{X}) \supset (P(\overline{P(\overline{X})}) \supset (P(\overline{Y})))$。

由于根据 P_3，$P(\overline{X}) \supset P(\overline{P(\overline{X})})$ 也是可证的，那么根据命题逻辑，可以推出 $P(\overline{X}) \supset P(\overline{Y})$ 是可证的。

9.假设 X 是 $P(x) \supset Y$ 的不动点。因此：

（1）$X \equiv (P(\overline{X}) \supset Y)$ 是可证的。那么以下相继地都是可证的：

（2）$X \supset (P(\overline{X}) \supset Y)$〔根据（1）〕。

（3）$P(\overline{X}) \supset P(\overline{Y})$〔根据（2）和性质 P_6〕。

（4）$(P(\overline{Y}) \supset Y) \supset (P(\overline{X}) \supset Y)$〔根据命题逻辑从（3）推出〕。

（5）$(P(\overline{Y}) \supset Y) \supset X$〔根据命题逻辑从（1）和（4）推出〕。

10.假设 G 是 ${\sim}P(x)$ 的一个不动点。由于 ${\sim}P(x) \equiv (P(x) \supset f)$，那么 G 是 $P(x) \supset f$ 的不动点。因此，$G \equiv (P(\overline{G}) \supset f)$ 是可证的。那么，根据关键引理，取 G 为 X，取 f 为 Y，句子 $(P(\overline{f}) \supset f)$

⊃ G 是可证的。但 $(P(\bar{f})⊃f)≡\sim P(\bar{f})$ 也是可证的，且由此 $\sim P(\bar{f})⊃G$ 也是可证的。所以，$consis⊃G$ 是可证的。

11. 假设 G 是 $\sim P(x)$ 的一个不动点。因此 $G≡\sim P(\bar{G})$ 是可证的。那么，如果 G 是可证的，那么句子 $\sim P(\bar{G})$ 将是可证的，且由此根据 P_1，$P(\bar{G})$ 是可证的。因此，$\mathcal{S}$ 将是不一致的。所以，如果 $\mathcal{S}$ 是一致的，那么 G 是不可证的。

12. 假设 $\mathcal{S}$ 是可对角化的。那么 $\sim P(x)$ 存在一个不动点 G。因此，根据定理1，句子 $consis⊃G$ 在 $\mathcal{S}$ 中是可证的。所以，如果 $consis$ 是可证的，那么 G 将是可证的，且根据定理2，$\mathcal{S}$ 将是不一致的［由于 G 是 $\sim P(x)$ 的一个不动点］。所以，如果 $\mathcal{S}$ 是一致的，那么 $consis$ 在 $\mathcal{S}$ 中是不可证的。

13. 假设 $P(\bar{Y})⊃Y$ 是可证的。令 X 是 $P(x)⊃Y$ 的一个不动点。因此，以下相继都是可证的：

（1）$P(\bar{Y})⊃Y$（给定的）。

（2）$X≡P(\bar{X})⊃Y$ 是 $P(x)⊃Y$ 的不动点。那么以下相继都是可证的：

（3）$(P(\bar{Y})⊃Y)⊃X$［根据关键引理从（2）推出］。

（4）X［根据（1）和（3）］。

（5）$P(\bar{X})$［根据（4）和可证性谓词的性质 P_1］。

（6）$P(\bar{X})⊃Y$［根据（4）和（2）］。

（7）Y［根据（5）和（6）］。

14. 根据洛布定理，取 f 为 Y，如果 $P(\bar{f})⊃f$ 是可证的，那么 f 也是可证的。因此，如果 $consis$ 是可证的，那么 f 也是可证的［由于 $consis≡P(\bar{f})⊃f$ 是可证的］。但是，如果 f 是可证的，那么该系统是不一致的。因此，如果该系统是一致的，那么句子 $consis$ 在该系统中是不可证的。

参 考 文 献

Boole, George, *An Investigation of the Laws of Thought*, reprinted by Cambridge University Press, 2009.

Boolos, George, *The Unprovability of Consistency: An Essay in Modal Logic*, Cambridge University Press, 1979.

Brouwer, L. E. J., "On the Domains of Definition of Functions" [1927]. published in van Heijenoort, Jean, ed., *From Frege to Gödel: A Source Book in Mathematical Logic, 1879–1931*, Harvard University Press, pp. 199–215. 1967.

Cantor, Georg, "Grundlagen einer allgemeinen Mannigfaltigkeitslehre" ("Foundations of a General Theory of Aggregates"), *Mathematische Annalen*, 1883.

Church, Alonzo, *Introduction to Mathematical Logic*, Princeton University Press, 1956.

Fraenkel, A. A., *Abstract Set Theory*, 2nd Edition, North Holland, 1961.

Frege, Gottlob, *Begriffsschrift, eine der arithmetischen nachgebildete Formelsprache des reinen Denkens*. Halle a. S.: Louis Nebert, 1879. Translation: *Concept Script, a formal language of pure thought modelled upon that of arithmetic*, by S. Bauer-Mengelberg in Jean Van Heijenoort, ed., 1967. *From Frege to Gödel: A Source Book in Mathematical Logic, 1879–1931*. Harvard University Press.

Gödel, Kurt, Über formal unentsheidbare Sätze der *"Principia Mathematica"* und verwandter Systeme I, *Monatshefte für Mathematik und Physik*, 1931. Vol. 38. pp. 173–198.

Henkin, Leon, "A problem concerning provability, Problem 3," *Journal of Symbolic Logic*, 1952. Vol. 17, p. 160.

Hilbert, David and Bernays, Paul, *Foundations of Mathematics (Grundlagen der Mathematik)*, Springer Verlag, 1939. Vol. 1 1934, Vol. 2.

Jerislow, R. G., "Redundancies in the Hilbert-Bernays derivability conditions for Gödel's second incompleteness theorem," *Journal of Symbolic Logic*, 1973. Vol. 38, pp. 358–367.

Kleene, Stephen Cole, *Introduction to Metamathematics*, D. Van Nostrand Company, Inc. 1952.

Kreisel, Georg and Sacks, Gerald E., "Metarecursive Sets," *Journal of Symbolic Logic*, 1965. Vol. 30 (3) :318–338.

Leblanc, Hugues and Snyder, D. Paul, "Duals of Smullyan Trees," *Notre Dame Journal of Formal Logic*, 1972. Vol. 13 (3) :387–393.

Łukasiewicz, Jan, *Selected Writings*. North-Holland, Edited by L. Borowski. 1970.

Löb, Martin Hugo, "Solution of a problem of Leon Henkin," *Journal of Symbolic Logic*, 1955. Vol. 20, Number 1, pp. 115–118.

Mendelson, Elliott, *Introduction to Mathematical Logic*, Wadsworth and Brooks, 1987.

Peano, Giuseppe, "Sul concetto di numero," *Rivista di Matematica*, 1891. Vol. 1, pp. 87–102.

Quine, W. V., "Concatenation as a Basis for Arithmetic," *Journal of Symbolic Logic*, 1946. Vol. 11 (4), pp. 105–114.

Robinson, Raphael M., "An essentially undecidable axiom system," *Proceedings of the International Congress of Mathematicians*, Cambridge University Press, 1950, pp. 729–730.

Rosser, J. Barkley, "Extensions of some Theorems of Gödel and Church," *Journal of Symbolic Logic*, 1936. Vol. 1, pp. 87–91.

Rosser, J. Barkley, *Logic for Mathematicians*, McGraw Hill, 1953.

Smullyan, Raymond, *Theory of Formal Systems*, Princeton University Press, 1961.

Smullyan, Raymond, *First-Order Logic*, Springer Verlag, 1968.

Smullyan, Raymond, *Gödel's Incompleteness Theorems*, Oxford University Press, 1992.

Smullyan, Raymond, *The Magic Garden of George B. and Other Logic Puzzles*, Polimetrica International Scientific Publisher Monza, Italy, 2007.

Smullyan, Raymond, *Logical Labyrinths*, A. K. Peters, Ltd., 2009.

Smullyan, Raymond, *The Gödelian Puzzle Book*, Dover, 2013.

Tarski, Alfred, "Pojęecie prawdy w jęezykach nauk dedukcyjnych", *Towarszystwo Naukowe Warszawskie*, Warszawa, 1933. (Text in Polish in the Digital Library WFISUW-IFISPAN-PTF.) The 1936 German translation was titled "Der Wahrheitsbegriff in den formalisierten Sprachen", ("the concept of truth in formalized languages"), sometimes shortened to "Wahrheitsbegriff". An English translation had to await the 1956 first edition of the volume *Logic, Semantics, Metamathematics*.

Tarski, Alfred, "Der Wahrsheitsbegriff in den formalisierten Sprachen der deductiven Disziplinen," *Studia Philosophica*, 1936. Vol. 1, pp. 261–405.

Tarski, Alfred, *Undecidable Theories*, North Holland Publishing Company, 1953.

Whitehead, Alfred North and Russell, Bertrand, *Principia Mathematica*, Cambridge University Press, 1910. Vol. 1.

Zermelo, Ernst (1908), "Untersuchungen über die Grundlagen der Mengenlehre I", Mathematische Annalen 65 (2): 261–281. English translation:

Heijenoort, Jean van, "Investigations in the foundations of set theory", *From Frege to Gödel: A Source Book in Mathematical Logic, 1879–1931*, Harvard University Press, pp. 199–215. 1967.

　　Zwicker, William S., "Playing Games with Games: The Hypergame Paradox," *The American Mathematical Monthly*, Vol. 94, No. 6, Jun.–Jul., 1987, pp. 507–514.

术语对照表

Σ_0 formula/relation　Σ_0 公式 / 关系

Σ_0-complete system　Σ_0- 完全的系统

Σ_1 function　Σ_1 函数

Σ_1 relation　Σ_1 关系

$\exists$-completeness/incompleteness　$\exists$- 完全性 / 不完全性

1–1 correspondence between sets　集合之间的一一对应

ω-completeness/incompleteness　ω- 完全性 / 不完全性

ω-consistency assumption in syntactic incompleteness proofs　句法不完全性
　　证明中的 ω- 一致性假设

ω-consistency/inconsistency　ω- 一致性 / 不一致性

ω-consistent/inconsistent system　ω- 一致的 / 不一致的系统

ω-inconsistent mother　ω- 不一致的母亲

abstract/conceptual natural numbers　抽象的 / 概念的自然数

abstraction principle（used by Frege）（弗雷格使用的）抽象原则

addition operation in Elementary/First-Order and Peano Arithmetic　初等 / 一
　阶算术和皮亚诺算术中的加法运算

alpha, beta, gamma and delta formulas　α，β，γ 和 δ 公式

alternative denial（Sheffer stroke）　析舍（谢弗竖）

An Investigation of the Laws of Thought, by George Boole　乔治・布尔《思
　维规律的研究》

analytic tableau construction rules, Propositional Logic, unsigned formulas　命
　题逻辑不加标记公式的分析性表列构造规则

analytic tableau construction rules, Propositional Logic, signed formulas　命题
　逻辑加标记公式的分析性表列构造规则

analytic tableaux for First-Order Logic　一阶逻辑的分析性表列

analytic tableaux for Propositional Logic（also simply called tableaux）　命题
　逻辑的分析性表列（也简称为表列）

analytic tableaux, complete（or completed）, for Propositional Logic　命题逻
　辑完整的分析性表列

analytic tableaux, systematic, for First-Oder Logic　一阶逻辑系统的分析性
　表列

analytic tableaux, systematic, for Propositional Logic　命题逻辑系统的分析
　性表列

antecedent of a conditional statement　条件命题的前件

argument, of a relation or function　关系或函数的主目

Aristotelian logic（syllogisms）　亚里士多德逻辑（三段论）

Aristotle　亚里士多德

arithmetic set or relation of Elementary/First-Order or Peano Arithmetic　初等
　/ 一阶算术或皮亚诺算术的算术集或关系

arithmetization of elementary formal systems　初等形式系统的算术化

atomic formula of an elementary formal system　初等形式系统的原子公式

atomic formula of Elementary/First-Order and Peano Arithmetic　初等 / 一阶
算术或皮亚诺算术的原子公式

atomic formula of First-Order Logic　一阶逻辑的原子公式

atomic sentence of Elementary/First-Order and Peano Arithmetic　初等 / 一阶
算术或皮亚诺算术的原子句子

atomically closed tableau　原子上封闭的表列

autological and heterological adjectives paradox　自谓 / 它谓形容词悖论

axiom scheme　公理模式

axiom, concept of　公理的概念

axiom, single, as the full set of axioms for Propositional Logic　作为命题逻辑
公理极大集的单条公理

axiomatic Propositional Logic　命题逻辑的公理系统

Axioms of Some Formal Mathematical Systems　一些形式数学系统的公理

Axioms（three）of Łukasiewicz for Propositional Logic　命题逻辑的（三
条）卢卡希维茨公理

Axioms of Church for Propositional Logic　命题逻辑的丘奇公理

Axioms of Frege and Łukasiewicz for Propositional Logic　命题逻辑的弗雷
格和卢卡希维茨公理

Axioms of Kleene for Propositional Logic　命题逻辑的克利尼公理

Axioms of Peano for the Natural Numbers　自然数的皮亚诺公理

Axioms of *Principia Mathematica* for Propositional Logic　《数学原理》中命
题逻辑的公理

Axioms of Raphael Robinson for his system（R）for Arithmetic　拉斐尔·罗
宾逊系统（R）中的算术公理

Axioms of Rosser for Propositional Logic　命题逻辑的罗瑟公理

Axioms and rules of inference of Smullyan for Propositional Logic from
Logical Labyrinths　斯穆里安在《逻辑迷宫》中为命题逻辑提出的公理
和推理规则

Boolean operations on sets　集合的布尔运算

　　complement　补

　　difference　差

　　intersection　交

　　union　并

Boolean set theory　布尔集合论

Boolean valuation of a set of formulas of First-Order Logic　一阶逻辑公式集

　　的布尔赋值

Boolos, George　乔治·布洛斯

bound by the variable y in the formula F of Peano Arithmetic, of a

　　variable x　变元 x 在皮亚诺算术的公式 F 中被变元 y 约束

bound/free variable　约束 / 自由变元

bounded quantifier　有界量词

Brouwer, L. E. J.　L. E. J. 布劳威尔

Canonical Systems（Post）（波斯特）典范系统

Cantor, Georg　格奥尔格·康托尔

Cantor's set theory results　康托尔集合论结果

Cantor's Theorem　康托尔定理

Chinese Remainder Theorem　中国剩余定理

Church, Alonzo　阿朗佐·丘奇

closed under the rule of *modus ponens*（of a system）（一个系统）在分离规

　　则下封闭

closed/open branch of a tableau　表列中的闭 / 开枝

closed/open formula（sentence）闭 / 开公式（句子）

closed/open sequence of formulas in the axiomatic systems U_1 and U_2 for

　　Propositional Logic　命题逻辑公理系统 U_1 和 U_2 中封闭 / 开放的公式

　　序列

Completeness of the axiomatic system U_2 for Propositional Logic　命题逻辑公理系统 U_2 的完全性

Completeness of the dual tableau method for Propositional Logic　命题逻辑对偶表列方法的完全性

Completeness of the tableau proof system for First-Order Logic　一阶逻辑表列证明系统的完全性

component relation on a set　集合上的成分关系

components of a signed formula of Propositional Logic　命题逻辑加标记公式的元件

components of an unsigned formula of Propositional Logic　命题逻辑不加标记公式的元件

compound truth table　复合真值表

computability theory（decision theory, recursion theory）　可计算性理论（判定理论、递归论）

concatenation of dyadic numerals　二元数字的并置

concatenation of expressions　表达式的并置

conceptual/abstract natural numbers　概念的 / 抽象的自然数

consis（formula of Peano Arithmetic which implies Peano Arithmetic is consistent）　*consis*（皮亚诺算术的公式，蕴涵了皮亚诺算术是一致的）

conjugate of a signed formula　加标记公式的共轭

conjugate of an unsigned formula　不加标记公式的共轭

conjugate tableau　共轭表列

conjunctive type formula　合取型公式

connectives, logical, of Propositional Logic　命题逻辑的逻辑联结词

alternative denial（Sheffer Stroke）　析舍（谢弗竖）

conjunction　合取

disjunction（inclusive, which is used in logic）　析取（相容性，逻辑中所用）

continuum hypothesis/problem　连续统假设 / 问题

contradictory formula　矛盾式

contrapositive of an implication statement　蕴涵命题的逆否命题

correct provability predicate　正确的可证性谓词

correctly decidable sentence of Peano Arithmetic　皮亚诺算术的正确地可判定句子

correctness of a proof system by tableaux　表列证明系统的正确性

correctness of an inference rule in Propositional Logic　命题逻辑中推理规则的正确性

Correctness of specific logical systems, proof of　特殊逻辑系统的正确性 / 证明

　Correctness of the（analytic）tableau method for First-Order Logic　一阶逻辑（分析性）表列方法的正确性

　Correctness of the（analytic）tableau method for Propositional Logic　命题逻辑（分析性）表列方法的正确性

　Correctness of the axiomatic system S_0 for Propositional Logic　命题逻辑公理系统 S_0 的正确性

　Correctness of the axiomatic system S_1 for First-Order Logic　一阶逻辑公理系统 S_1 的正确性

　Correctness of the axiomatic system U_1 of Propositional Logic　命题逻辑公理系统 U_1 的正确性

　Correctness of the axiomatic system U_2 of Propositional Logic　命题逻辑公理系统 U_2 的正确性

　Correctness of the dual tableau method for Propositional Logic　命题逻辑对偶表列方法的正确性

correctness assumption for Elementary/First-Order and Peano Arithmetic　初等 / 一阶算术和皮亚诺算术的正确性假设

correctness assumption for the general system of Chapter 10　第 10 章一般系

统的正确性假设

correctness of the rule of *modus ponens* for axiomatic First-Order Logic　一阶
　逻辑公理系统中分离规则的正确性

correctness of the rule of *modus ponens* for axiomatic Propositional Logic　命
　题逻辑公理系统中分离规则的正确性

counting　计数

critical parameter of a regular set　正则集的临界参数

decidable sentence　可判定句子

decision theory（computability theory, recursion theory）　判定理论（可计算
　性理论、递归论）

definability of a binary relation by a formula　二元关系通过公式的可定义性

definability of a function by a formula, weak and strong　函数通过公式的（弱
　/ 强）可定义性

definability of a set by a formula　集合通过公式的可定义性

definability of a multivariate relation　多元关系的可定义性

degree of a formula of First-Order Logic, Elementary Arithmetic, or Peano
　Arithmetic　一阶逻辑、初等算术或皮亚诺算术中公式的度

degree of a formula of Propositional Logic　命题逻辑中公式的度

degree of a predicate of First-Order Logic or Elementary/First-Order or Peano
　Arithmetic　一阶逻辑、初等 / 一阶算术或皮亚诺算术中谓词的度

Denumerable Compactness Theorem　可数紧致性定理

denumerable set　可数集

descendants of a point in a tree　树中点的后继

descending chain（with respect to a component relation）（关于一个成分关
　系的）降链

designation of a natural number by a term　自然数通过项的指代

designation of a set（by a designator）　集合（通过代号）的指代

designator 代号

designator number 代号编码

detachment, rule of 分离规则

Devil's Dictionary, by Ambrose Bierce 安布罗斯·比尔斯《魔鬼词典》

diagonal function 对角函数

diagonalizability of a system 系统的可对角化性

diagonalization and fixed points 对角化与不动点

diagonalization of a certain formula 某个公式的对角化

diagonalization of a designator 代号的对角化

diagonalizer of a designator 代号的对角数

disjoint n-ary relations 不相交的 n 元关系

disjunction, strict versus inclusive 严格的和相容的析取

disjunctive type formula 析取型公式

domains in First-Order Logic 一阶逻辑中的定义域

double induction principles 双重归纳原则

dual Hintikka set 对偶辛迪卡集

dual tableaux, dual Smullyan trees（for Propositional Logic） 对偶表列,（命题逻辑的）对偶斯穆里安树

dyadic Gödel numbering used in this book for Elementary/First-Order and Peano Arithmetic 本书中用于初等 / 一阶算术和皮亚诺算术的二元哥德尔编码

dyadic notation, dyadic numeral 二元记法，二元数字

dyadically enumerable set 二元可枚举集

dyadically solvable set 二元可解集

Elementary/First-Order Arithmetic 初等 / 一阶算术

elementary dyadic system 初等二元系统

elementary formal system 初等形式系统

an axiom system of Elementary/First-Order Arithmetic）（R）（拉斐尔·罗宾逊的算术公理系统，即初等／一阶算术的一个公理系统）的扩张

extraordinary and ordinary numbers　异常数和普通数

extraordinary and ordinary sets　异常集和普通集

Fan Theorem　扇形定理

finitary proof　有穷性证明

finite set　有穷集

finite tree　有穷树

finitely generated tree　有穷生成树

First-Order Logic　一阶逻辑

first-order valuation of a set of formulas of First-Order Logic　一阶逻辑公式集的一阶赋值

First-Order/Elementary Arithmetic　一阶／初等算术

fixed point of a formula $F(x)$　公式 $F(x)$ 的不动点

formal system（formal proof system for mathematical logic）　形式系统（数理逻辑的形式证明系统）

formalists　形式主义者

formally representable set or relation（of an elementary formal system）（初等形式系统中的）形式可表示集或关系

formula corresponding to the last line of a truth table　对应于真值表最后一行的公式

formula involving t and f　包含 t 与 f 的公式

formula number　公式编码

formula of Elementary/First-Order and Peano Arithmetic　初等／一阶算术和皮亚诺算术的公式

formula of First-Order Logic　一阶逻辑的公式

formula of Propositional Logic　命题逻辑的公式

系统中 K-符号串的哥德尔编码

Gödel numerals/notation　哥德尔数字 / 记法

Gödel sentence　哥德尔句子

Gödel's First Incompleteness Theorem（"Gödel's Theorem"）　哥德尔第一不
　完全性定理（"哥德尔定理"）

Gödel's Second Incompleteness Theorem　哥德尔第二不完全性定理

Gödelian machine　哥德尔机器

Gödel's Completeness Theorem（completeness of First-Order Logic）　哥 德
　尔完全性定理（一阶逻辑的完全性）

Halmos, Paul　保罗·哈尔莫斯

Henkin, Leon　利昂·亨金

Herbrand, Jacques（recursive functions）　雅克·埃尔布朗（递归函数）

heterological and autological adjectives paradox　它谓和自谓形容词悖论

higher-order proof system　高阶证明系统

Hilbert, David　大卫·希尔伯特

Hintikka set for First-Order Logic　一阶逻辑的辛迪卡集

Hintikka set for Propositional Logic　命题逻辑的辛迪卡集

Hintikka set for a finite domain D　有穷域 D 的辛迪卡集

Hintikka set, dual, for Propositional Logic　命题逻辑的对偶辛迪卡集

Hintikka's Lemma for First-Order Logic　一阶逻辑的辛迪卡引理

Hintikka's Lemma for Propositional Logic　命题逻辑的辛迪卡引理

Hypergame　超游戏

if-then,（material）implication　如果……那么,（实质）蕴涵

implication of a formula by a formula or set of formulas　一个公式被一个公
　式或公式集蕴涵

implication sign（→）, in an elementary formal system　初等形式系统中的

蕴涵标记（→）

implicit（recursive）definition 隐式（递归）定义

importation, rule of, in axiomatic Propositional Logic 命题逻辑公理系统中的输入规则

inclusive sense of disjunction 相容性析取

incomplete system 不完全的系统

incompleteness in a general setting 一般情境中的不完全性

inconsistent system 不一致的系统

independent/primitive/undefined logical connectives（"starters"） 独立的/初始的/不加定义的逻辑联结词（"初始词"）

index of an element in an enumeration 枚举中元素的标记

indexing to verify Boolean equations or to prove Boolean set-theoretic statements 证明布尔方程或证明集合论陈述的标记法

individual parameter 个体参数

individual variable 个体变元

Induction, Mathematical, for the Natural Numbers 自然数的数学归纳

Induction, Principle of Generalized Induction for a set with a component relation 带成分关系的集合的广义归纳原则

induction, for a tree 树的归纳

inductive property P with respect to a component relation $C(x, y)$ on a set A 成分关系 $C(x, y)$ 在集合 A 上的归纳属性 P

inequality of sets（as not being the same set） 集合（作为不是同一个集合）的不相等

inequality of sets（in size） 集合（大小上的）不相等

inference rule in an axiomatic system 公理系统中的推理规则

infinite ordinals 无穷序数

infinite set 无穷集

initial formulas（axiom schemes）of an elementary formal system 初等形式

natural numbers 自然数

natural numbers, in Elementary/First-Order and Peano Arithmetic 初等 / 一阶算术和皮亚诺算术中的自然数

natural numbers, mathematical construction（model）of, within set theory 集合论数学构造（模型）中的自然数

necessary truth（in modal logic）（模态逻辑中的）必然真

negation 否定

negation of a designator 代号的否定

nice sequence of formulas in the axiomatic system U_2 for Propositional Logic 命题逻辑公理系统 U_2 中好的公式序列

notation, binary and dyadic 二进制记法和二元记法

n-tuple *n* 元组

numerals, as names for the natural numbers 作为自然数名字的数字

numerals, binary and dyadic 二进制数字和二元数字

numerals, Peano 皮亚诺数字

numeralwise decidable formula 数字可判定公式

omega completeness/incompleteness 欧米伽完全性 / 不完全性

omega consistency assumption in syntactic incompleteness proofs 句法不完全性证明中的欧米伽一致性假设

omega consistency/inconsistency 欧米伽一致性 / 不一致性

omega consistent/inconsistent system 欧米伽一致的 / 不一致的系统

omega inconsistent mother 欧米伽不一致的母亲

open/closed branch of a tableau 表列的开 / 闭枝

open/closed formula 开 / 闭公式

open/closed tableau 开 / 闭表列

ordered pair 有序对

ordered triple 有序三元组

predicate of degree n（n-ary predicate） n 度谓词（n 元谓词）

predicate, in First-Order Logic and systems based on it 一阶逻辑以及基于其上的系统中的谓词

premise, major and minor, of a syllogism 前提，三段论的大前提和小前提

prime number 素数

primitive/independent/undefined logical connectives, "starters" 初始的 / 独立的 / 不加定义的逻辑联结词，"初始词"

Principia Mathematica, by Bertrand Russell and Alfred North Whitehead 伯特兰·罗素和阿尔弗雷德·诺斯·怀特海《数学原理》

proof in an elementary formal system 初等形式系统中的证明

proof in First-Order Logic 一阶逻辑中的证明

Proving that a formula of First-Order Logic is satisfiable in a finite domain, by use of a tableau 使用表列证明一阶逻辑的一个公式在有穷域中是可满足的

Proving that a formula of First-Order Logic is valid, by use of a tableau 使用表列证明一阶逻辑的一个公式是有效的

Proving that a formula of First-Order Logic is valid, by the Axiomatic System S_1 通过公理系统 S_1 证明一阶逻辑的一个公式是有效的

proof in Propositional Logic 命题逻辑中的证明

Proving that a formula of Propositional Logic is a tautology, by use of a tableau 使用表列证明命题逻辑中的一个公式是重言式

Proving that a formula of Propositional Logic is a tautology, by use of a truth table 使用真值表证明命题逻辑中的一个公式是重言式

Proving that a formula of Propositional Logic is a tautology, in the axiomatic system S_0 在公理系统 S_0 中证明命题逻辑中的一个公式是重言式

Proving that a formula or finite set of formulas of Propositional Logic is satisfiable, by use of a tableau 使用表列证明命题逻辑中的一个公式或有穷公式集是可满足的

Proving that a formula of Propositional Logic is a logical consequence of a finite set of formulas, by a tableau　通过表列证明命题逻辑中的一个公式是有穷公式集的逻辑后承

proof of a set-theoretic statement by Venn diagrams, using indexing　使用标记通过文恩图对一个集合论陈述的证明

proof of a statement by use of a syllogism　使用三段论对一个陈述的证明

proof systems of mathematical logic in this book　本书中的数理逻辑的证明系统

Axiomatic Proof system for Propositional Logic S_0　命题逻辑公理系统 S_0 的证明系统

Axiomatic Proof system for First-Order Logic S_1　一阶逻辑公理系统 S_1 的证明系统

Axiomatic Proof system for Propositional Logic U_1　命题逻辑公理系统 U_1 的证明系统

Axiomatic Proof system for Propositional Logic U_2　命题逻辑公理系统 U_2 的证明系统

Proof system for First-Order Logic using tableaux　使用表列的一阶逻辑证明系统

Proof system for Propositional Logic using（analytic）tableaux　使用（分析性）表列的命题逻辑证明系统

Proof system for Propositional Logic using dual tableaux　使用对偶表列的命题逻辑证明系统

Proof system for Propositional Logic using truth tables　使用真值表的命题逻辑证明系统

proof theory　证明论

proof, in an analytic tableau system　分析性表列系统中的证明

proof, in an axiomatic system　公理系统中的证明

proof, intuitive concept of　证明的直观概念

term, of an elementary formal system　初等形式系统中的项

term, of Elementary/First-Order Arithmetic　初等 / 一阶算术中的项

The Gödelian Puzzle Book, by Raymond Smullyan　雷蒙德·斯穆里安《哥德尔谜题书》

The Unprovability of Consistency: An Essay in Modal Logic, by George Boolos　乔治·布洛斯《一致性的不可证性：模态逻辑中的一个专论》

Theorem, statements and proofs（*sorted by page of occurrence in text*）　定理的陈述和证明（按照本书中出现的顺序排序）

Cantor's Theorem. For any set A, the power set $\rho(A)$ is numerically larger than A.　康托尔定理：对于任意集合 A，幂集 $\rho(A)$ 在数值上大于 A。

Bernstein Schroeder Theorem. For any pair of infinite sets A and B, if A can be put into a 1-1 correspondence with a part of B（i.e. a subset of B）and B can be put into a 1-1 correspondence with a part of A, then the whole of A can be put into a 1-1 correspondence with the whole of B.　伯恩斯坦-施罗德定理：对于任意一对无穷集 A 和 B，如果 A 可以一一对应于 B 的一部分（即 B 的子集），并且 B 可以一一对应于 A 的一部分，那么整个 A 可以一一对应于整个 B。

König's Lemma. A finitely generated tree with infinitely many points must have an infinite path.　柯尼希引理：带有无穷多个点的有穷生成树一定有一条无穷路径。

The Fan Theorem. If a tree is finitely generated and if all paths are finite, then the whole tree is finite.　扇形定理：如果一棵树是有穷生成的并且所有的路径都是有穷的，那么整棵树是有穷的。

Generalized Induction Theorem. A sufficient condition for a component relation $C(x, y)$ on a set A to obey the generalized induction principle is that all descending chains be finite.　广义归纳定理：集合 A 上的成分关系 $C(x, y)$ 遵循广义归纳原则的一个充分条件是，所有降链都是有穷的。

Denumerable Compactness Theorem. For any compact property P of subsets of a denumerable set A, any subset S of A having property P is a subset of a maximal set that has property P. 可数紧致性定理：对于可数集 A 的子集的任意紧致性质 P，A 的具有性质 P 的任意子集 S 都是具有性质 P 的极大集的子集。

The Compactness Theorem for Propositional Logic. If S is an infinite set of formulas of Propositional Logic all of whose finite subsets are satisfiable, then S itself is also satisfiable. 命题逻辑的紧致性定理：如果 S 是一个无穷的命题逻辑公式集并且其所有有穷子集都是可满足的，那么 S 本身也是可满足的。

The Tableau Completeness Theorem for First-Order Logic. Every valid formula of First-Order Logic is provable by the tableau method. 一阶逻辑的表列完全性定理：任意有效的一阶逻辑公式都是通过表列方法可证的。

Löwenheim Theorem. Every satisfiable formula of First-Order Logic is satisfiable in a denumerable domain. 楼文汉姆定理：任意可满足的一阶逻辑公式在可数域中都是可满足的。

Theorem L.S.C. [Löwenheim, Skolem, Compactness]. If S is a set of closed formulas of First-Order Logic containing no parameters, and all finite subsets of S are satisfiable, then the entire set S is satisfiable in a denumerable domain. 定理 L.S.C.（楼文汉姆-斯科伦紧致性定理）：如果 S 是不包含参数的一阶逻辑的一个闭公式的集合，并且 S 的所有有穷子集都是可满足的，那么整个 S 集合在可数域中也是可满足的。

Theorem R. [Regularity Theorem]. Every valid sentence X of First-Order Logic is tautologically implied by some regular set R such that no critical parameter of R occurs in X. 定理 R（正则定理）：任意有效的一阶逻辑句子 X 都被某个正则集 R 重言蕴涵，使得没有 R 的临界参数出现在 X 中。

Theorem T. [Tarski's Theorem in miniature] The set of Gödel numbers of the true sentences（in the general system of Chapter 10）is not nameable. 定

理 T（塔尔斯基定理的微型版）：（第 10 章一般系统中的）真句子的哥德尔编码的集合是不可命名的。

Theorem G_0. [A forerunner of Gödels Theorem]. If $P*$ is representable and the system is consistent, then some sentence is undecidable. 定理 G_0（哥德尔定理的先导）：如果 $P*$ 是可表示的并且系统是一致的，那么存在句子是不可判定的。

Theorem S_0. If $R*$ is representable and the system is consistent, then some sentence is undecidable. 定理 S_0：如果 $R*$ 是可表示的并且系统是一致的，那么存在句子是不可判定的。

Theorem R_0. [A forerunner of Rosser's Theorem]. If some superset of $R*$ disjoint from $P*$ is representable, or if some superset of $P*$ disjoint from $R*$ is representable, then some sentence is undecidable. 定理 R_0（罗瑟定理的先导）：如果某个与 $P*$ 不相交的 $R*$ 的上集是可表示的，或者如果某个与 $R*$ 不相交的 $P*$ 的上集是可表示的，那么存在句子是不可判定的。

Theorem R_1. [After Rosser] If $R*$ is strongly separable from $P*$, or if $P*$ is strongly separable from $R*$, and if the system is consistent, then some sentence is undecidable. 定理 R_1（以罗瑟命名）：如果 $R*$ 与 $P*$ 是强可分离的，或者如果 $P*$ 与 $R*$ 是强可分离的，并且如果系统是一致的，那么存在句子是不可判定的。

Theorem G_1. [After Gödel] Suppose the formula $A(x, y)$ enumerates the set $P*$ and that p is the Gödel number of the formula $\forall y \sim A(x, y)$, and that G is the diagonalization, $\forall y \sim A(\bar{p}, y)$, of the formula $\forall y \sim A(x, y)$. Then:

（a）If the system is simply consistent, then G is not provable.

（b）If the system is omega consistent, then G is also not refutable – hence is undecidable.

定理 G_1（以哥德尔命名）：假设公式 $A(x, y)$ 枚举集合 $P*$ 并且 p 是公式 $\forall y \sim A(x, y)$ 的哥德尔编码，G 是公式 $\forall y \sim A(x, y)$ 的对角化 $\forall y \sim A(\bar{p}, y)$。那么：

（a）如果系统是简单一致的，那么 G 是不可证的。

（b）如果系统是欧米伽一致的，那么 G 是不可反驳的——因此是不可判定的。

Theorem R. [After Rosser]. For any system obeying the Rosser conditions, if the system is simply consistent, then there is an undecidable sentence of the system.　定理 R（以罗瑟命名）：对任意遵循罗瑟条件的系统，如果该系统是简单一致的，那么该系统存在一个不可判定的句子。

Theorem T_1. [Tarki's Theorem for Arithmetic]. The set of Gödel numbers of the true sentences is not arithmetic（not expressible by any formula）.　定理 T_1（算术的塔尔斯基定理）：真句子的哥德尔编码的集合不是算术的（不能用任何公式表达）。

Theorem A. For any formally representable set W, the set W_0 of dyadic Gödel numbers of the members of the set W is $\sum_1$.　定理 A：对任意形式可表示的集合 W，W 中元素的二元哥德尔编码的集合 W_0 是$\sum_1$。

Theorem T_1*. The set T of true sentences of first-order arithmetic is not formally representable.　定理 T_1*：一阶算术中真句子的集合 T 不是形式可表示的。

Theorem GT. [After Gödel, Tarski] Given any correct formal axiom system S for arithmetic, there is a true sentence not provable in S.　定理 GT（以哥德尔、塔尔斯基命名）：给定任意一个正确的算术的形式公理系统 S，存在一个在 S 中不可证的真句子。

Theorem G. [After Gödel] For a formal and $\sum_0$-complete system S, if the system is ω-consistent, then some sentence of S is undecidable.　定理 G（以哥德尔命名）：对于一个形式的并且是$\sum_0$-完全的系统 S，如果该系统是 ω-一致的，那么 S 的某个句子是不可判定的。

Theorem R. [After Rosser] Suppose S is a formal $\sum_0$-complete system satisfying the Rosser conditions, then if the system S is simply consistent, there is an undecidable sentence.　定理 R（以罗瑟命名）：假设 S 是一个满足罗瑟

条件的形式的并且$\sum_0$-完全的系统，那么，如果该系统$\mathcal{S}$是简单一致的，那么存在一个不可判定的句子。

Incompleteness Theorem for Peano Arithmetic. I. GT. [Gödel, Tarski]. Peano Arithmetic, if correct, is incomplete.　皮亚诺算术的不完全性定理 I，GT（哥德尔、塔尔斯基）：皮亚诺算术如果是正确的，那么是不完全的。

Incompleteness Theorem for Peano Arithmetic. II. G. [Gödel]. Peano Arithmetic, if ω-consistent, is incomplete.　皮亚诺算术的不完全性定理 II，G（哥德尔）：皮亚诺算术如果是 ω-一致的，那么是不完全的。

Incompleteness Theorem for Peano Arithmetic. III. R. [Rosser] Peano Arithmetic, if simply consistent, is incomplete.　皮亚诺算术的不完全性定理 III，R（罗瑟）：皮亚诺算术如果是简单一致的，那么是不完全的。

Theorem T_2. For a consistent system $\mathcal{S}$, if the diagonal function $d(x)$ is strongly definable in $\mathcal{S}$, then the set P_0 of Gödel numbers of the provable sentences of $\mathcal{S}$ is not definable in $\mathcal{S}$.　定理 T_2：对于一个一致的系统 $\mathcal{S}$，如果对角函数 $d(x)$ 在 $\mathcal{S}$ 中是强可定义的，那么 $\mathcal{S}$ 中的可证句子的哥德尔编码的集合 P_0 在 $\mathcal{S}$ 中是不可定义的。

Theorem T_3. If the system $\mathcal{S}$ is consistent and the diagonal function $d(x)$ is strongly definable in $\mathcal{S}$, then there is no truth predicate for $\mathcal{S}$.　定理 T_3：如果系统 $\mathcal{S}$ 是一致的并且对角函数 $d(x)$ 在 $\mathcal{S}$ 中是强可定义的，那么不存在 $\mathcal{S}$ 的真谓词。

Theorem 3. [An Abstract Form of Gödel's Second Incompleteness Theorem] If $\mathcal{S}$ is diagonalizable, and if $\mathcal{S}$ is consistent, then the sentence *consis* is not provable in $\mathcal{S}$.　定理 3（哥德尔第二不完全性定理的一个抽象形式）：如果 $\mathcal{S}$ 是可对角化的，并且如果 $\mathcal{S}$ 是一致的，那么句子 *consis* 在 $\mathcal{S}$ 中是不可证的。

Theorem 4. [Löb's Theorem] For any diagonalizable system $\mathcal{S}$, and provability predicate $P(x)$ for $\mathcal{S}$, and sentence Y, if $P(\overline{Y}) \supset Y$ is provable in $\mathcal{S}$, so is Y.　定理 4（洛布定理）：对任意可对角化的系统 $\mathcal{S}$、$\mathcal{S}$ 的

可证性谓词 $P(x)$ 以及句子 Y，如果 $P(\overline{Y}) \supset Y$ 在 $\mathcal{S}$ 中是可证的，那么 Y 也是。

undecidable sentence 不可判定的句子

undefined/independent/primitive logical connectives（"starters"） 不加定义的 / 独立的 / 初始的逻辑联结词（"初始词"）

uniform systems 统一记法的系统

unifying notations 统一记法

union of two sets 两个集合的并

universal quantification of the formula F with respect to the variable x 公式 F 关于变元 x 的全称量化

universal quantifier 全称量词

universal tableau rules for First-Order Logic 一阶逻辑的全称表列规则

universal type formula 全称型公式

universe of discourse 论域

unordered pair 无序对

unprovability of consistency in Peano Arithmetic 皮亚诺算术中一致性的不可证性

unsatisfiable/satisfiable branch of a tableau 不可满足的 / 可满足的表列的枝

unsatisfiable/satisfiable formula or set of formulas of First-Order Logic 不可满足的 / 可满足的一阶逻辑的公式或公式集

unsatisfiable/satisfiable formula or set of formulas of Propositional Logic 不可满足的 / 可满足的命题逻辑的公式或公式集

unsatisfiable/satisfiable tableau of 不可满足的 / 可满足的表列

unsolvable set 不可解集

vacuously true 空洞地真

validity and soundness, of a syllogism or an argument in general 一般意义上三段论或论证的有效性和可靠性

validity of a formula of First-Order Logic in the domain of the parameters, Boolean and First-Order 一阶逻辑公式在参数域中的布尔有效性和一阶

有效性

validity of a formula of First-Order Logic　一阶逻辑公式的有效性

validly implied by set of sentences S (said of a sentence X)（比如说一个句子 X）被句子集 S 有效地蕴涵

valuation of a set of formulas of First-Order Logic, Boolean and First-Order　一阶逻辑公式集的布尔赋值和一阶赋值

variable, bound　约束变元

variable, free　自由变元

variable, in set theory　集合论中的变元

variable, individual, in First-Order Logic　一阶逻辑中的个体变元

variable, of an elementary formal system　初等形式系统中的变元

variable, propositional　命题变元

variable, thought of ranging over the natural numbers in Elementary and Peano Arithmetic　变元，视为取值于初等算术和皮亚诺算术中的自然数

Venn diagram　文恩图

Von Neumann, John　约翰·冯·诺依曼

weak/strong definability of a function by a formula　函数通过公式的弱 / 强可定义性

weak/strong separability of two sets　两个集合的弱 / 强可分离性

well-founded relation　良基关系

Whitehead, Alfred North　阿尔弗雷德·诺斯·怀特海

witness that the number n is in the set A　数 n 在集合 A 中的见证

Zermelo Set Theory　策梅洛集合论

Zermelo, Ernst　恩斯特·策梅洛

Zermelo-Fraenkel Set Theory　策梅洛-弗兰克尔集合论

Zwicker, William　威廉·兹维克